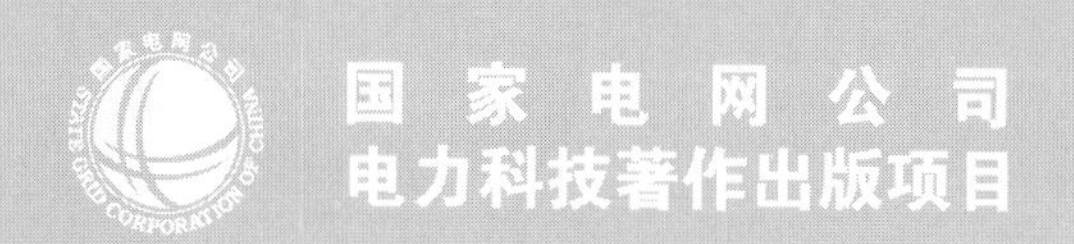

STATE ESTIMATION OF INTEGRATED ENERGY SYSTEM

综合能源系统状态估计

陈艳波　林予彰　马　进　著

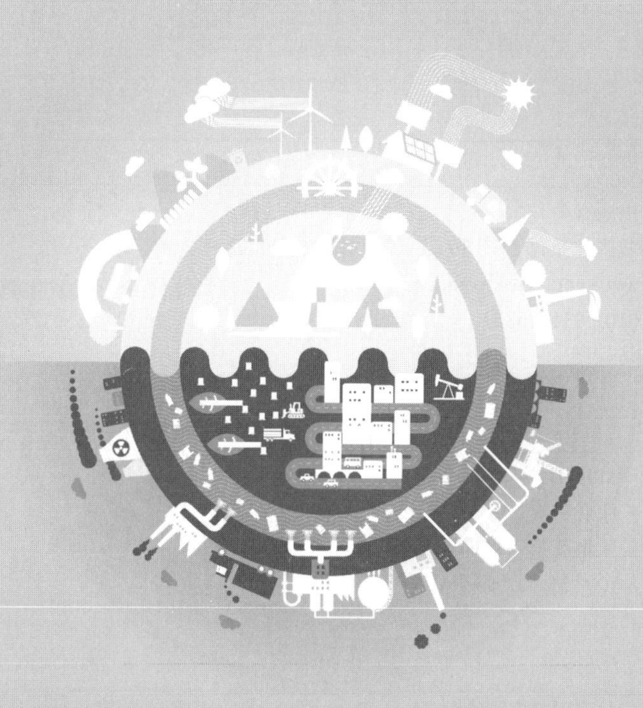

中国电力出版社
CHINA ELECTRIC POWER PRESS

内 容 提 要

本书主要介绍了综合能源系统状态估计的基本理论及常用模型和算法，内容分为6章，包括电—气综合能源系统集中式抗差状态估计、电—热综合能源系统集中式抗差状态估计、电—气综合能源系统动态状态估计、综合能源系统分布式状态估计、基于数据驱动的综合能源系统状态估计。

本书可作为电气工程、动力工程及工程热物理、控制科学与工程等专业的研究生教材，也可供相关专业的研究人员和工程技术人员参考。

图书在版编目（CIP）数据

综合能源系统状态估计/陈艳波，林予彰，马进著．—北京：中国电力出版社，2022.12
ISBN 978-7-5198-6159-9

Ⅰ.①综…　Ⅱ.①陈…②林…③马…　Ⅲ.①能源管理—研究　Ⅳ.①TK018

中国版本图书馆CIP数据核字（2021）第238523号

出版发行：中国电力出版社
地　　址：北京市东城区北京站西街19号（邮政编码100005）
网　　址：http://www.cepp.sgcc.com.cn
责任编辑：乔　莉（010-63412535）
责任校对：黄　蓓　马　宁
装帧设计：郝晓燕
责任印制：吴　迪

印　　刷：三河市航远印刷有限公司
版　　次：2022年12月第一版
印　　次：2022年12月北京第一次印刷
开　　本：787毫米×1092毫米　16开本
印　　张：10.75
字　　数：189千字
定　　价：68.00元

序

众所周知，人类最早应用能量的是传说中1万年前的燧人氏钻木取火，然后是漫长的柴草能源时代；后来瓦特发明了蒸汽机，爱迪生和特斯拉等发明了发电、输电和用电设备，从而使人类社会进入化石能源时代和电气时代；伴随人类文明的进一步发展，能量消耗也将日益增大，现在正在进入多能源时代和智能时代，而资源短缺、环境污染和破坏严重影响了经济社会的可持续发展，作为未来人类社会能源主要承载形式的综合能源系统应运而生。

综合能源系统集多种能源（电力、燃气、供热/供冷、供氢等）的生产、存储、输送、分配、转换和消费各环节于一体，通过对多种能源的综合管理和科学调控，实现多种能源的互补利用和梯级利用，从而满足用户的多种用能需求，增强社会的供能可靠性，提高能源系统的总体利用效率，并最终保障经济和社会的可持续发展。显然，现有的电力系统能量管理系统无法直接对综合能源系统进行调控，必须研发面向多能流的能源管理系统，最终实现对多能源的智能调控。

从自动化角度来看20世纪主要是正负反馈，21世纪在信息化基础上发展的是网络化，互联互通和互动并走向智能化。智能化的前提是海量量测数据的分析，而分析的前提是数据的准确性，这就提出了对综合能源系统的量测数据进行状态估计的新需求。不同种类能源的生产、存储、输送、分配、转换和消费的效率和周期完全不同，物理模型和数学模型不同，对应的分析求解算法也不同；另外，不同类型能源的互联和转换也是困难环节。

陈艳波教授团队长期致力于电力系统状态估计和能量管理系统的技术研究，是国内较早开展综合能源系统状态估计研究的团队。该著作凝聚了研究团队多年的研究成果，期间得到了国家重点研发计划、国家自然科学基金以及国家电网公司科技项目等的支持。综合能源系统状态估计是面向多能流的能源管理系统的基础和核心，也是构建新型电力系统非常关键的环节，但目前尚缺乏系统性的专著。相信该著作将为综合能源系统领域的同行和科研工作者提供很好的参考作用，必将有助于这一方向的交流和发展，为综合能源系统的应用打下坚实基础，早日实现智能化的综合能源管理系统。

于尔铿

2021年10月

前言

在传统的电、热/冷、气等领域，均有较为成熟的管理方法和监控手段，但这些管理方法和监控手段尚未统一。为提高能源的总体使用效率和对可再生能源的消纳能力，近年来综合能源系统（integrated energy system，IES）、多能流系统成为能源领域的发展趋势。为了保证 IES 的安全、可靠、优质和经济运行，对 IES 的精确预测、精当决策、精准控制和精益管理成为必然要求，为此需要提出和构建一套能够实现对多能流进行统一管理和科学调度的 IES 能量管理系统（energy management system of integrated energy system，IES - EMS）。

面向多能流的 IES 状态估计（state estimation of integrated energy system，IES - SE）可对 IES 中的原始量测数据进行滤波，剔除量测数据中的坏数据，从而为 IES - EMS 提供可信的熟数据，即得到 IES 状态变量的可信值，在此基础上才能实现对多能流的统一管理和科学调度。从这个意义上说，面向多能流的 IES - SE 是 IES - EMS 的基础和核心。高性能的 IES - SE 可为 IES - EMS 提供准确可靠的实时运行数据，是 IES - EMS 各项高级应用正常运行的保证。在当前 IES 快速发展之际，加快研究面向多能流的 IES - SE 成为当务之急。

通过研究者和工程人员的不断努力，IES - SE 的理论研究不断深入，工程应用日益广泛。但目前国内外尚缺乏关于综合能源系统状态估计的专著，因此有必要对 IES - SE 这一新兴研究领域进行系统的归纳和总结，以进一步推动 IES - SE 的理论研究和工程应用，进而推动 IES - EMS 的构建和部署，为“双碳”目标做出贡献。

本书从综合能源系统的基本特性出发，分析了电力系统状态估计（power system state estimation，PS - SE）与 IES - SE 的异同，然后对 IES - SE 领域已有的模型和方法进行了介绍和剖析，重点介绍了电—气综合能源系统集中式抗差状态估计方法、电—热综合能源系统集中式抗差状态估计方法、电—气综合能源系统动态状态估计方法、综合能源系统分布式状态估计方法，以及基于数据驱动的综合能源系统状态估计方法。

本书所介绍的内容是作者团队在综合能源系统状态估计领域科研工作成果的总结。本书出版工作得到了三个国家自然科学基金项目的支持，分别是国家自然科学基金面上项目（基于知识引导的电力系统数据驱动状态估计研究，52077076）、国家自然科学基金面上项目（基于键合图理论的综合能源系统动态状态估计研究，51777067）、国家自然科学基金青年项目（电力信息物理系统的恶意数据攻击问题及对策研究，51407069）。在本书研究和写作过程中，清华大学卢强院士、梅生伟教授、刘锋教授，中国电力科学研究院周京阳教授级高工、李强教授级高工，华北电力大学毕天姝教授，上海交通大学何光宇教授给予了指导和帮助。本书的部分章节参考了作者研究团队发表的论文以及作者学生姚远的硕士论文。在本书写作过程中，一直得到了中国电力出版社相关领导和编辑的鼓励和支持，在此一并表示感谢。

本书共分 6 章，其中第 1、2、3、5、6 章由陈艳波执笔，第 4 章由林予彰和马进执笔，全书由陈艳波统稿。

限于作者的研究视野和学术水平，书中难免存在疏漏和不妥之处，敬请广大读者批评指正。

陈艳波
2021 年 9 月

目录

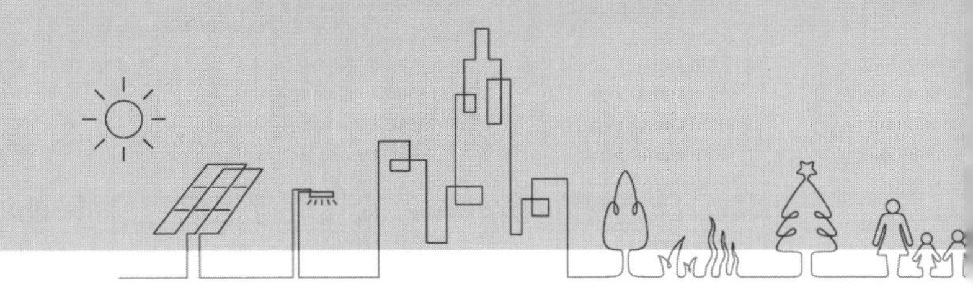

第 1 章　综合能源系统状态估计概述

1.1　综合能源系统的概念

能源是国民经济的命脉和国家的重要战略资源，是人类社会赖以生存和发展的基础和保障。能源、环境与可持续发展是当今世界各国共同关注的热点[1,2]。随着经济和社会的发展，对能源的需求量日益增大；同时用能过程中的环境污染又影响和制约着经济和社会的发展。传统化石能源（煤炭、石油、天然气等）的不可再生性和对环境的不友好，使得继续依赖化石能源的发展模式难以为继。为了实现经济和社会的可持续发展，提高能源使用效率、发掘新能源、规模化开发和利用可再生能源成为人类社会的必然选择[3]。

人类社会的主要用能形式除了电，还包括气、热/冷等。在传统能源系统中，各类能源系统（电力系统、天然气系统、热力系统等）单独规划、单独设计、独立运行，从而导致能源的整体使用效率不高。为了提高能源的总体使用效率和对可再生能源的消纳能力，近年来对各类能源系统互联融合和互补集成的需求日益迫切。事实上，电力系统、天然气系统、热力系统等的物理特性天然具有互补性（如电能易传输、难存储，热能难传输、易存储，天然气易传输、易存储）[4-6]，同时电、气、热/冷等各类用能负荷需求之间存在明显的峰谷交错现象，这使得电、气、热/冷等联合系统控制手段更多、调整空间更大、联合运行的经济性更好；另一方面，现实工业生产中的各类能源转化设备［如热电联产（combined heat and power，CHP）、冷热电联产（combined cooling heating and power，CCHP）、电采暖、热泵、电制氢等］也为各类能源之间的互联提供了手段[7-9]。因此，近年来综合能源系统（integrated energy system，IES）/多能流系统/能源互联网成为能源领域的发展趋势[9,10]。

综合能源系统是未来人类社会能源的主要承载形式[3,10]。图 1-1 是一个典型的含电、热、气的综合能源系统示意图，由图 1-1 可见，此综合能源系统由电力系统、天然气系统、热力系统及作为耦合环节的能源转换设备等组成[11]，其中电力系统负责电能的生产、输送、分配和消费；天然气系统负责天然气的生产（由气源产生）、输送（由供气管道完成）和消费（由天然气负荷完成），为保证压力，天然气系统还需要压缩机；对热力系统而言，热源产生的高温热水经供热网络输送到热负荷处，经过热负荷的散热器后，高温热水变为低温热水，再经回热网络流回热源；CHP 机组、CCHP 机组、电锅炉和燃气锅炉等设备则用以完成不同能源之间的转换。概言之，综合能源系统集多种能源（电力、燃气、供热/供冷、供氢等）的生产、存储、输送、分配、转换和消费各环节于一体，通过对多种能源的综合管理和科学调度，实现多种能源的互补利用和梯级利用，从而满足用户的多种用能需求，增强社会的供能可靠性，提高能源系统的总体利用效率，并最终保障经济和社会的可持续发展。

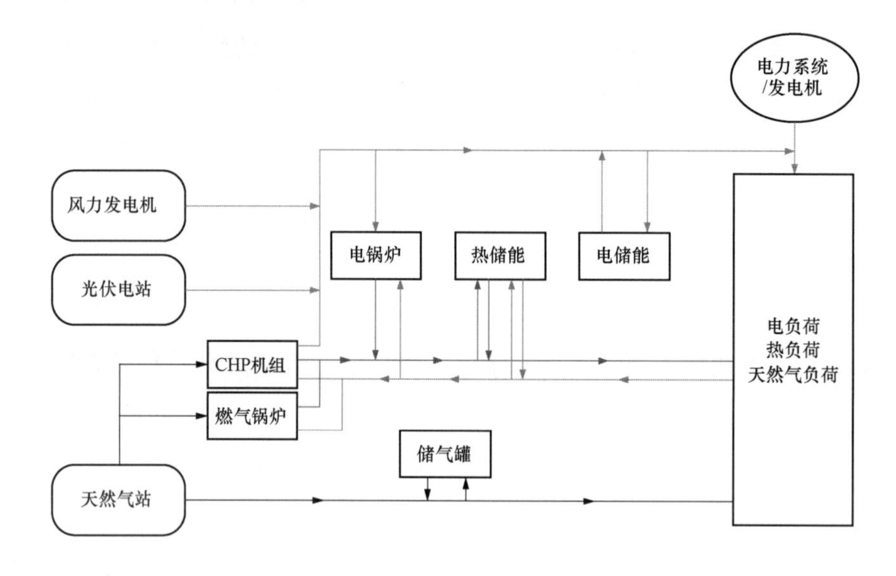

图 1-1　含电、热、气的综合能源系统示意图

对图 1-1 进一步分析可见，由电力系统、热力系统和天然气系统耦合形成的综合能源系统主要有如下四个特点[9]：

（1）涉及多能域物理量（电、热/冷、气等），但物理定律不统一。由物理学知识可知，组成综合能源系统的三个主要子系统遵循不同的物理学定律。其中，电力系统遵循电磁学定律和电路定律，主要变量为电压幅值和相角、节点注入功率（包括有功和无功）、支路功率（包括有功和无功）等[12,13]；热力系统（供热/供冷系统）包含水力模型和热力模型，遵循流体力学定律和热力学定律，主要变量为压强、流量、温度等[7,14]；天然气系统则遵循流体力学定律，主要变量为压强、流量等[15,16]。

（2）多能流耦合，物理上具有高度异质性。电力系统、热力系统和天然气系统的物理特性差异较大，它们属于多类异质能流系统，通过 CHP、CCHP、电采暖、热泵、电

制氢等设备耦合在一起。

(3) 各子系统时间尺度不同（见图 1-2），具有不同的动态过程。其中，电力系统的时间常数最小，变化速度最快；热力系统的时间常数最大，变化速度最慢；天然气系统的时间常数和变化速度居中。这就导致了综合能源系统呈现多时间尺度特性。

(4) 各子系统分属不同的管理主体，存在行业壁垒。电力系统、天然气系统、热力系统目前分属不同的公司和管理主体，因而存在信息隐私、操作差异和目标差异等行业壁垒问题[9]，给综合管理带来挑战。当然，对于新建的园区综合能源系统来说，其管理主体是唯一的，此时基本不存在以上挑战。

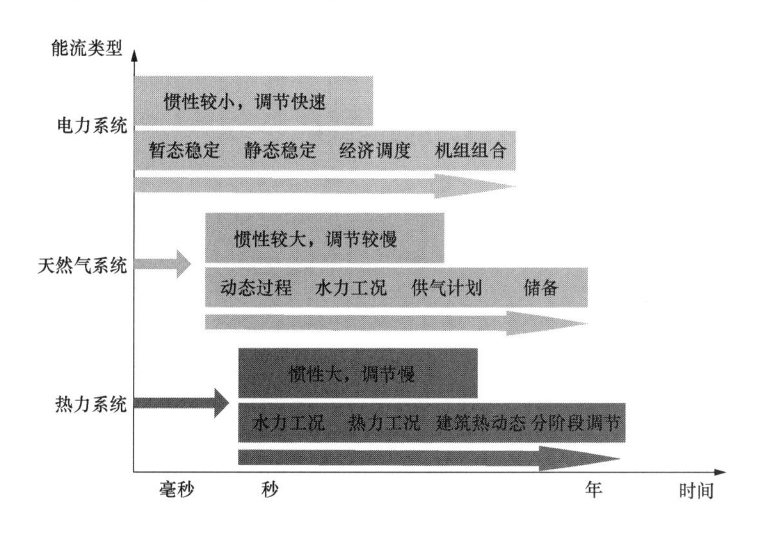

图 1-2　综合能源系统多时间尺度特性示意图

1.2　综合能源系统与“双碳”目标

在“双碳”背景下，我国生态文明建设进入了以降碳为重点战略方向、推动减污降碳协同增效、促进经济社会发展全面绿色转型、实现生态环境质量改善由量变到质变的关键时期。”

当前，独立规划、设计和运行的传统能源系统发展模式已不能满足能源革命战略在提高能源效率、保障能源安全、促进新能源消纳和推动环境保护等方面的要求，亟需找到适用于“双碳”目标的能源体系发展模式[17]。能源体系的绿色低碳转型是实现“双碳”目标的基本保障，如期实现“碳达峰、碳中和”的目标需要从能源的生产、传输、消费和存储等方面共同努力，需要着力构建综合能源系统，改变传统能源系统建设路径和发展方式[18,19]。为此，需要打破以往源—网—荷—储各环节之间的壁垒，通过协同设计、统一规划和集中调控等手段实现源—网—荷—储的深度交互；通过先进的通信技术与互联网技术实现多种能源的互联互融；通过综合能源系统实现能源的梯级利用、能源的因地制宜以及能源的融合互补[20-22]。

综上所述，综合能源系统是在全球致力于低碳发展、能源转型的宏观背景下，受技术、市场、政策以及产业生态发展等多重因素驱动，传统能源产业融合清洁化、智能化、去中心化、综合化等新要素形成的能源新业态[23]。综合能源系统是实现“双碳”目标的重要抓手，是能源系统未来的重要转型方向和发展趋势。

1.3 综合能源系统能量管理和状态估计

1.3.1 综合能源系统状态估计的必要性

在传统的电、热/冷、气等领域，均有较为成熟的管理方法和监控手段，但这些管理方法和监控手段尚未统一。随着综合能源系统的发展，为了保证综合能源系统的安全、可靠、优质和经济运行，对整个综合能源系统的精确预测、精当决策、精准控制和精益管理成为必然要求，为此需要提出和构建一套能够实现对多能流进行统一管理和科学调度的调控软件和平台。在电力系统领域，由 DyLiacco 博士在 1967 年提出的能量管理系统（energy management system，EMS）经过半个多世纪的发展已趋于成熟，EMS 利用数据采集与监控系统（supervisory control and data acquisition，SCADA）、广域量测系统（wide area measurements system，WAMS）或先进量测体系（advanced metering infrastructure，AMI）等提供的实时数据完成对系统的闭环（或半闭环）控制，以实现电力系统运行的安全性、可靠性、优质性、经济性和环保性，因此 EMS 被公认为是电力系统运行的“神经中枢和大脑”[9,17]。然而，传统 EMS 仅能对电气量进行管理和调度，而多能流的物理特性、耦合机理和建模方法与单纯的电气量差异较大，传统 EMS 无法直接应用于综合能源系统。为了综合能源系统的安全、可靠、优质和经济运行，亟需提出和发展面向综合能源系统的能量管理系统（energy management system of integrated energy system，IES-EMS）[9]，如图 1-3 所示。

在电力系统的 EMS 中，量测数据（遥测量）包括由 SCADA 采集得到的实时远程量测终端（remote terminal units，RTU）数据、由 WAMS 采集得到的实时相量量测单元（phase measurement units，PMU）数据，用电侧中还有 AMI 数据，此外还包括遥信数据等。量测数据与真实值之间总是存在误差，并且常含有不良数据，因此直接利用

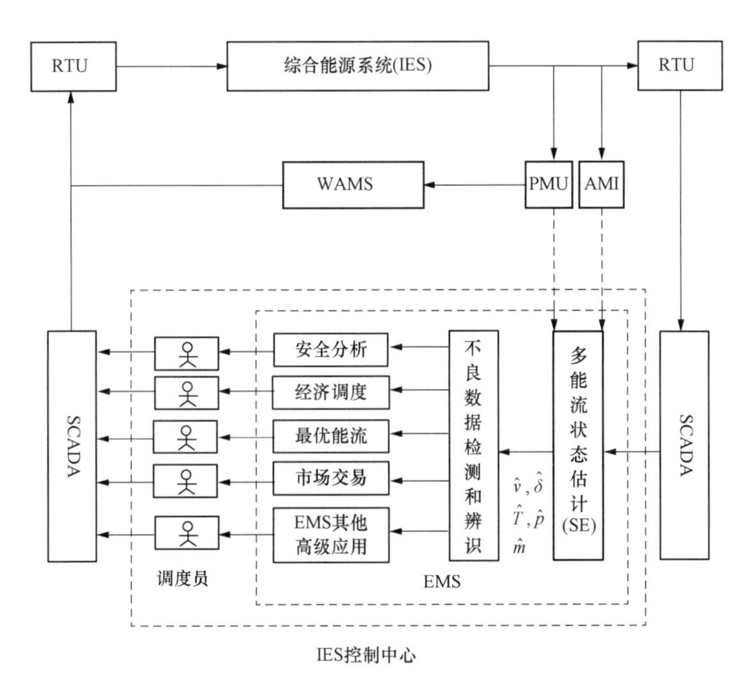

图 1-3　综合能源系统的能量管理系统示意图

SCADA、WAMS 或 AMI 提供的实时数据（即生数据）来监控电力系统显然是不可靠的，而必须对生数据进行处理，在电力系统 EMS 中实现这一功能的是电力系统状态估计（power system state estimation，PS-SE）。自 1970 年由 Schweppe 提出 PS-SE 以来[25-27]，发展到现在，PS-SE 在理论研究和工程应用方面已较为成熟[28,29]，目前国内外广为应用的为电力系统静态状态估计。PS-SE 借助于实时量测中的冗余信息对生数据进行滤波以获得完整、可信的熟数据，目前 PS-SE 已成为电力系统安全、稳定和可靠运行的基石。除了 PS-SE 之外，在热力系统和天然气系统也有类似的可信数据获取方法[30,31]。

由以上分析可知，尽管电力系统、热力系统和天然气系统都有各自的可信数据获取手段和方法，但各自的运行机制不同、实现方法不同、应用条件不同，且彼此间相互独立，无法对多能流实现统一的数据处理。随着综合能源系统的发展，为了实现对综合能源系统的全面、实时（并具有一定的预测能力）和精确感知，需要一套面向综合能源系统的状态估计（state estimation of integrated energy system，IES-SE），从而为多能流 EMS 提供可信的熟数据，即得到综合能源系统状态变量的可信值，在此基础上才能实现对多能流的统一管理和科学调度（见图 1-3）。从这个意义上讲，面向多能流的 IES-SE 是 IES-EMS 的基础和核心，高性能的 IES-SE 可为 IES-EMS 提供准确可靠的实时运行数据，是 IES - EMS 各项高级应用正常运行的保证。在当前综合能源系统快速发展之际，研究面向多能流的 IES - SE 成为当务之急[9,32]。

从直观上看，似乎 PS - SE 的模型和方法可直接应用于 IES - SE，然而，综合能源系统物理规律不统一、耦合机制复杂、具有多时间尺度特性、建模方法不同，因此 IES - SE 在理论、模型和方法上均与已有的 PS - SE 有较大区别，必须予以深入研究[32]。

1.3.2 IES - SE 与 PS - SE 的对比

PS - SE 和 IES - SE 均属于系统辨识的范畴，两者的数学基础类似，这决定了 PS - SE 领域已取得的成果对 IES - SE 的研究具有重要的启发意义；但这并不意味着 PS - SE 的模型和方法可直接应用于 IES - SE，其原因在于 IES 自身的特点与电力系统有较大差异。以下对 IES - SE 与 PS - SE 进行对比分析。

1. 均包括静态方法和动态方法

PS - SE 包括静态方法和动态方法，其中动态方法涉及发电机的动态过程，发电机动态特性用常微分方程描述[33,34]。

与 PS - SE 类似，IES - SE 也包括静态方法（static state estimation of integrated energy system，IES - SSE）和动态方法（dynamic state estimation of integrated energy system，IES - DSE）。当 IES 处于稳态或准稳态时，可采用 IES - SSE 进行建模，此时组成 IES 的各子系统及耦合设备的特性均用代数方程来描述；此外，IES - SSE 的估计结果也可作为 IES - DSE 的初值。由于组成 IES 的各子系统的时间尺度不同（如图 1 - 2 所示），故 IES - DSE 比 IES - SSE 的适用范围更广。在实际运行中，电力系统的运行时间尺度为秒级至分钟级；天然气系统的运行时间尺度为分钟级至小时级；热力系统的运行时间尺度为小时级至天级。因此，在 IES - DSE 建模时通常以电力系统的运行时间尺度为基准，可将电力系统视为稳态，用代数方程来描述；而天然气系统和热力系统仍处于动态变化过程中，用偏微分方程描述[35-37]。

2. 状态变量、量测量、量测方程及状态转移方程不同

PS - SE 的状态变量为节点电压复相量和发电机动态变量，量测量通常包括节点电压、节点注入功率、支路功率、发电机的动态变量等。IES - SE 中的状态变量除了电力系统的节点电压复相量外，还包括天然气系统中的压强、热力系统的压强（或流量）和温度。IES - SE 中的量测量除了包括电力系统中的量测外，还应包括天然气系统中压强和流量以及热力系统的压强、流量和温度等。

状态变量和量测量的不同导致 PS - SE 和 IES - SE 的量测方程形式不同。除了量测方程外，组成 IES 的天然气系统和热力系统还包括状态转移方程，一般来说，热力模型的状态转移方程可用三个偏微分方程来表示，即动量方程、物质平衡方程和能量方程[35-37]。天然气系统的状态转移方程同样可用三个方程来表示，即动量方程（偏微分方程）、物质平衡方程（偏微分方程）和状态方程（代数方程）[35-37]。

3. IES - SE 需要处理耦合设备

电力系统中仅涉及同质设备，因此 PS - SE 不涉及耦合设备处理问题。由图 1 - 1 可知，IES 包含多种耦合设备，故在 IES - SE 模型中，必须通过耦合设备模型才能将组成 IES 的不同子系统中的多类异质能流模型关联起来，从而为统一估计奠定基础。

4. 均包括集中式估计方法和分布式估计方法

PS - SE 包括集中式估计方法和分布式估计方法，分布式估计方法可提高集中式估计的计算效率。IES - SE 同样包括集中式估计方法和分布式估计方法。对于统一管理的园区 IES，一般具有集中数据能量管理中心，其能量管理中心可获得各个子系统的信息，可实施程序设计相对简单的集中式 IES - SE；当 IES 不具有数据集中中心时，由于各子系统分属不同的管理主体，存在行业壁垒，为保证信息安全性与隐私性，无法进行所有信息的实时交互，仅可对耦合区域信息进行共享，此时集中式 IES - SE 方法不适用，需采用分布式 IES - SE 方法。

以上给出了关于 PS - SE 与 IES - SE 的对比，IES - SE 与其余系统状态估计的对比分析见表 1 - 1。

表 1 - 1　　IES - SE 与其余系统状态估计的对比分析

估计方法	对比项目	状态变量	量测量	量测方程形式	状态转移方程形式	耦合设备	集中和分布
均包括静态估计方法和动态估计方法	PS - SE	发电机动态变量及节点电压复相量	发电机的动态变量、节点电压幅值和相角、节点注入功率（包括有功和无功）、支路功率	代数方程	常微分方程	无耦合设备	集中式估计为主，也有分布式估计
	天然气系统状态估计	节点压强（或支路流量）	节点压强、节点负荷流量和支路流量	代数方程	偏微分方程	无耦合设备	以集中式估计为主

续表

估计方法	对比项目	状态变量	量测量	量测方程形式	状态转移方程形式	耦合设备	集中和分布
均包括静态估计方法和动态估计方法	热力系统状态估计	节点压强（或支路流量）、节点供热温度和节点回热温度	节点压强、节点注入流量、节点供热温度、节点回热温度、支路流量、节点注入热功率等	代数方程	偏微分方程	无耦合设备	以集中式估计为主
	IES-SE	除了电力系统中的状态变量外，还包括热力系统压强（或流量）和温度，以及天然气系统压强（或流量）	除电力系统中的量测外，还应包括天然气系统中压强和流量，以及热力系统的压强、流量和温度等	代数方程	偏微分方程	有众多耦合设备	园区 IES 可用集中式估计；其他 IES 须用分布式估计

1.3.3 IES-SE 的研究现状

本节从 IES-SE 可观测性分析、热力系统和天然气系统状态估计研究现状、IES-SSE、IES-DSE 等方面，讨论 IES-SE 已取得的成果。

1. IES-SE 可观测性分析

和 PS-SE 一样，IES-SE 计算离不开可观测性分析。在 IES 规划建设阶段，可观性分析可为 IES 的量测配置提供建议，而在 IES-SE 软件系统布置之后，需在实时 IES-SE 运行之前进行可观测性分析以找到可观测的子系统，IES-SE 仅对满足可观测性的子系统进行。

对 IES-SSE 来说，容易得出适用于电力系统静态状态估计可观测性分析的数值法[38,39]、图论法[40,41]和混合法[42,43]均可推广到 IES-SSE 中。对 IES-DSE 来说，其可观性分析的本质是需要判断用微分代数方程描述的量测系统是否满足可观性。适用于电力系统动态状态估计可观测性分析的近似线性化法或李导数法[44,45]有望推广到 IES-DSE 的可观测性分析。文献［46］提出了一套面向电—气综合能源系统的可观测性分析方法，属于近似线性化法。

2. 热力系统和天然气系统状态估计研究现状

热力系统包含水力模型和热力模型，因此严格的热网状态估计应对这两个模型都予以建模。文献［47］对水管网络进行状态估计建模和计算，并带有不良数据辨识环节和漏水检测。文献［48］首先使用预测校正方法对城市未来的用水需求进行预测，然后使用改进的最小二乘法进行水管网络的状态估计计算。文献［49］运用最小绝对值法对水

管网络进行状态估计计算。显然，以上研究都未对热力模型进行建模。文献［50］利用用户端的量测量，采用启发式状态估计对热力系统进行计算，但未考虑热网约束，且量测不存在冗余，并不是严格意义上的热网状态估计。对于天然气系统，文献［51、52］分别对天然气管道构建动态模型，然后使用卡尔曼滤波法进行状态估计计算；而文献［53］提出了一种面向天然气系统的基于统一能路理论的动态状态估计模型。

综上所述，电力系统状态估计的理论研究和工程实践已较为成熟，热力系统和天然气系统状态估计的理论研究和工程实践也有一定成果。但以上研究均为单一能域下的状态估计模型和方法，不能直接应用于面向多能流的 IES - SE。

3. 综合能源系统静态状态估计方法（IES - SSE）

（1）加权最小二乘估计。董今妮、孙宏斌等提出了将经典加权最小二乘估计方法（weighted least square，WLS）运用于电—气 IES - SE 和电—热 IES - SE[54,55]。以上方法可表示为

$$\begin{aligned}&\min J(x)=[\boldsymbol{z}-\boldsymbol{h}(\boldsymbol{x})]^{\mathrm{T}}\boldsymbol{R}^{-1}[\boldsymbol{z}-\boldsymbol{h}(\boldsymbol{x})]\\&\text{s. t. }\boldsymbol{c}(\boldsymbol{x})=\mathbf{0}\end{aligned}\tag{1-1}$$

式中：$\boldsymbol{x}$ 为 IES - SSE 状态向量，包括电力系统的节点电压幅值和相角、热力系统的压强（或流量）和温度及天然气系统的压强；$\boldsymbol{z}$ 为 IES - SSE 量测向量；$\boldsymbol{h}(\boldsymbol{x})$ 为量测表达式；$\boldsymbol{R}^{-1}$为权重对角矩阵；$\boldsymbol{c}(\boldsymbol{x})=0$ 为零注入节点伪量测约束。

基于 WLS 的 IES - SSE 模型相对简洁、计算方法简单，且在系统初值适当的情况下具有良好的收敛性。但这种方法存在以下四个方面局限性：

1）WLS 本身不具有抗差性，通常在 WLS 运行之后利用最大正则化残差法（largest normal residual，LNR）对不良数据进行辨识，但是 WLS＋LNR 对强相关性的多不良数据辨识能力有限。

2）WLS 对初值要求严格，初值选取不当可能会造成 IES - SE 雅可比矩阵病态，进而无法得到合理结果。

3）WLS 在数学上属于非凸优化问题，从理论上无法确保获得全局最优解。

4）WLS 在计算中涉及非线性迭代，计算效率还不够高。

（2）加权最小绝对值估计。陈艳波、郑顺林等将抗差估计方法中的加权最小绝对值方法（weighted least absolute value，WLAV）应用于电—气 IES - SE[56]，并使用拉格朗日乘数法对模型进行求解，证实了基于 WLAV 的电—气 IES - SE 具有良好的抗差性。该方法可以表示为

$$\min J(\boldsymbol{x}) = \boldsymbol{\omega}^{\mathrm{T}} \mid \boldsymbol{\varepsilon} \mid$$
$$\text{s.t.} \begin{cases} \boldsymbol{\varepsilon} = \boldsymbol{z} - \boldsymbol{h}(\boldsymbol{x}) \\ \boldsymbol{c}(\boldsymbol{x}) = \boldsymbol{0} \end{cases} \tag{1-2}$$

式中：$\boldsymbol{\omega}$ 为量测权重向量；$\boldsymbol{\varepsilon}$ 为残差向量。

基于 WLAV 的电—气 IES-SE 方法具有良好的抗差性，可以有效辨识强相关的多不良数据，但是其求解过程计算量大、计算效率低，因而该方法在大规模 IES 中的在线应用受到了限制。

(3) 双线性抗差状态估计。为提高基于 WLAV 的电—气 IES-SE 模型的计算效率，陈艳波、郑顺林等进一步提出了基于 WLAV 的双线性抗差状态估计（bilinear weighted least absolute value，BWLAV）模型并应用于电—气 IES-SE[57]。该方法的核心思想在于通过两次状态变量的变换，使得 IES 的原始非线性量测方程转换成线性量测方程，进而将 IES-SE 建模为双层 SE 模型，其中第 1 层为线性 WLAV 模型，第 2 层为线性 WLS 模型。

基于 BWLAV 的电—气 IES-SE 方法在保证强抗差性的同时提高了计算效率，更有利于在工程实际中应用。但是不足之处在于双线性变换会增加状态变量的个数、减少整个状态估计模型冗余度，导致估计精度相较于 WLS 有所降低。

(4) 改进 BWLAV 估计。针对 BWLAV 量测冗余度不足的问题，陈艳波等进一步提出了基于二阶锥规划（second-order cone programming，SOCP）的状态估计模型并应用于电—热 IES-SE[58]，其基本思想是通过在原始 BWLAV 模型中引入用辅助变量表示的约束条件以等效弥补量测冗余度的损失；为保证模型的凸性，在求解过程中将该二次等式约束松弛为二阶锥不等式约束，进而构建基于二阶锥规划的电—热 IES 抗差状态估计模型。

改进 BWLAV 方法在保证良好抗差性及计算效率的同时，通过增加约束弥补了量测冗余度，使得其量测冗余度等同于基于非线性 WLS 的 IES-SE，从而保证了估计精度。

(5) 基于交替方向乘子法的分布式 IES-SE。(1) ～ (4) 中所述方法均为集中式 IES-SE 方法，适用于具有集中数据能量管理中心的区域型 IES。当 IES 不具有数据集中中心时，需采用分布式 IES-SE 方法。

为此，张文等提出基于交替方向乘子法（alternating direction method of multipliers，ADMM）的分布式电—热—气 IES-SE[59]，该模型采用双线性变换将非线性量测方程线性化，然后通过 ADMM 算法将基于 WLS 的 IES-SE 转化成分布式状态估计。与

集中式 IES - SE 方法相比，基于 ADMM 的分布式 IES - SE 可解决 IES 各子系统存在行业壁垒的问题，因此适用范围更广。但是以上分布式 IES - SE 基于 WLS 构造，抗差性能有限；且在 IES 耦合元件数量增多时精度有所下降，因此此法在应用于耦合元件较多的大规模 IES 时需要进一步改进。

（6）IES - SSE 总结。综上所述，目前对于 ISE—SSE 的研究还有如下问题亟待解决：

1）在集中式 IES - SSE 和分布式 IES - SSE 模型中，热网和天然气网的冗余度均较低，影响了 IES - SSE 的整体估计精度和数值稳定性。

2）现有的分布式 IES - SSE 模型仍不具备抗差性，未来需要提出具有良好抗差性的分布式 IES - SSE 模型和方法。

以上关于 IES - SSE 的研究现状分析总结见表 1 - 2。

表 1 - 2　　综合能源系统静态状态估计方法对比

IES - SSE 方法		优点	缺点
集中式估计方法	基于 WLS 的方法[54,55]	模型相对简单；在初值适当时具有良好的收敛性	对初值要求严格；不具备抗差性；难以获得全局最优解；计算效率不高
	基于 WLAV 的方法[56]	具有抗差性，可以对强相关不良数据进行辨识	计算量大，计算效率低
	基于 BWLAV 的方法[57]	在保证抗差性的同时，提高了计算效率	牺牲了量测冗余度，精度较低
	SOCP 方法[58]	具有抗差性；计算效率高；量测冗余度得到补偿，精度较高	对量测量权重取值敏感
分布式估计方法[59]		计算效率高；无须进行信息共享，信息隐私性、安全性强	不具备抗差性；系统耦合元件增多时，精度有所降低

4. 综合能源系统动态状态估计方法（IES - DSE）

（1）天然气系统和热力系统动态模型处理方法。在 IES - DSE 中，天然气子系统和热力子系统的动态模型通常由一系列的偏微分方程构成，直接求解比较困难。目前主要有有限元法、管存模型法和统一能路法 3 种简化处理方法。

1）有限元法。有限元法的核心思想在于将天然气系统和热力系统的一系列偏微分方程转化为用差分方程表示的代数形式。对于天然气系统，杨经纬、康重庆等采用 Euler 差分法将描述天然气系统的偏微分方程转化为代数方程，进而提出了一种电—气 IES 的鲁棒调度模型[60]；陈艳波、姚远等采用 Lax - Wendroff 差分方法对描述天然气系统的偏微分方程进行化简，进而提出了一种基于扩展卡尔曼滤波的电—气 IES - DSE[61]。对于热力系统，周守军、田茂诚等采用逆步法对描述热力系统的偏微分方程进行差分[62]；张文等通过 Lax - Wendroff 差分方法对描述热力系统的偏微分方程进行化简，进而提出一种基于容积卡尔曼滤波的电—热 IES 动态状态估计方法[63]。

有限元法的优点在于当差分步长足够小时有良好的计算精度；不足之处在于物理意义不够清晰，且当系统状态变量发生突变时精度会下降。

2）管存模型法。管存模型法通过将连续“流”按照时间顺序差分成若干个离散的“块”，实现将偏微分方程转化为代数方程。对于天然气系统，乔铮、郭庆来等提出了一种基于管存模型法的天然气系统多时段优化配置与调度模型[64]；王程、魏韡等用管存模型法描述天然气系统，进而提出了一种电—气 IES 鲁棒调度模型[65]；Allti Benonysson 提出管存模型法来处理热力系统[66]。

与有限元法相比，管存模型法具有更加明确的物理意义，便于理解，且计算效率更高；但因无法准确描述管道两端压力与流量的关系，所以精度还不够高。

3）统一能路法。统一能路法的核心思想在于参考电路中“场”“路”的理论，提出适用于天然气系统与热力系统的统一方法。陈彬彬、孙宏斌等通过傅里叶变换构造了频域下的天然气系统模型，提出了一种统一能路的概念[67]。杨经纬、康重庆等通过拉普拉斯变换构造了频域下的热力系统模型[68]。陈彬彬、孙宏斌等提出了一种热力系统的统一能路方法[53]。

统一能路法的物理意义更为明确，对多能域物理量统一的物理机理和物理定律进行探索，有助于推进对电—热 - 气 IES 系统的统一建模。

表 1 - 3 对前述天然气系统和热力系统动态模型处理方法进行了比较总结。

表 1 - 3　天然气系统和热力系统动态模型处理方法

方法	优点	缺点
有限元法[60-63]	差分步长足够小时，具有良好的计算精度	物理意义不明确；系统状态变量发生突变时精度会下降，计算效率较低
管存模型法[64-66]	有明确的物理意义；计算量相对减少，计算效率高	计算精度较低
统一能路法[53,67,68]	搭建异质能源之间的统一模型，具有清晰的物理含义；大幅提高了计算效率	相较于有限元法计算精度略有下降

（2）现有的 IES - DSE 模型。

1）基于 WLS 的 IES - DSE 方法。郭庆来、孙宏斌等提出了一种基于 WLS 的两阶段电—热 IES - DSE 方法[69]，在第一阶段进行稳态状态下的 IES - SSE 计算，第二阶段选

取最近一次的历史数据作为初值进行动态状态估计计算。李志刚等提出了一种基于 WLS 的分布式电—热 IES - DSE 模型[70]，并提出采用异步 ADMM 算法对模型进行求解，具有较高的计算效率。郭庆来等提出了基于 WLS 的双时间尺度顺序的电—热 IES 状态估计模型[71]。董雷、王春斐等提出了一种多时间断面的电—气 IES - DSE 方法[72]。

综上所述，基于 WLS 的 IES - DSE 方法的核心思路在于求解出描述系统的偏微分方程的解后，按一定的时间顺序对不同子系统进行状态估计计算。

2）基于卡尔曼滤波的 IES - DSE 方法。陈艳波、姚远等提出了一种基于扩展卡尔曼滤波的电—气 IES - DSE 方法[61]，此法采用 Lax - Wendroff 差分方法对描述天然气系统的偏微分方程进行化简，并通过线性外推法和线性内推法生成伪量测数据以解决电力系统与天然气系统采样周期不同的问题，最后通过扩展卡尔曼滤波法进行状态估计，大幅度提高了状态估计的精准度。张文等提出了一种基于容积卡尔曼滤波的异步分布式电—热 IES - DSE 方法[63]。刘鑫蕊、李垚等提出了一种基于无迹卡尔曼滤波的电—热—气 IES - DSE 方法[73]，此法采用有限元法对天然气系统近似求解，对热力系统构建管存模型，最后通过无迹卡尔曼滤波对所提的多时间尺度顺序的电—热—气 IES 状态估计模型进行求解。

综上所述，基于卡尔曼滤波的 IES - DSE 在建模时，一般首先采用有限元法等将天然气、热力系统的动态模型转化为代数方程，然后采用卡尔曼滤波算法进行 IES - DSE 计算。这类方法对 IES 的多时间尺度特性具有良好的适用性，不足之处在于计算量较大、计算效率尚需提高。

（3）IES - DES 总结。目前对 IES - DSE 的研究才刚刚起步，存在以下问题亟待解决：

1）现有的 IES - DSE 方法均不具备抗差性，亟需提出具有良好抗差性的 IES - DSE。

2）现有的 IES - DSE 方法未考虑量测时延，这不符合 IES 的多时间尺度特性所带来的量测时延特性。

3）现有的 IES - DSE 模型的计算效率还不够高，无法满足在线应用需求。

表 1 - 4 对前述 IES - DSE 方法进行了总结。

表 1 - 4　　综合能源系统动态状态估计方法

方法	原理	优缺点
基于 WLS 的 IES - DSE 方法[69-72]	对描述系统的偏微分方程求解后，按一定时间顺序基于 WLS 进行状态估计	优点：模型简单；收敛性好。 缺点：抗差性不足
卡尔曼滤波估计[61,63,73]	对描述系统的偏微分方程进行差分后，通过卡尔曼滤波方法进行估计	优点：对多时间尺度有良好适用性。 缺点：计算量大、计算效率低

1.4 综合能源系统状态估计涉及的主要技术

IES-SE问题引起了研究者和工程人员日益广泛的关注，本节在归纳总结前文中所述内容的基础上，探讨IES-SE所面临的前沿挑战，并对这一领域未来的研究和应用进行展望。综合能源系统状态估计涉及的主要技术包括7个方面，如图1-4所示。

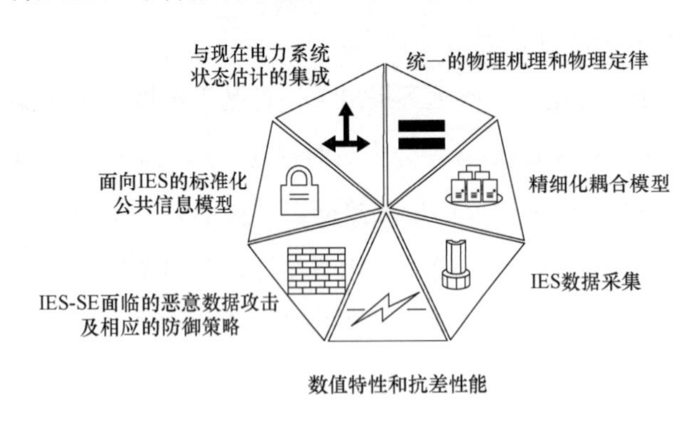

图1-4 综合能源系统状态估计涉及的主要技术

1. 统一的物理机理和物理定律

IES包含多能域物理量（电、热/冷、气、机械等），对IES进行建模和分析时，若简单地用电磁学定律和电路定律、热力学定律、流体力学定律分别对电力系统、热力系统、天然气系统进行建模，再拼装为统一的网络方程（潮流方程、量测方程等），则无法体现多能域物理量传递、耦合和转换的普遍规律；而遵循不同物理定律的电力系统、天然气系统和热力系统在物理上具有高度异质性，属于多类异质能流系统，多能流系统在物理上的高度异质性会造成所得到的数学模型具有高度异构性，进一步导致所构建的状态估计模型往往具有病态性、抗差能力不强、计算效率低等问题以及在多能流建模过程中存在繁琐的量纲转化问题。因此，首先需要解决的问题为：能否从理论上揭示电、热/冷、气、机械等多能域物理量统一的物理机理和物理定律。即要从更深、更广的层次上研究多能域物理量传递、耦合和转换的普遍规律，从而清晰地反映多能流系统的跨能域耦合机制及全局动力学特性，并解决多能流系统在数学上的高度异构性问题。这不仅是构建数值稳定性好、抗差能力强、计算效率高的综合能源系统动态状态估计需要解决的首要科学问题，也是其他多能流规划分析、运行分析和控制策略制定等研究需要解决的首要科学问题。

陈皓勇等对此问题进行了研究[74]，但相关研究尚未充分展开。陈彬彬、孙宏斌等提出的统一能路理论[67]及张宁、康重庆等提出的广义电路分析理论[75,76]为解决以上问题提供了很好的思路。此外，建立在能量守恒定律基础上的键合图理论，通过把多能域物理量统一归纳为势、流、位移和动量等变量，并通过广义功率流把系统中的能量参数与元件参数统一起来，从而可从理论上揭示电、热/冷、气、机械等多能域物理量得以统一的物理机理和物理定律，并可清晰地反映多能流系统的跨能域耦合机制及全局动力学特

性。因此也有望基于键合图理论解决以上问题。

2. 精细化耦合模型

IES由多类异质能流系统耦合组成。已有的Energy Hub模型虽然可以表示多种能量之间的转换和耦合关系等，但它是高度抽象的简化模型，不能精确地刻画多种能量之间转换和耦合的复杂特性，例如仅能反映电力系统和其他系统之间的有功交互，而不能反映无功交互。换言之，已有工作在研究一个系统的运行特性时，常将与其相关联的其他系统作为边界条件、约束条件或输入处理，这种处理方法仅能反映相连系统对所研究系统的单向作用，难以精确刻画互联系统的双向、动态、非线性交互影响，这将影响到IES-SE模型的数值稳定性、估计精度和计算效率等。

综上所述，现有IES-SE方法采用的耦合元件仍是粗糙、高度抽象的简化模型，并不能准确刻画耦合元件的能量交互与动态过程。因此，对IES耦合元件的精细化建模也是未来亟需解决的关键性问题。

3. IES的数据采集

在电力系统领域，能量管理系统利用数据采集与监控系统、广域量测系统等提供的实时数据完成对系统的闭环（或半闭环）控制，以实现电力系统运行的安全性、可靠性、优质性、经济性和环保性，即在电力系统中已有相当成熟的数据采集设备。相较于电力系统，天然气系统与热力系统的数据采集并不是十分成熟，数据的精度相对较差[77,78]。天然气系统与热力系统在数据采集中，目前还存在着依赖人工抄表的现象，还没有实现自动化，进而导致采集到的数据精度较低，不利于管理与调度。同时，天然气系统与热力系统的量测冗余度也较低，在一定程度上会降低IES-SE的精度。

为保证IES-SE所得结果的可靠性，未来亟需开发面向天然气系统与热力系统的高精度数据采集设备和稳定数据传输手段，从而为IES-SE提供更为准确的原始量测数据。此外，组成IES的不同子系统量测设备的采样频率可能不一致，此时需要通过插值的方法来进行量测量的对齐，以保证IES-SE的可观性。

4. 数值特性和抗差性能

IES在物理上的高度异质性、多时间尺度所导致的量测时延等会导致IES-SE在数学上的高度异构性。与单纯的PS-SE相比，IES-SE模型在数学上往往更为病态，进而影响到IES-SE模型的数值稳定性、估计精度和计算效率等。已有IES-SE研究在数值稳定性、抗差性能、估计精度和计算效率方面还需要进一步改进和提高。特别是到目前为止已提出的IES-DSE模型尚不具备抗差性能，而考虑量测时延的IES-DSE方法还未有报道。

另外，IES的特点使得分布式IES-SE方法比集中式IES-SE方法可能更为适用。如何对IES各子系统的信息进行有效协调，从而提高分布式IES-SE方法的抗差性能、数值稳定性、对量测时延和对异常通信的适应性等，是值得深入研究的方向。

此外，现有的IES-SE大多是基于模型驱动的方法，需要求解复杂的非线性优化问题，致使计算规模大、计算效率低，采取数据驱动的方法可以有效解决模型驱动的不足[79]。可考虑将新一代人工智能应用于IES-SE，提出基于数据驱动的IES-SE方法，以大幅度提高计算效率。

5. IES-SE面临的恶意数据攻击及相应的防御策略

已有研究表明，黑客可以通过精心设计攻击策略来影响PS-SE的结果[80,81]或通过影响电价而获益[82,83]。事实上，包括天然气系统在内的IES也极易遭受恶意攻击进而导致严重后果[84,85]。

为保证IES-SE运行结果的可靠性以及IES中市场交易行为的安全性，未来一方面需要深入研究针对IES-SE和面向IES市场交易行为的恶意攻击策略，另一方面需要深入研究以上恶意攻击策略的检测和辨识方法以及IES应该实施的主动防御策略。

6. 面向IES的标准化公共信息模型

IES涉及众多设备，除了电力系统设备，IES中还包括供热/冷设备、供热/冷辅助设备、储能设备、新能源设备、燃气主设备、燃气辅助设备及管网设备等。这些设备由不同制造商依据不同的标准来制造，目前尚缺乏IES设备的统一标准；此外，在开发IES-SE或IES-EMS系统时，不同的开发商目前还处于自定义设备模型阶段，尚缺乏面向IES的公共信息模型（common information model，CIM），这不利于不同开发商独立开发的IES-SE和IES-EMS应用的集成，也不利于多个独立开发商开发的完整IES-EMS系统之间的集成，更不利于IES-SE和IES-EMS的市场化推广应用。因此，需要尽快研究面向IES的标准化公共信息模型，从而为包括IES-SE在内的IES-EMS的实际应用和市场化推广扫除障碍。

7. 与现在电力系统状态估计的集成

对于已经布置了电力系统状态估计软件的IES（如将已有的电力系统改造为IES）来说，由于IES-SE的数值稳定性较差，故可考虑将IES-SE软件设计为独立的系统，此时电力系统状态估计软件的运行结果可为IES-SE提供一个很好的初值。而对于新建的IES来说，电力系统中成熟的数据采集与监控系统和状态估计软件运行和维护经验均

可推广到 IES 中。

此外，考虑到 IES - SE 程序与常规电力系统状态估计程序相比有不少源码和数据结构类似，故在软件设计和开发中应充分考虑代码的复用性，提高软件的效率和质量。

1.5　本书主要内容和结构

本书主要内容和结构如图 1 - 5 所示。

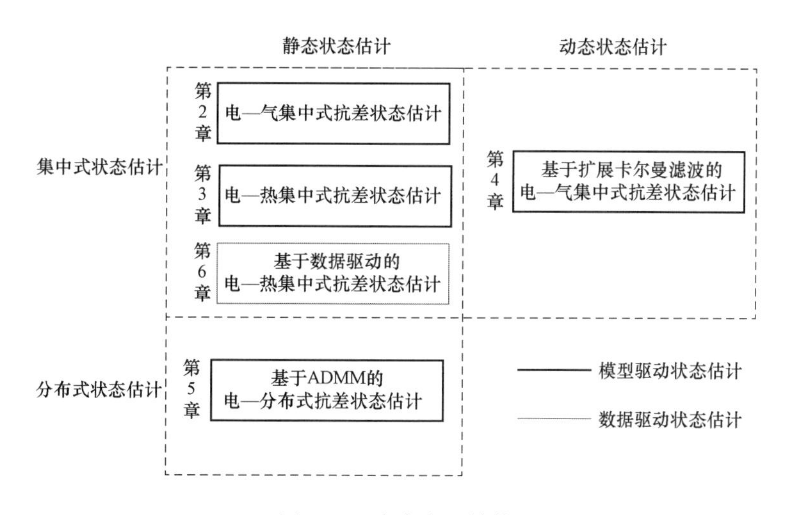

图 1 - 5　本书主要结构

参考文献

[1] Jin H，Hong H，Wang B，et al. A new principle of synthetic cascade utilization of chemical energy and physical energy [J] . Science in China Series E：Technological Sciences，2005，48 (2)：163 - 179.

[2] Birol F. World energy outlook 2010 [R] . International Energy Agency，2010.

[3] 徐宪东 . 电/气/热微型能源系统的建模、仿真与能量管理研究 [D] . 天津：天津大学，2014.

[4] 徐飞，闵勇，陈磊，等 . 包含大容量储热的电—热联合系统 [J] . 中国电机工程学报，2014，34 (29)：5063 - 5072.

[5] 周浩，魏学好 . 天然气发电的环境价值 [J] . 热力发电，2003，32 (5)：2 - 5.

[6] 高鹏，宋泓明，赵忠德，等 . 天然气管网与电力网络的比较和启示 [J] . 国际石油经济，2012，20 (8)：63 - 67.

[7] Liu X. Combined analysis of electricity and heat networks [D] . Cardiff：Cardiff University，2013.

[8] 严俊杰，黄锦涛，何茂刚 . 冷热电联产技术 [M] . 北京：化学工业出版社，2006.

[9] 孙宏斌，潘昭光，郭庆来 . 多能流能量管理研究：挑战与展望 [J] . 电力系统自动化，2016，40 (15)：1 - 8，16.

[10] Stanislav P，Bryan K，Tihomir M. Smart grids better with integrated energy system [C] . //Elec-

trical Power & Energy Conference (EPEC), IEEE, 2009: 1 - 8.

[11] 王英瑞，曾博，郭经，等．电—热—气综合能源系统多能流计算方法［J］．电网技术，2016，40（10）：2942 - 2950.

[12] 邱关源，罗先觉．电路［M］．5 版．北京：高等教育出版社，2011.

[13] 何仰赞，温增银．电力系统分析（上下）［M］．4 版．武汉：华中科技大学出版社，2016.

[14] Zhao H. Analysis, modeling and operational optimization of district heating systems [D]. Lyngby: Technical University of Denmark, 1995.

[15] 江茂泽，徐羽镗，王寿喜，等．输配气管网的模拟与分析［M］．北京：石油工业出版社，1995.

[16] De Wolf D, Smeers Y. The gas transmission problem solved by an extension of the simplex algorithm [J]. Management Science, 2000, 46 (11): 1454 - 1465.

[17] 杜祥琬，曾鸣．关于能源与电力“十四五”规划的八点建议［N］．中国能源报，2019 - 06 - 10（001）．

[18] 曾鸣．打好实现碳达峰碳中和这场硬仗［N］．人民日报，2021 - 07 - 28（009）．

[19] 曾鸣，申炜杰．如何在保证能源安全与经济的前提下顺利实现双碳目标［N］．国家电网报，2021 - 06 - 07（002）．

[20] 曾鸣，王永利，张硕，等．“十四五”能源规划与“30·60”双碳目标实现过程中的 12 个关键问题［J］．中国电力企业管理，2021（1）：41 - 43.

[21] 曾鸣，许彦斌．综合能源系统要义：源网荷储一体化＋多能互补［N］．中国能源报，2021 - 04 - 12（004）．

[22] 王永真，康利改，张靖，等．综合能源系统的发展历程、典型形态及未来趋势［J］．太阳能学报，2021，42（8）：84 - 95.

[23] 能源研究俱乐部．构建综合能源系统助力实现“碳达峰”“碳中和目标”．［2021 - 01 - 13］. http: //www. chinapower. com. cn/tanzhonghe/dongtai/2021 - 01 - 13/44361. html

[24] 于尔铿，刘广一，周京阳．能量管理系统［M］．北京：科学出版社，1998.

[25] Schweppe F C, Wildes J, Rom D B. Power system static - state estimation, part I: exact model [J]. IEEE Transactions on Power Appraratus and Systems, 1970, 89 (1): 120 - 125.

[26] Schweppe F C, Wildes J, Rom D B. Power system static - state estimation, part Ⅱ: approximate model [J]. IEEE Transactions on Power Appraratus and Systems, 1970, 89 (1): 125 - 130.

[27] Schweppe F C, Wildes J, Rom D B. Power system static - state estimation, part Ⅲ: implementation model [J]. IEEE Transactions on Power Appraratus and Systems, 1970, 89 (1): 130 - 135.

[28] Abur A, Exposito A G. Power system state estimation: theory and implementation [M]. New York: Marel Dekker, 2004.

[29] 陈艳波，于尔铿．电力系统状态估计［M］．北京：科学出版社，2021.

[30] 刘玮．基于状态估计的热力系统能耗分布研究［D］．北京：华北电力大学，2013.

[31] 毛海杰．天然气长输管道泄漏点的检测与定位方法研究［D］．兰州：兰州理工大学，2004.

[32] 陈艳波，高瑜珑，赵俊博，等．综合能源系统状态估计研究综述［J］．高电压技术，2021，47（7）：2281-2292.

[33] Zhao J，Wang S，Huang R，et al. Robust adaptive decentralized dynamic state estimation with unknown control inputs using field pmu measurements［C］// IEEE Power and Energy Society General Meeting. IEEE，2020.

[34] Zhao J，Gomez-Exposito A，Netto M，et al. Power system dynamic state estimation：motivations，definitions，methodologies，and future work［J］. IEEE Transactions on Power Systems，2019，34（4）：3188-3198.

[35] 吴颂平．刘赵淼．计算流体力学基础及其应用［M］．北京：机械工业出版社，2007.

[36] 马喜成．集中供热管网动态特性分析及热瞬态预测研究［D］．太原：太原理工大学，2011.

[37] 陆昌根．流体力学中的数值计算方法［M］．北京：科学出版社，2014.

[38] Wu F F，Monticelli A. Network Observability：Theory［J］. IEEE Transactions on Power Apparatus & Systems，1985，PER-5（5）：1042-1048.

[39] Monticelli，A，F. F. Network Observability：Identification of Observable Islands and Measurement Placement［J］. Power Apparatus and Systems，IEEE Transactions on，1985，PAS-104（5）：1035-1041.

[40] Krumpholz G R，Clements K A，Davis P W. Power System Observability：A Practical Algorithm Using Network Topology［J］. IEEE Transactions on Power Apparatus & System，1980，99（4）：1534-1542.

[41] Clanents，K. A，Krutnpholz，et al. Power System State Estimation with Measurement Deficiency：an Observability/Measurement Placement Algorithm［J］. Power Apparatus & Systems IEEE Transactions on，1983.

[42] Clements K A. Observability methods and optimal meter placement［J］. International Journal of Electrical Power & Energy Systems，1990，12（2）：88-93.

[43] Contaxis，G. C，Korres，et al. A reduced model for power system observability：analysis and restoration［J］. Power Systems，IEEE Transactions on，1988.

[44] Wang G，Liu C C，Bhatt N，et al. Observability of nonlinear power system dynamics using synchrophasor data［J］. International Transactions on Electrical Energy Systems，2016，26（5）：952-967.

[45] Wang G，Liu C C，Bhatt N，et al. Observability for pmu-based monitoring of nonlinear power system dynamics［C］// Bulk Power System Dynamics and Control - IX Optimization，Security and Control of the Emerging Power Grid（IREP），2013 IREP Symposium. IEEE，2013.

[46] 杨晓楠，郎燕生，姚远，等．电—气综合能源系统状态估计可观测性分析［J］．中国电力，2020，53（10）：133 - 139.

[47] BARGIELA A. On - line monitoring of water distribution networks ［D］. Durham：Durham University，1984.

[48] PREIS A，WHITTLE A J，OSTFELD A. Efficient hydraulic state estimation technique using reduced models of urban water networks ［J］. Journal of Water Resources Planning and Management，2011，137（4）：343 - 351.

[49] Sterling，Jh M，Bargiela，et al. Minimum norm state estimation for computer control of water distribution systems ［J］. Control Theory and Applications，IEE Proceedings D，1984.

[50] Fang T，Lahdelma R. State estimation of district heating network based on customer measurements ［J］. Applied Thermal Engineering，2014，73（1）：1211 - 1221.

[51] Durgut S，Leblebiciolu M K. State estimation of transient flow in gas pipelines by a Kalman filter - based estimator ［J］. Journal of Natural Gas Science & Engineering，2016，35：189 - 196.

[52] Uilhoorn F E. State - space estimation with a Bayesian filter in a coupled PDE system for transient gas flows ［J］. Applied Mathematical Modelling，2015，39（2）：682 - 692.

[53] 尹冠雄，陈彬彬，孙宏斌，等．综合能源系统分析的统一能路理论（四）：天然气网动态状态估计［J］．中国电机工程学报，2020，40（18）：5827 - 5837.

[54] 董今妮，孙宏斌，郭庆来，等．热电联合网络状态估计［J］．电网技术，2016，40（6）：1635 - 1641.

[55] 董今妮，孙宏斌，郭庆来，等．面向能源互联网的电—气耦合网络状态估计技术［J］．电网技术，2018，42（02）：400 - 408.

[56] 陈艳波，郑顺林，杨宁，等．基于加权最小绝对值的电—气综合能源系统抗差状态估计［J］．电力系统自动化，2019，43（13）：61 - 70.

[57] 郑顺林，刘进，陈艳波，等．基于加权最小绝对值的电—气综合能源系统双线性抗差状态估计［J]. 电网技术，2019，43（10）：3733 - 3742.

[58] Chen Y B，Yao Y，Zhang Y. A robust state estimation method based on SOCP for integrated electricity - heat system ［J］. IEEE Transactions on Smart Grid，2021，12（1）：810 - 820.

[59] Du Y，Zhang W，Zhang T. ADMM based distributed state estimation for integrated energy system ［J］. CSEE Journal of Power and Energy Systems，2019，5（2）：275 - 283.

[60] Yang J，Zhang N，Kang C，et al. Effect of natural gas flow dynamics in robust generation scheduling under wind uncertainty ［J］. IEEE Transactions on Power Systems，2017，PP（99）：1 - 1.

[61] Chen Y，Yao Y，Lin Y，et al. Dynamic state estimation for integrated electricity - gas systems based on kalman filter ［J］. CSEE Journal of Power and Energy Systems，2020，doi：10. 17775/CSEE-JPES. 2020. 02050.

[62] Zhou S, Tian M, Zhao Y, et al. Dynamic modeling of thermal conditions for hot - water district - heating networks [J]. Journal of Hydrodynamics, 2014, 26 (4): 531 - 537.

[63] Zhang T, Zhang W, Zhao Q et al. Distributed real - time state estimation for combined heat and power systems [J]. Modern Power Systems and Clean Energy, 2020, 9 (2): 12.

[64] Qiao Z, Guo Q, Sun H, et al. Multi - time period optimized configuration and scheduling of gas storage in gas - fired power plants [J]. Applied Energy, 2018, 226: 924 - 934.

[65] Wang C, Wei W, Wang J, et al. Convex optimization based adjustable robust dispatch for integrated electric - gas systems considering gas delivery priority [J]. Applied Energy, 2019, 239: 70 - 82.

[66] Benonysson A, Bøhm B, Ravn H F. Operational optimization in a district heating system [J]. Energy Conversion and Management, 1995, 36 (5): 297 - 314.

[67] 陈彬彬，孙宏斌，陈瑜玮，等. 综合能源系统分析的统一能路理论（一）：气路 [J]. 中国电机工程学报，2020，40 (2)：436 - 444.

[68] Yang J W, Zhang N, Botterud A, et al. On an equivalent representation of the dynamics in district heating networks for combined electricity - heat operation [J]. IEEE Transactions on Power Systems, 2020, 35 (1): 560 - 570.

[69] Sheng T, Guo Q, Sun H, et al. Two - stage state estimation approach for combined heat and electric networks considering the dynamic property of pipelines [J]. Energy Procedia, 2017, 142: 3014 - 3019.

[70] Zhang T, Li Z, Wu Q. H, et al. Decentralized state estimation of combined heat and power systems using the asynchronous alternating direction method of multipliers [J]. Applied Energy, 2019, 248: 600 - 613.

[71] Sheng T, Yin G, Guo Q, et al. A hybrid state estimation approach for integrated heat and electricity networks considering time - scale characteristics [J]. Journal of Modern Power Systems and Clean Energy, 2020, 8 (4): 636 - 645.

[72] 董雷，王春斐，李烨，等. 多时间断面电—气综合能源系统状态估计 [J]. 电网技术，2020，44 (9)：3458 - 3465.

[73] 刘鑫蕊，李垚，孙秋野，等. 基于多时间尺度的电—气—热耦合网络动态状态估计 [J]. 电网技术，2021，45 (2)：479 - 490.

[74] 陈皓勇，文俊中，王增煜，等. 能量网络的传递规律与网络方程 [J]. 西安交通大学学报，2014，48 (10)：66 - 76.

[75] 杨经纬，张宁，康重庆. 多能源网络的广义电路分析理论——（一）支路模型 [J]. 电力系统自动化，2020，44 (9)：21 - 32.

[76] 杨经纬，张宁，康重庆. 多能源网络的广义电路分析理论——（二）网络模型 [J]. 电力系统自动化，2020，44 (10)：21.

[77] 孙建韧. 关于热电厂热网计量监测系统升级改造的研究 [J]. 中国设备工程, 2021 (2): 160 - 161.

[78] 汪谷银, 王丹. 基于物联网技术的企业天然气能耗数据采集系统研究 [J]. 长江信息通信, 2021, 34 (1): 176 - 178.

[79] 唐文虎, 牛哲文, 赵柏宁, 等. 数据驱动的人工智能技术在电力设备状态分析中的研究与应用 [J]. 高电压技术, 2020, 46 (9): 2985 - 2999.

[80] Liu Y, Reiter M K, Ning P. False data injection attacks against state estimation in electric power grids [C] // Proceedings of the 2009 ACM Conference on Computer and Communications Security, CCS 2009, Chicago, Illinois, USA, November 9 - 13, 2009. ACM, 2009.

[81] KOSUT O, JIA L, THOMAS R J, et al. Malicious data attacks on the smart grid [J]. IEEE Trans on Smart Grid, 2011, 2 (4): 645 - 658.

[82] Le X, Mo Y, Sinopoli B. Integrity Data Attacks in Power Market Operations [J]. IEEE Transactions on Smart Grid, 2011, 2 (4): 659 - 666.

[83] Choi, D. - H, Xie, et al. Ramp - Induced Data Attacks on Look - Ahead Dispatch in Real - Time Power Markets [J]. IEEE Transactions on Smart Grid, 2013, 4 (3): 1235 - 1243.

[84] Carvalho R, Buzna L, Bono F, et al. Resilience of natural gas networks during conflicts, crises and disruptions [J]. PLOS ONE, 2014, 9 (3): e90265.

[85] 王丹, 赵平, 臧宁宁, 等. 基于安全博弈的综合能源系统安全性分析及防御策略 [J]. 电力自动化设备, 2019, 39 (10): 10 - 16.

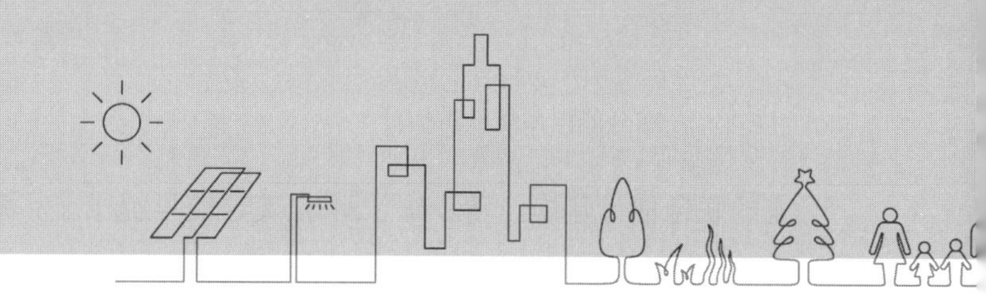

第2章 电—气综合能源系统集中式抗差状态估计

2.1 概述

由于天然气可大规模存储的特性及电制氢（power to gas，P2G）技术的支撑，电—气综合能源系统受到了国内外的普遍关注[1-4]。美国和欧洲很多国家的天然气发电量占比较大，因此很早就有学者关注天然气和电力系统的交互影响[5-9]；国内也有大量学者开始关注电—气 IES[10,11]。

已有研究主要关注电—气 IES 耦合及其优化运行，内容涉及电—气耦合建模、电—气耦合对电力系统的影响、电—气 IES 联合优化运行以及电—气 IES 潮流计算等。在电气耦合建模方面，文献［5］研究了不同的气体压缩机运行策略及其对电力系统的影响。在电—气耦合对电力系统的影响方面，文献［6］提出了一个评估电—气耦合对电力系统安全影响的综合模型。在电—气 IES 联合优化运行方面，文献［7］研究了在安全约束下以协调成本最低的电—气 IES 联合调度。文献［8］提出了一种以安全裕度最大的电—气 IES 最优潮流。文献［9］提出了一种以发电能源成本最低的电—气 IES 的最优潮流模型。文献［10］提出了一种以经济成本最小的电—气 IES 最优潮流算法。文献［11］提出了一种考虑风电不确定性的电力—天然气—燃煤 IES 最优潮流算法。在电—气 IES 潮流计算方面，徐宪东、贾宏杰等提出了一种以能源集线器作为耦合模型的电—气—热混合潮流顺序求解算法（主要集中于电力—天然气综合潮流分析）[12]。瞿小斌等提出了一种利用交替方向乘子法分布协同求解电—气潮流的算法[13]。Martinez 等提出了一种电—气 IES 统一建模求解的潮流计算方法[14]，并且在天然气系统中考虑到了温度对管道压强的影响。王伟亮、王丹等提出了一种基于能源集线器模型的电—气 IES 的潮流算法[15]，并讨论了不同气体的注入对天然气气质的影响。

随着电—气 IES 的发展，为实现对电—气 IES 的全面、实时和精确感知，需要构建面向电—气 IES 的状态估计（state estimation of integrated energy system，IES - SE）。显然，电—气 IES - SE 依赖于电—气耦合模型建模、压缩机支路建模以及电—气两种能流的联合估计建模。董今妮、孙宏斌等较早提出了一种基于 WLS 的电—气 IES - SE 方法[16]，在这方面做了前沿探索，可实现对电—气 IES 的感知，具有重要的理论意义和应用价值。但文献［16］尚存在以下不足。

（1）文献［16］中的 IES 耦合元件仅考虑了燃气轮机和电驱动的压缩机，燃气轮机实现了天然气能到电能的转换，电驱动的压缩机从某种程度上可以说是电网向气网提供了功率，但压缩机消耗的电功率非常有限，以至于对电网潮流的影响甚微，故文献［16］尚不能刻画电力系统和天然气系统之间实际存在的双向互动关系。

（2）文献［16］对含压缩机支路的建模忽略了燃气压缩机的耗气量，这样做虽然满足电驱动压缩机的约束方程，但对燃气压缩机而言，相当于将 f_{cp} 设为 0，对压缩机建模过程中只考虑了压缩机对气压的约束，这与工程实际存在一定偏差。

（3）文献［16］采用加权最小二乘估计法（WLS）构建电气 IES - SE 模型，虽然可利用最大标准化残差法（LNR）辨识不良数据，但这种方法仅能辨识弱相关的不良数据，对于电—气 IES 中存在的强相关多不良数据不能有效辨识。

本章首先介绍天然气系统量测模型及电—气 IES 耦合元件模型，然后介绍基于加权最小绝对值估计的电—气 IES - SE[17]；为进一步解决气网初值问题、收敛性问题和抗差性问题，本章进一步介绍了电—气 IES 双线性抗差状态估计方法[18]。

2.2 天然气系统量测模型及电—气综合能源系统耦合元件模型

天然气系统量测模型有稳态模型和动态模型之分，理论上动态模型比稳态模型更能准确地反映天然气系统的运行状态，特别是对于高压远距离输气网。但动态模型的准确性需要牺牲计算效率，且对于园区级天然气管网，由于其节点压力较低、管网长度较短，天然气系统的稳态模型仍有较好的实用性[10,12,15]。因此本章选取稳态模型进行区域电—气 IES - SE 研究。

为全面考虑电力系统和天然气能的双向互动，本节介绍文献［17］中给出的天然气系统量测模型及电—气 IES 耦合元件模型，具体地，在电—气耦合模型建模方面，引入了燃气轮机（gas turbine，GT）和 P2G 机组以考虑电—气两种能流的双向转化；在压缩机支路建模方面，给出一种更符合实际工程的压缩机约束，不仅可考虑压缩机元件对气压的约束，同时也可考虑燃气压缩机的耗气量。

本节给出的天然气系统量测模型及电—气 IES 耦合元件模型为构造电—气 IES - SE 模型奠定了基础。

2.2.1 天然气系统量测模型

1. 不含压缩机的支路模型

在天然气网络中，假设天然气管道在同一水平面内，则不含压缩机支路的管道 r 的稳态流量 f_r 可表示为[10,14]：

$$f_r = \phi(\Delta\Pi_r) = K_r s_{ij} \sqrt{s_{ij}(\Pi_i - \Pi_j)} \tag{2-1}$$

式中：ϕ 为函数符号；Π_i 和 Π_j 分别表示天然气节点 i 和 j 处的压强平方，$\Delta\Pi_r = \Pi_i - \Pi_j$ 表示管道 r 两端节点 i 和 j 的压强平方差；s_{ij} 用于表征天然气的流动方向，当 $\Pi_i > \Pi_j$ 时 s_{ij} 取 $+1$，否则 s_{ij} 取 -1；K_r 为管道常数，可由式（2-2）计算[15,19]。

$$K_r = 7.57 \times 10^{-4} \frac{T_n}{p_n} \sqrt{\frac{D_r^5}{FL_r T_a Z_a G}} \tag{2-2}$$

式中：T_n 与 p_n 分别为标准状况下的温度和压强；D_r 与 L_r 分别为管道 r 的直径和长度；F 为无方向摩擦系数；T_a 为天然气平均温度；Z_a 为平均可压缩系数；G 为相对密度。

需要指出的是式（2-1）和式（2-2）忽略了天然气在传输过程中的温度变化。

2. 压缩机模型

在天然气管道中，气流的流动需要管道两端的节点具有一定的压强差，因此沿着气流流动的方向，节点的压强会越来越低。为保证天然气的传输效率，需要在某些管道安装压缩机，用以提高与压缩机出口相连的节点压强。目前天然气网的压缩机主要有两种：①电驱动压缩机；②燃气轮机驱动压缩机。其模型分别如图 2-1 与图 2-2 所示[12]。

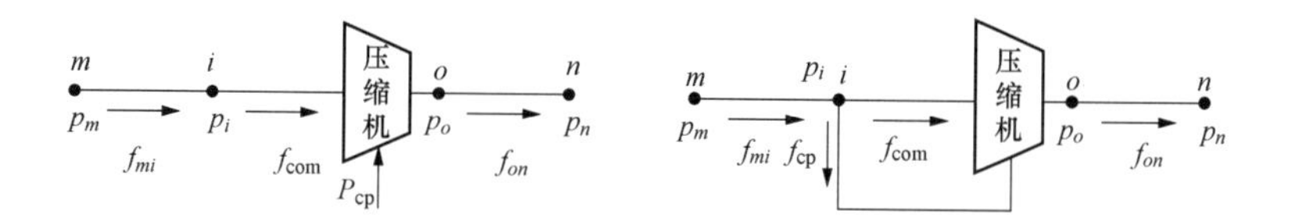

图 2-1　电驱动压缩机模型　　　图 2-2　燃气轮机驱动压缩机模型

在图 2-1 与图 2-2 中：m 和 n 表示普通管道节点；i 和 o 分别表示压缩机的进口节点和出口节点；p_m、p_i、p_o 和 p_n 分别表示对应节点的压强；f_{mi} 和 f_{on} 表示对应支路的天然气流量；f_{com} 表示流进压缩机的天然气流量；f_{cp} 表示燃气轮机驱动压缩机消耗的天然气流量；P_{cp} 表示电驱动压缩机消耗的电功率。

压缩机 k 的功率方程可表示为[10,15]：

$$H_k = B_k f_{com}[R_k^{Z_k} - 1] \tag{2-3}$$

$$R_k = \frac{p_o}{p_i} \tag{2-4}$$

式中：B_k 为与压缩机温度、效率、绝热指数相关的参数；$Z_k=(a-1)/a$，其中 a 为多变指数；R_k 为压缩比。

若压缩机的功率由电动机提供，则消耗的电功率为[14]：

$$P_{cp} = H_k \frac{7.457 \times 10^{-6}}{3600} \tag{2-5}$$

若压缩机的功率由燃气轮机提供，则消耗的天然气流量为[14]：

$$f_{cp} = \alpha + \beta_k H_k + \gamma H_k^2 \tag{2-6}$$

式中：α、β_k 和 γ 为燃气轮机燃料比系数。

对于常用的 PG9171 型燃气轮机，其出力和耗量近似为线性关系[20]，即式（2-6）可简化为：

$$f_{cp} = \alpha + \beta_k H_k \tag{2-7}$$

一般来说，压缩机通常有四种控制模式：①出口压强恒定；②入口压强恒定；③通过压缩机的流量恒定；④压缩比恒定。已有研究通常将含压缩机的支路看作虚拟支路，将含压缩机支路与普通之路区分处理，并在虚拟支路两端增加虚拟节点，从而忽略了压缩机的耗气量，如文献［16］中将虚拟节点的注处流量设为了 0。这样做虽然能满足电驱动压缩机的约束方程，但对燃气压缩机而言，相当于将 f_{cp} 设为了 0，使得对压缩机建模过程中只考虑了压缩机对气压的约束，这与工程实际存在一定偏差。为正确反映压缩机的耗气量，以下针对压缩机支路介绍一种新的约束模型。

3. 含压缩支路的约束方程

图 2-2 所示的燃气压缩机对网络的流量约束方程和气压约束方程分别为：

$$f_{mi} = f_{cp} + f_{on} \tag{2-8}$$

$$p_o = R_k p_i \tag{2-9}$$

在文献［16］的电—气 IES-SE 研究中，只考虑了压缩机的两种运行模式：出口压强恒定和压缩比恒定。它们的约束方程可表示如下：

$$p_o = \overline{p}_o \tag{2-10}$$

$$p_o = \overline{R}_k p_i \tag{2-11}$$

式（2-10）为当压缩机出口压强恒定时的压缩机支路约束方程，式中 $\overline{p}_o$为常量。式（2-11）为当压缩机压缩比恒定时的压缩机支路约束方程，式中 $\overline{R}_k$为常量。显然，式（2-10）和式（2-11）为线性约束，这是因为该模型只考虑了压缩机对气压的约束，

而忽略了压缩机对气网流量的约束［式（2-12)］。

为实现对压缩机的精确建模，以上两点均应该予以考虑，建模过程如下。

将式（2-3）代入式（2-7），则压缩机自身的耗气约束可表示为：

$$f_{cp}=\varphi(f_{com},R_k)=\alpha+\beta_k B_k f_{com}[R_k^{Z_k}-1] \tag{2-12}$$

因 $f_{com}=f_{on}=\phi(\Delta\Pi_{on})=K_{on}s_{on}\sqrt{s_{on}(\Pi_o-\Pi_n)}$，则式（2-12）可进一步表示为：

$$f_{cp}=\Phi(\Pi_o,\Pi_n,R_k)=\alpha+\beta_k B_k\phi(\Delta\Pi_{on})[R_k^{Z_k}-1] \tag{2-13}$$

因为 $f_{mi}=\phi(\Delta\Pi_{mi})$，将式（2-13）代入式（2-8），则燃气压缩机对网络的流量约束可表示为：

$$\Psi(\boldsymbol{X})=\Phi(\Pi_o,\Pi_n,R_k)+\phi(\Delta\Pi_{on})-\phi(\Delta\Pi_{mi})=0 \tag{2-14}$$

式中：φ、Φ 和 Ψ 均为函数符号；$\Delta\Pi_{on}=\Pi_o-\Pi_n$；$\Delta\Pi_{mi}=\Pi_m-\Pi_i$；$\boldsymbol{X}=[\Pi_m,\Pi_i,\Pi_o,\Pi_n,R_k]^{\mathrm{T}}$；其余变量意义同上。

显然由式（2-14）与式（2-9）［或式（2-11)］所组成的约束同时考虑到了燃气轮机对网络的气压约束和流量约束。需要说明的是，式（2-8）～式（2-14）是燃气轮机约束方程的精确表达式。由于燃气轮机的耗量 $f_{cp}\ll f_{on}$，在此前提下可对式（2-14）所示的约束方程做如下简化。

式（2-8）左右两边分别取平方可得：

$$f_{mi}^2=f_{cp}^2+f_{on}^2+2f_{on}f_{cp} \tag{2-15}$$

因 $f_{cp}\ll f_{on}$，忽略式（2-15）中的二次项 f_{cp}^2，则有：

$$f_{mi}^2-f_{on}^2=2f_{on}f_{cp} \tag{2-16}$$

将式（2-13）代入式（2-16），则有：

$$f_{mi}^2-f_{on}^2=2f_{on}^2[\alpha+\beta_k B_k(R_k^{Z_k}-1)] \tag{2-17}$$

下面讨论在压缩机四种控制模型下其约束方程的具体表达式。

（1）出口压强恒定。当出口压强恒定时，设 $p_o=\overline{p}_o$，将式（2-1）和式（2-11）代入式（2-17），则式（2-17）可简化为：

$$K_{mi}^2p_m^2p_i^{Z_k}+K_{mi}^2p_i^{2+Z_k}+K_\alpha p_i^{Z_k}+K_\beta p_n^2p_i^{Z_k}+K_\gamma p_n^2+K_0=0 \tag{2-18}$$

式中：$K_\alpha=-(1+2\alpha)(K_{on}^2+\Omega)\overline{p}_o^2$；$\Omega=2K_{on}^2\beta_k B_k$；$K_\beta=(1+2\alpha)(K_{on}^2+\Omega)$；$K_\gamma=(1+2\alpha)\Omega\overline{p}_o^{Z_k}$；$K_0=(1+2\alpha)\Omega\overline{p}_o^{2+Z_k}$。可知约束条件仅为 p_i、p_m 和 p_n 的函数，相当于压缩机只增加了一个虚拟节点 p_i。

（2）入口压强恒定。当入口压强恒定时，设 $p_i=\overline{p}_i$，将式（2-1）和式（2-11）代入式（2-18），则式（2-18）可简化为：

$$K_{mi}^2 p_m^2 + K_n p_n^2 + K_o p_o^2 + K_\chi p_o^{2+Z_k} + K_\delta p_n^2 p_o^{Z_k} = 0 \tag{2-19}$$

式中：$K_n=(1+2\alpha)K_{on}^2-\Omega$；$K_\delta=(1+2\alpha)\Omega\overline{p}_i^{Z_k}$；$K_o=(1+2\alpha)(W-K_{on}^2)$；$K_\chi=-(1+2\alpha)\Omega\overline{p}_i^{-Z_k}$；可知约束条件仅为 p_o、p_m 和 p_n 的函数，相当于压缩机只增加了一个虚拟节点 p_o。

(3) 通过压缩机流量恒定。当压缩机流量恒定时，设 $f_{on}=\overline{f}_{on}$，将式 (2-1) 和式 (2-11) 代入式 (2-17)，则式 (2-17) 可简化为：

$$K_{mi}^2 p_m^2 p_i^{Z_k} - K_{mi}^2 p_i^{Z_k+2} + K_\partial \overline{f}_{on}^2 p_i^{Z_k} - K_D \overline{f}_{on}^2 p_o^{Z_k} = 0 \tag{2-20}$$

式中：$K_\partial=(1+2\alpha)(\Omega-1)$；$K_D=(1+2\alpha)\Omega$；上式的约束条件同时含有 p_i 和 p_o，与式 (2-18) 和式 (2-19) 相比相当于状态变量多了一个，由于通过压缩流量 $f_{on}=\phi(\Delta\Pi_{on})$ 也为网络增加了一个约束，所以并没有降低冗余度。

(4) 压缩比恒定。若压缩比恒定，设 $R_k=\overline{R}_k$，将式 (2-1) 和式 (2-11) 代入式 (2-17)，则式 (2-17) 可简化为：

$$K_{mi}^2 p_m^2 + K_\varepsilon p_i^2 + K_{on}^2 \Xi p_n^2 = 0 \tag{2-21}$$

式中：$\Xi=(1+2\alpha)\Omega[\overline{R}_k^{Z_k}-1]$；$K_\varepsilon=-K_{on}^2\Xi-K_{mi}^2$。可知约束条件仅为 p_o、p_m 和 p_n 的函数，相当于压缩机只增加了一个虚拟节点 p_i。

式 (2-18) ～式 (2-21) 中仅有 p_i、p_o、p_m 和 p_n 为未知量，其余全部为常数，因为 Z_k 通常情况下为非整数，所以式 (2-18) ～式 (2-21) 为类似多项式约束（在压缩比恒定的情况下不存在指数项为 Z_k 的项，此时为严格的等式约束）。可知在考虑了压缩机耗量的情况下，压缩机支路的约束模型相对于不考虑压缩机耗量而言从线性约束 [式 (2-9) 和式 (2-11)] 变为了一种类似于多项式的约束 [式 (2-18) ～式 (2-21)]。这样处理的优势在于考虑压缩机耗量支路约束模型在优化过程中能够增加优化结果的精确性，且不会显著增加额外的计算代价（详见 2.4 节）。

4. 量测方程

天然气网络中，可以设置以下四种量测量：①节点 i 的压强 p_i；②节点 i 的负荷 f_i；③支路 r（或 ij）的流量 f_r（或 f_{ij}）；④压缩机某一恒定量。若选取各节点压强 p_i 为状态变量，则天然气网络中的量测方程可表示为（为简化表达起见，忽略量测方程中的噪声；实际客观存在，不能忽略）：

$$p_i' = p_i \tag{2-22}$$

$$f_{ij} = K_r s_{ij} \sqrt{s_{ij}(p_i^2 - p_j^2)} \tag{2-23}$$

$$f_i = \sum_{j\in N_i} K_r s_{ij} \sqrt{s_{ij}(p_i^2 - p_j^2)} \tag{2-24}$$

$$\Upsilon(p_m, p_i, p_o, p_n) = 0 \tag{2-25}$$

式中：p_i'为 p_i 的量测值；N_i 为与 i 节点关联的节点集合；$\Upsilon(p_m, p_i, p_o, p_n)=0$ 为式（2-18）～式（2-21）的统一表示。

2.2.2　电—气 IES 耦合元件模型

本章在电—气 IES 建模中所用的耦合元件为 P2G 和燃气轮机。P2G 是一种将电能转换为氢能的技术，由于氢气不能大量注入天然气系统中，所以通常将产生的氢气与二氧化碳发生甲烷化反应生成可再生甲烷，再将可再生甲烷注入天然气系统中[21,22]；燃气轮机以天然气为燃料，向电力系统中的电负荷供电，因此燃气轮机在天然气系统中是气负荷，而在电力系统中是电源。一方面，P2G 实现了电能向燃气能的转化；另一方面，燃气轮机实现了天然气向电能的转化。需要指出的是，电驱动的压缩机模型也可作为电—气耦合元件之一，但由式（2-5）可知，电驱动的压缩机所消耗的电网中的有功功率非常微小，以至于对电网的潮流影响微乎其微，故本节不将其纳入耦合元件的范畴。

1. P2G 耦合模型

P2G 耦合元件消耗的电能与输出的燃气能关系如下[21,23]：

$$M_i = \eta_{k,i} P_k \tag{2-26}$$

式中：M_i 为 P2G 电站转换到天然气系统节点 i 的气体流量；$\eta_{k,i}$为能量转换效率；P_k 为 P2G 在电力系统节点 k 消耗的功率（P2G 元件在天然气系统和电力系统中的位置分别在节点 i 和节点 k）。

由式（2-26）可知，P2G 消耗的电能 P_k 与产生的气体流量 M_i 呈线性关系。

2. 燃气轮机耦合模型

对于燃气轮机，其效率与热率之间的关系为[23]：

$$\eta_{\mathrm{gas}.i} = \frac{3600}{H_{\mathrm{R}.i}} \tag{2-27}$$

式中：$\eta_{\mathrm{gas}.i}$为节点 i 的燃气轮机的效率；$H_{\mathrm{R}.i}$为节点 i 的燃气轮机的热率。

燃气轮机的热率与电能之间的关系为：

$$H_{\mathrm{R}.i} = \alpha_{\mathrm{g},i} + \beta_{\mathrm{g},i} P_{\mathrm{G},i} + \gamma_{\mathrm{g},i} P_{\mathrm{G},i}^2 \tag{2-28}$$

式中：$P_{\mathrm{G},i}$为节点 i 的燃气轮机输出电功率；$\alpha_{\mathrm{g},i}$、$\beta_{\mathrm{g},i}$和 $\gamma_{\mathrm{g},i}$ 由燃气轮机的耗热曲线决定（燃气轮机元件在电力系统中的位置在 i 节点）。

燃气轮机消耗的天然气流量与产生的电能之间的关系为[14]：

$$F_{\mathrm{gas}}^{m,k} = \Gamma(P_{\mathrm{G},i}) = \frac{H_{\mathrm{R}.i} P_{\mathrm{G},i}}{V_{\mathrm{LHV}}} \tag{2-29}$$

式中：$F_{\mathrm{gas}}^{m,i}$为节点 k 的燃气轮机消耗的天然气流量（燃气轮机元件在天然气系统和电力系统中的位置分别在 k 节点和 i 节点）；V_{LHV}为天然气的低热值。

由式（2-29）可知，燃气轮机消耗的天然气流量与产生的电能为非线性关系，主要原因在于燃气轮机的效率 $\eta_{\mathrm{gas}.i}$与其产生的电能 $P_{\mathrm{G},i}$的大小有关。但当电—气 IES 状态变化不大时，$\eta_{\mathrm{gas}.i}$的波动范围很小，可近似作为恒定的已知量。若燃气轮机的效率 $\eta_{\mathrm{gas}.i}$已知时，则式（2-29）可表示为：

$$F_{\mathrm{gas}}^{m,k}=\Gamma(P_{\mathrm{G},i})=\frac{3600P_{\mathrm{G},i}}{\eta_{\mathrm{gas}.i}V_{\mathrm{LHV}}} \tag{2-30}$$

由式（2-30）可知，当燃气轮机的效率为已知时，燃气轮机消耗的天然气流量与其产生电能为线性关系。

因为 M_i 和 $F_{\mathrm{gas}}^{m,i}$可分别写成气网节点压强的函数 $M_i(\boldsymbol{p})$ 和 $F_{\mathrm{gas}}^{m,i}(\boldsymbol{p})$；$P_k$ 和 $P_{\mathrm{G},i}$可分别写成电网状态变量的函数 $P_k(\boldsymbol{x}_{\mathrm{e}})$ 和 $P_{\mathrm{G},i}(\boldsymbol{x}_{\mathrm{e}})$。其中：$\boldsymbol{x}_{\mathrm{g}}=\boldsymbol{p}$ 为气网的状态变量，$\boldsymbol{p}$ 为气网中各个节点压强组成的列向量；$\boldsymbol{x}_{\mathrm{e}}=[\boldsymbol{v}^{\mathrm{T}},\ \boldsymbol{\theta}^{\mathrm{T}}]^{\mathrm{T}}$ 为电网的状态变量，其中 $\boldsymbol{v}$ 为电网中各个节点的电压幅值所组成的列向量，$\boldsymbol{\theta}$ 为除平衡节点外各个节点的电压相角组成的列向量；本章选取电网各个节点的电压幅值 v_i 和除平衡节点外各个节点的电压相角 θ_i 为电网状态变量。则式（2-26）和式（2-29）[或式（2-30）] 可统一表示为：

$$g_{\mathrm{cp}}(p_i,v_j,\theta_j)=0 \tag{2-31}$$

式中：v_j 和 θ_j 分别为节点 j 的电压幅值和相角。

式（2-31）即为电—气 IES 耦合元件应满足的约束条件。

2.3 基于加权最小绝对值的电—气综合能源系统抗差状态估计

为构建具有良好抗差性的电—气 IES-SE 模型，可将抗差估计的经典算法——加权最小绝对值估计（weighted least absolute value，WLAV）应用于了电—气 IES-SE 建模中[17]，本节最后通过仿真算例来检验所介绍模型的有效性。

2.3.1 建模方法

1. 电—气 IES 量测方程的向量形式

对于一个以燃气轮机（GT）和 P2G 耦合的电—气综合能源系统（见图 2-3），其量测方程和等式约束可合写为：

$$\begin{cases}\boldsymbol{z}_{\mathrm{g}}=\boldsymbol{h}_{\mathrm{g}}(\boldsymbol{x}_{\mathrm{g}})+\boldsymbol{\varepsilon}_{\mathrm{g}}\\ \boldsymbol{z}_{\mathrm{e}}=\boldsymbol{h}_{\mathrm{e}}(\boldsymbol{x}_{\mathrm{e}})+\boldsymbol{\varepsilon}_{\mathrm{e}}\\ \boldsymbol{0}=\boldsymbol{g}([\boldsymbol{x}_{\mathrm{g}}^{\mathrm{T}},\boldsymbol{x}_{\mathrm{e}}^{\mathrm{T}}]^{\mathrm{T}})\end{cases} \tag{2-32}$$

式中：$\boldsymbol{z}_{\mathrm{g}}$ 为气网量测量，主要包括节点 i 的压强 p'_i、节点 i 的负荷 f_i、支路 r（或 ij）的流量 f_r（或 f_{ij}）；$\boldsymbol{h}_{\mathrm{g}}$ 为气网量测方程，其具体表达式见式（2-22）～式（2-24）；$\boldsymbol{z}_{\mathrm{e}}$ 为电网量测量，主要包括节点 j 的注入有功功率 P_j 和无功功率 Q_j、节点 j 的电压幅值 v_j、支路 ij 的有功功率 P_{ij} 和无功功率 Q_{ij}、支路电流幅值量测 I_{ij} 等；$\boldsymbol{h}_{\mathrm{e}}$ 为电网量测方程，其具体表达式见文献［17］；$\boldsymbol{g}$ 包括由式（2-25）描述的压缩机约束及由式（2-31）描述的耦合元件约束；$\boldsymbol{\varepsilon}_{\mathrm{g}}$ 和 $\boldsymbol{\varepsilon}_{\mathrm{e}}$ 为量测误差向量。

2. 抗差状态估计建模

在电—气 IES 中，除了式（2-32）所列出的量测以外，还存在零注入功率量测（电网中为零注入功率节点，气网中为注入流量为零的节点）。在电力系统状态估计中，对零注入功率的处理主要有两种方法：①将零注入节点注入功率作为虚拟量测，对其赋予很大的权重参与状态估计；②将零注入功率作为等式约束，利用拉格朗日乘子法求解。方法①对零注入节点赋予大权重可能引起信息矩阵病态，严重时甚至导致状态估计发散，因此本节采用方法②，即将零注入功率作为电气综合能源系统状态估计的等式约束条件。

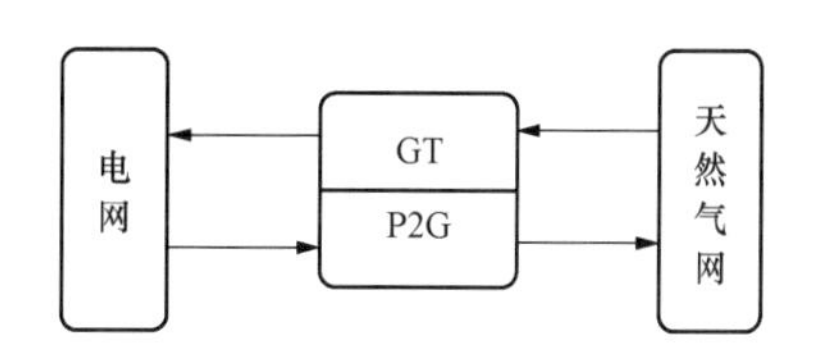

图 2-3　电—气综合能源系统网络结构

为增强抗差性，基于 WLAV 构建电—气 IES-SE 模型为[17]：

$$\min \quad J(\boldsymbol{x}) = (\boldsymbol{R}_{\mathrm{g}}^{-1})^{\mathrm{T}} \mid \boldsymbol{\varepsilon}_{\mathrm{g}} \mid + (\boldsymbol{R}_{\mathrm{e}}^{-1})^{\mathrm{T}} \mid \boldsymbol{\varepsilon}_{\mathrm{e}} \mid$$

$$\text{s. t.}\begin{cases} \boldsymbol{\varepsilon}_{\mathrm{g}} = \boldsymbol{z}_{\mathrm{g}} - \boldsymbol{h}_{\mathrm{g}}(\boldsymbol{x}_{\mathrm{g}}) \\ \boldsymbol{\varepsilon}_{\mathrm{e}} = \boldsymbol{z}_{\mathrm{e}} - \boldsymbol{h}_{\mathrm{e}}(\boldsymbol{x}_{\mathrm{e}}) \\ \boldsymbol{0} = \boldsymbol{g}([\boldsymbol{x}_{\mathrm{g}}^{\mathrm{T}}, \boldsymbol{x}_{\mathrm{e}}^{\mathrm{T}}]^{\mathrm{T}}) \\ \boldsymbol{0} = \boldsymbol{s}([\boldsymbol{x}_{\mathrm{g}}^{\mathrm{T}}, \boldsymbol{x}_{\mathrm{e}}^{\mathrm{T}}]^{\mathrm{T}}) \end{cases} \tag{2-33}$$

式中：$\boldsymbol{x}=[\boldsymbol{x}_{\mathrm{g}}^{\mathrm{T}},\ \boldsymbol{x}_{\mathrm{e}}^{\mathrm{T}}]^{\mathrm{T}}$；$\boldsymbol{R}_{\mathrm{g}}$ 为气网量测误差的协方差所组成的列向量；$\boldsymbol{R}_{\mathrm{e}}$ 为电网量测误差的协方差所组成的列向量；$\boldsymbol{s}([\boldsymbol{x}_{\mathrm{g}}^{\mathrm{T}},\ \boldsymbol{x}_{\mathrm{e}}^{\mathrm{T}}]^{\mathrm{T}})$ 为电—气 IES 的零注入节点处的虚拟量测等式约束，其具体形式可表述如下：

$$\boldsymbol{s}([\boldsymbol{x}_{\mathrm{g}}^{\mathrm{T}}, \boldsymbol{x}_{\mathrm{e}}^{\mathrm{T}}]^{\mathrm{T}}) = \begin{bmatrix} \boldsymbol{s}_{\mathrm{g}}(\boldsymbol{x}_{\mathrm{g}}) \\ \boldsymbol{s}_{\mathrm{e}}(\boldsymbol{x}_{\mathrm{e}}) \end{bmatrix} = \boldsymbol{0} \tag{2-34}$$

式中：$\boldsymbol{s}_{\mathrm{g}}(\boldsymbol{x}_{\mathrm{g}})$ 为气网的零注入节点处的量测函数向量；$\boldsymbol{s}_{\mathrm{e}}(\boldsymbol{x}_{\mathrm{e}})$ 为电网零注入节点处的量测函数向量。

为便于分析，可将式（2-33）改写为如下的紧凑形式：

$$\min \quad J(\boldsymbol{x}) = \boldsymbol{w}^{\mathrm{T}} \mid \boldsymbol{\varepsilon} \mid$$
$$\text{s. t.} \begin{cases} \boldsymbol{\varepsilon} = \boldsymbol{z} - \boldsymbol{h}(\boldsymbol{x}) \\ \boldsymbol{0} = \boldsymbol{c}(\boldsymbol{x}) \end{cases} \tag{2-35}$$

式中：$\boldsymbol{w}=[(\boldsymbol{R}_{\mathrm{g}}^{-1})^{\mathrm{T}}, (\boldsymbol{R}_{\mathrm{e}}^{-1})^{\mathrm{T}}]^{\mathrm{T}}$；$\boldsymbol{\varepsilon}=[\boldsymbol{\varepsilon}_{\mathrm{g}}^{\mathrm{T}}, \boldsymbol{\varepsilon}_{\mathrm{e}}^{\mathrm{T}}]^{\mathrm{T}}$；$\boldsymbol{z}=[\boldsymbol{z}_{\mathrm{g}}^{\mathrm{T}}, \boldsymbol{z}_{\mathrm{e}}^{\mathrm{T}}]^{\mathrm{T}}$；$\boldsymbol{h}=[\boldsymbol{h}_{\mathrm{g}}^{\mathrm{T}}, \boldsymbol{h}_{\mathrm{e}}^{\mathrm{T}}]^{\mathrm{T}}$；$\boldsymbol{c}=[\boldsymbol{g}^{\mathrm{T}}, \boldsymbol{s}^{\mathrm{T}}]^{\mathrm{T}}$；$\mid \boldsymbol{\varepsilon} \mid$代表向量$\boldsymbol{\varepsilon}$的1－范数。

式（2 - 35）所示的 WLAV 目标函数在 0 处不可导，无法直接用基于梯度的方法求解。为此，引入新的变量u和r，令：

$$\begin{cases} \boldsymbol{u} = (\mid \boldsymbol{\varepsilon} \mid - \boldsymbol{\varepsilon})/2 \geqslant \boldsymbol{0} \\ \boldsymbol{r} = (\mid \boldsymbol{\varepsilon} \mid + \boldsymbol{\varepsilon})/2 \geqslant \boldsymbol{0} \end{cases} \tag{2-36}$$

由式（2 - 36），可得：

$$\begin{cases} \mid \boldsymbol{\varepsilon} \mid = \boldsymbol{u} + \boldsymbol{r} \\ \boldsymbol{\varepsilon} = \boldsymbol{r} - \boldsymbol{u} \end{cases} \tag{2-37}$$

将式（2 - 37）代入式（2 - 35），可得：

$$\min \quad J(\boldsymbol{x}) = \boldsymbol{w}^{\mathrm{T}}(\boldsymbol{u} + \boldsymbol{r})$$
$$\text{s. t.} \begin{cases} \boldsymbol{0} = \boldsymbol{z} - \boldsymbol{h}(\boldsymbol{x}) + \boldsymbol{u} - \boldsymbol{r} \\ \boldsymbol{0} = \boldsymbol{c}(\boldsymbol{x}) \\ \boldsymbol{u} \geqslant \boldsymbol{0}, \boldsymbol{r} \geqslant \boldsymbol{0} \end{cases} \tag{2-38}$$

为求解式（2 - 38），引进拉格朗日函数：

$$L(\boldsymbol{u},\boldsymbol{r},\boldsymbol{x},\boldsymbol{\lambda},\boldsymbol{\pi},\boldsymbol{\alpha},\boldsymbol{\beta}) = \boldsymbol{w}^{\mathrm{T}}(\boldsymbol{u}+\boldsymbol{r}) - \boldsymbol{\lambda}^{\mathrm{T}}\boldsymbol{c}(\boldsymbol{x}) - \boldsymbol{\pi}^{\mathrm{T}}[\boldsymbol{z} - \boldsymbol{h}(\boldsymbol{x}) + \boldsymbol{u} - \boldsymbol{r}] - \boldsymbol{\alpha}^{\mathrm{T}}\boldsymbol{u} - \boldsymbol{\beta}^{\mathrm{T}}\boldsymbol{r} \tag{2-39}$$

式中：$\boldsymbol{\lambda}$、$\boldsymbol{\pi}$、$\boldsymbol{\alpha}$和$\boldsymbol{\beta}$为拉格朗日乘子向量。根据 KKT（Karush - Kuhn - Tucker，卡罗需 - 库恩 - 塔克）条件，可得：

$$\boldsymbol{L}_x = -\frac{\partial L}{\partial \boldsymbol{x}} = \nabla \boldsymbol{c}(\boldsymbol{x})\boldsymbol{\lambda} - \nabla \boldsymbol{h}(\boldsymbol{x})\boldsymbol{\pi} = \boldsymbol{0} \tag{2-40}$$

$$\boldsymbol{L}_\lambda = -\frac{\partial L}{\partial \boldsymbol{\lambda}} = \boldsymbol{c}(\boldsymbol{x}) = \boldsymbol{0} \tag{2-41}$$

$$\boldsymbol{L}_\pi = -\frac{\partial L}{\partial \boldsymbol{\pi}} = \boldsymbol{z} - \boldsymbol{h}(\boldsymbol{x}) + \boldsymbol{u} - \boldsymbol{r} = \boldsymbol{0} \tag{2-42}$$

$$\boldsymbol{L}_u = \frac{\partial L}{\partial \boldsymbol{u}} = \boldsymbol{w} - \boldsymbol{\pi} - \boldsymbol{\alpha} = \boldsymbol{0} \tag{2-43}$$

$$\boldsymbol{L}_r = \frac{\partial L}{\partial \boldsymbol{r}} = \boldsymbol{w} + \boldsymbol{\pi} - \boldsymbol{\beta} = \boldsymbol{0} \tag{2-44}$$

$$\boldsymbol{L}_{\alpha}=\frac{\partial L}{\partial \boldsymbol{\alpha}}=\boldsymbol{AUe}=\boldsymbol{0} \tag{2-45}$$

$$\boldsymbol{L}_{\beta}=\frac{\partial L}{\partial \boldsymbol{\beta}}=\boldsymbol{BRe}=\boldsymbol{0} \tag{2-46}$$

式中：$\nabla \boldsymbol{c}(\boldsymbol{x})=\frac{\partial \boldsymbol{c}(\boldsymbol{x})}{\partial \boldsymbol{x}}$；$\nabla \boldsymbol{h}(\boldsymbol{x})=\frac{\partial \boldsymbol{h}(\boldsymbol{x})}{\partial \boldsymbol{x}}$；$\boldsymbol{A}=\mathrm{diag}(\boldsymbol{\alpha})$；$\boldsymbol{B}=\mathrm{diag}(\boldsymbol{\beta})$；$\boldsymbol{U}=\mathrm{diag}(\boldsymbol{u})$；$\boldsymbol{R}=\mathrm{diag}(\boldsymbol{r})$；$\boldsymbol{e}=(1,\cdots,1)^{\mathrm{T}}$。

为有效解决以上问题，现代内点法引入扰动参数 $\mu>0$ 对式（2-45）和式（2-46）进行松弛，从而得：

$$\begin{cases}\boldsymbol{L}_{\alpha}^{u}=\boldsymbol{AUe}-\mu\boldsymbol{e}=\boldsymbol{0}\\ \boldsymbol{L}_{\beta}^{u}=\boldsymbol{BRe}-\mu\boldsymbol{e}=\boldsymbol{0}\end{cases} \tag{2-47}$$

利用牛顿法求解式（2-40）～式（2-44）及式（2-47），可得：

$$[\nabla^2 \boldsymbol{c}(\boldsymbol{x})\boldsymbol{\lambda}-\nabla^2 \boldsymbol{h}(\boldsymbol{x})\boldsymbol{\pi}]\mathrm{d}\boldsymbol{x}+\nabla \boldsymbol{c}(\boldsymbol{x})\mathrm{d}\boldsymbol{\lambda}-\nabla \boldsymbol{h}(\boldsymbol{x})\mathrm{d}\boldsymbol{\pi}=-\boldsymbol{L}_{x} \tag{2-48}$$

$$\nabla \boldsymbol{c}(\boldsymbol{x})^{\mathrm{T}}\mathrm{d}\boldsymbol{x}=-\boldsymbol{L}_{\lambda} \tag{2-49}$$

$$-\nabla \boldsymbol{h}(\boldsymbol{x})^{\mathrm{T}}\mathrm{d}\boldsymbol{x}+\mathrm{d}\boldsymbol{u}-\mathrm{d}\boldsymbol{r}=-\boldsymbol{L}_{\pi} \tag{2-50}$$

$$-\mathrm{d}\boldsymbol{\pi}-\mathrm{d}\boldsymbol{\alpha}=-\boldsymbol{L}_{u} \tag{2-51}$$

$$\mathrm{d}\boldsymbol{\pi}-\mathrm{d}\boldsymbol{\beta}=-\boldsymbol{L}_{r} \tag{2-52}$$

$$\boldsymbol{U}\mathrm{d}\boldsymbol{\alpha}+\boldsymbol{A}\mathrm{d}\boldsymbol{u}=-\boldsymbol{L}_{\alpha}^{\mu} \tag{2-53}$$

$$\boldsymbol{R}\mathrm{d}\boldsymbol{\beta}+\boldsymbol{B}\mathrm{d}\boldsymbol{r}=-\boldsymbol{L}_{\beta}^{\mu} \tag{2-54}$$

由式（2-51）和式（2-52）可得：

$$\mathrm{d}\boldsymbol{\alpha}=\boldsymbol{L}_{u}-\mathrm{d}\boldsymbol{\pi} \tag{2-55}$$

$$\mathrm{d}\boldsymbol{\beta}=\boldsymbol{L}_{r}+\mathrm{d}\boldsymbol{\pi} \tag{2-56}$$

将式（2-55）和式（2-56）代入式（2-53）和式（2-54）可得：

$$\mathrm{d}\boldsymbol{u}=-\boldsymbol{A}^{-1}(\boldsymbol{L}_{\alpha}^{\mu}+\boldsymbol{U}\boldsymbol{L}_{u}-\boldsymbol{U}\mathrm{d}\boldsymbol{\pi}) \tag{2-57}$$

$$\mathrm{d}\boldsymbol{r}=-\boldsymbol{B}^{-1}(\boldsymbol{L}_{\beta}^{\mu}+\boldsymbol{R}\boldsymbol{L}_{r}+\boldsymbol{R}\mathrm{d}\boldsymbol{\pi}) \tag{2-58}$$

将式（2-57）和式（2-58）代入式（2-50）可得：

$$-\nabla \boldsymbol{h}(\boldsymbol{x})^{\mathrm{T}}\mathrm{d}\boldsymbol{x}+\boldsymbol{S}\mathrm{d}\boldsymbol{\pi}=\boldsymbol{\gamma} \tag{2-59}$$

式中：$\boldsymbol{S}=\boldsymbol{A}^{-1}\boldsymbol{U}+\boldsymbol{B}^{-1}\boldsymbol{R}$；$\boldsymbol{\gamma}=-\boldsymbol{L}_{\pi}+\boldsymbol{A}^{-1}\boldsymbol{L}_{\alpha}^{\mu}-\boldsymbol{B}^{-1}\boldsymbol{L}_{\beta}^{\mu}+\boldsymbol{A}^{-1}\boldsymbol{U}\boldsymbol{L}_{u}-\boldsymbol{B}^{-1}\boldsymbol{R}\boldsymbol{L}_{r}$。

由式（2-48）、式（2-49）和式（2-59）可得：

$$\begin{bmatrix}\boldsymbol{H} & -\nabla \boldsymbol{h}(\boldsymbol{x}) & \nabla \boldsymbol{c}(\boldsymbol{x})\\ -\nabla \boldsymbol{h}(\boldsymbol{x})^{\mathrm{T}} & \boldsymbol{S} & \boldsymbol{0}\\ \nabla \boldsymbol{c}(\boldsymbol{x})^{\mathrm{T}} & \boldsymbol{0} & \boldsymbol{0}\end{bmatrix}\begin{bmatrix}\mathrm{d}\boldsymbol{x}\\ \mathrm{d}\boldsymbol{\pi}\\ \mathrm{d}\boldsymbol{\lambda}\end{bmatrix}=\begin{bmatrix}-\boldsymbol{L}_{x}\\ \boldsymbol{\gamma}\\ -\boldsymbol{c}(\boldsymbol{x})\end{bmatrix} \tag{2-60}$$

式中：$\boldsymbol{H}=\nabla^2\boldsymbol{c}(\boldsymbol{x})\boldsymbol{\lambda}-\nabla^2\boldsymbol{h}(\boldsymbol{x})\boldsymbol{\pi}$，$\nabla^2\boldsymbol{c}(\boldsymbol{x})=\frac{\partial\nabla\boldsymbol{c}(\boldsymbol{x})}{\partial\boldsymbol{x}}$，$\nabla^2\boldsymbol{h}(\boldsymbol{x})=\frac{\partial\nabla\boldsymbol{h}(\boldsymbol{x})}{\partial\boldsymbol{x}}$。

由求解式（2-60）可得 d$\boldsymbol{x}$、d$\boldsymbol{\lambda}$ 和 d$\boldsymbol{\pi}$，将 d$\boldsymbol{\pi}$ 代入式（2-55）和式（2-56）可得 d$\boldsymbol{\alpha}$ 和 d$\boldsymbol{\beta}$，将 d$\boldsymbol{\pi}$ 代入式（2-57）和式（2-58）可得 d$\boldsymbol{u}$ 和 d$\boldsymbol{r}$，即可完成一次迭代。重复上述步骤直至满足收敛条件。

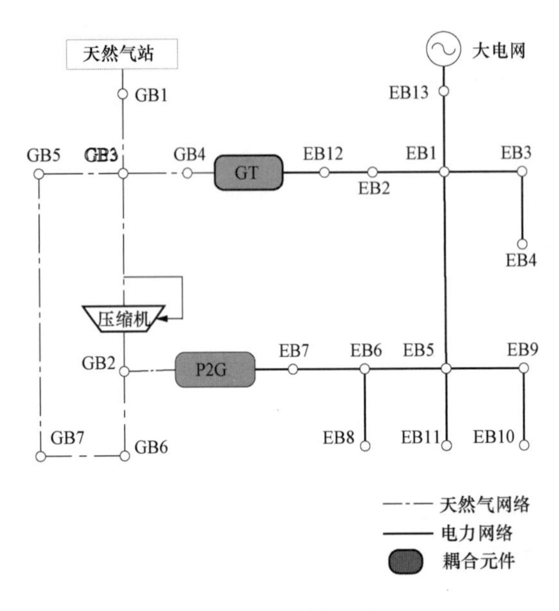

图 2-4　IES算例拓扑图

2.3.2　算例分析

本节选取的电—气 IES 测试算例是由一个 7 节点天然气系统和一个 13 节点的电力系统通过燃气轮机（GT）和 P2G 耦合所得的电—气 IES，其拓扑结构如图 2-4 所示，其中 GBi 和 EBi 分别表示天然气系统节点和电力系统节点；天然气系统和电力系统通过 GT 和 P2G 实现耦合，在天然气系统中安装有一台燃气压缩机；此系统中电力系统负荷和线路参数分别如表 2-1 和表 2-2 所列，天然气负荷和管道参数分别如表 2-3 和表 2-4 所示。

表 2-1　电力系统各节点负荷

节点编号	负荷		节点编号	负荷	
	有功(MW)	无功(Mvar)		有功(MW)	无功(Mvar)
EB1	0.2	0.116	EB8	0.128	0.086
EB2	0.5	0.125	EB9	0.17	0.151
EB3	0.8	0.4	EB10	0.582	0.462
EB4	0.8	0.29	EB11	0.1	−3.5899
EB5	1.155	0.66	EB12	0	−1.4243
EB6	0.8	0.4	EB13	0	0
EB7	0	0.08			

表 2-2　电力系统线路参数

支路	线路阻抗（p.u.）	旁路电容（p.u.）	支路	线路阻抗（p.u.）	旁路电容（p.u.）
13-1	0.02+j0.016	0	5-9	0.008205+j0.019207	0
1-2	0.008205+j0.019207	0	2-12	0.008205+j0.019207	0
1-5	0.008205+j0.019207	0	3-4	0.008205+j0.019207	0
1-3	0.008205+j0.019207	0	6-7	0.008205+j0.019207	0
5-6	0.008205+j0.019207	0	6-8	0.008205+j0.019207	0
5-11	0.008205+j0.019207	0	9-10	0.008205+j0.019207	0

表 2-3　天然气负荷节点数据

节点编号	负荷（m^3/h）	节点编号	负荷（m^3/h）
GB2	0	GB5	2027.2
GB3	0	GB6	2016.7
GB4	2200	GB7	2000

表 2-4　天然气管道参数

支路	长度（m）	直径（mm）	支路	长度（m）	直径（mm）
1-3	500	150	5-7	600	150
2-6	2500	150	6-7	200	150
3-4	500	150	3-2	2500	150
3-5	400	150			

在仿真实验中，为获得全部量测量的真值需要首先获得整个网络状态量的真值，这里状态量的真值通过潮流计算所得，针对图 2-4 所示的 IES 系统，潮流计算采用文献［24］中的方法，潮流计算的结果如表 2-5 和表 2-6 所列。在潮流计算的结果上叠加正态分布的随机数来模仿实际的量测量；然后来测试本节所介绍方法的性能。

表 2-5　电力系统各节点电压真值

节点编号	节点电压真值		节点编号	节点电压真值	
	幅值（p.u.）	相角（rad）		幅值（p.u.）	相角（rad）
EB1	0.9868	−0.0995	EB8	0.9620	−0.1949
EB2	1.0152	−0.0981	EB9	0.9667	−0.1856
EB3	0.9586	−0.1260	EB10	0.9523	−0.1936
EB4	0.9456	−0.1403	EB11	1.0500	−0.2060
EB5	0.9857	−0.1757	EB12	1.0500	−0.0887
EB6	0.9648	−0.1930	EB13	1.0600	0.0000
EB7	0.9617	−0.1958			

表 2-6　　　　天然气系统各节点压强真值

节点编号	节点压强真值	节点编号	节点压强真值
	压强 (10^5Pa)		压强 (10^5Pa)
GB1	5.0000	GB5	4.3172
GB2	5.0000	GB6	4.3266
GB3	4.3684	GB7	4.3151
GB4	4.3153		

1. 正常运行时的状态估计性能测试

表征状态估计性能的主要指标有目标函数均值、量测误差统计值、估计误差统计值、最大量测误差、最大估计误差等[25]。一般选取量测误差统计值和估计误差统计值的比值表征状态估计的性能。

量测误差的统计值为[25]：

$$S_{\mathrm{M}}=\frac{1}{T}\sum_{t=1}^{T}\left[\frac{1}{m}\sum_{i=1}^{m}\left(\frac{z_{i,t}-h_i(x_{\mathrm{true}})}{\sigma_i}\right)^2\right]^{\frac{1}{2}} \tag{2-61}$$

估计误差的统计值为[25]：

$$S_{\mathrm{H}}=\frac{1}{T}\sum_{t=1}^{T}\left[\frac{1}{m}\sum_{i=1}^{m}\left(\frac{h_{i,t}(\hat{\boldsymbol{x}})-h_i(\boldsymbol{x}_{\mathrm{true}})}{\sigma_i}\right)^2\right]^{\frac{1}{2}} \tag{2-62}$$

在蒙特卡洛仿真实验中，随着实验次数的增加，量测误差的统计值接近于 1。$S_{\mathrm{H}}/S_{\mathrm{M}}$ 可以用来评价状态估计的滤波效果，其值小于 1 则说明进行状态估计后的效果好于不进行状态估计，并且该值越小则状态估计效果越好[25]。

下面将本章所介绍的基于 WLAV 的电—气 IES-SE 的方法与基于 WLS 的 IES-SE 方法[16]进行对比。通过在真值上叠加正态分布噪声（见表 2-7），进行 1000 次蒙特卡洛仿真实验。两种 IES-SE 算法（WLAV 和 WLS）得到的统计结果如表 2-8 所列。同时图 2-5 给出了在两种 IES-SE 算法得到的状态变量估计值与真值的比较（为便于对比，电网状态变量只给出了电压幅值的比较）。

表 2-7　　　　不同量类型测量的噪声叠加情况

气网部分		电网部分	
节点压强	流量	电流和电压幅值 (p.u.)	功率 (p.u.)
N (0, 0.05)	N (0, 10)	N (0, 0.001)	N (0, 0.005)

注　$N(\mu, \sigma)$ 代表期望为 μ、方差为 σ 的正态分布。

表 2-8　　WLS 和 WLAV 两种算法下的统计数据

实验类型	统计指标比较					
	气网统计数据			电网统计数据		
	S_M	S_H	S_H/S_M	S_M	S_H	S_H/S_M
WLS	0.9902	0.5573	56.28%	0.9924	0.6508	65.57%
WLAV	0.9902	0.5579	56.34%	0.9924	0.6618	66.68%

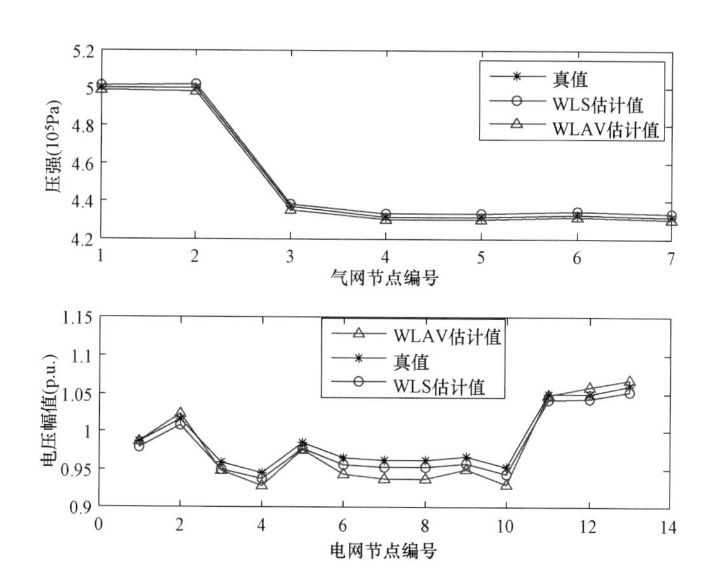

图 2-5　WLAV 和 WLS 的状态变量估计值同真值的比较

由表 2-8 和图 2-5 可知，在没有不良数据时，（WLAV 和 WLS）两种 IES-SE 算法的整体估计性能相差不大。

2. 电—气双向流动测试及 IES 稳定性测试

由于已有文献中的耦合元件均考虑了气—电方向的转化，本节主要测试 P2G 的引入对电—气方向转化的影响及对整个 IES 稳定性的影响，并进行以下两种情况（算例 1、算例 2）的测试。

算例 1：压缩机工作于压缩比恒定的模式，在 P2G 正常接入的情况下，在气网 2 号节点增加 $500m^3/h$ 的天然气负荷，进行状态估计计算。

算例 2：压缩机工作于压缩比恒定模式，将 P2G 从原网络切除，其中 P2G 向气网 2 号节点注入的天然气流量作为 2 号节点的注入功率，将 P2G 从电网 7 号节点消耗的有功作为 7 号节点的负荷。且在气网 2 号节点增加 $500m^3/h$ 的天然气负荷，进行状态估计计算。

通过仿真实验，气网负荷增加时，P2G 对气网状态的影响如图 2-6 所示，对电网状态的影响如图 2-7 所示。

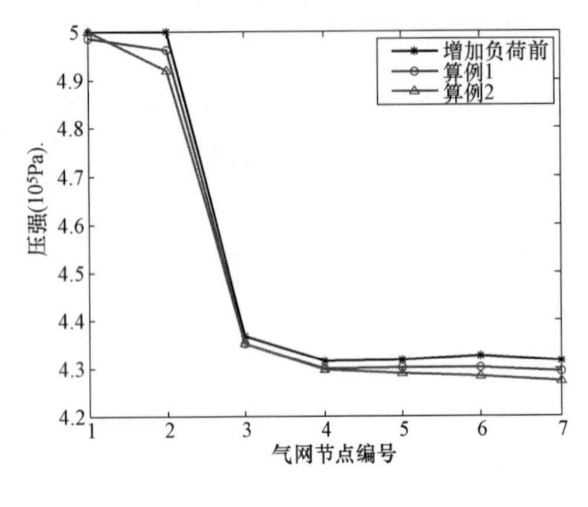

图 2-6　当气网负荷增加时 P2G 对气网状态的影响

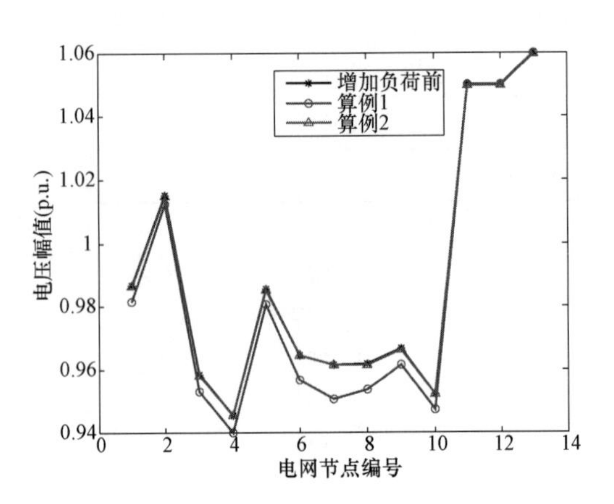

图 2-7　当气网负荷增加时 P2G 对电网状态的影响

由图 2-6 可知，当在气网 2 号节点增加负荷时，气网除平衡节点外，其余部分节点均出现了气压的下降，但接入 P2G 后的气压下降幅值更低，这说明当气网 2 号负荷增加时，电网的 7 号节点通过 P2G 将电能转换为天然气对气网进行了一部分的流量补给。因此，P2G 的引入能够实现电—气方向的能流转化，加上燃气轮机可以实现气—电方向的能流转化，因此本章同时引入燃气轮机和 P2G 实现了电—气能流的双向转化。

由图 2-7 可知，在引入 P2G 的情况下，气网负荷的增加也会使电网部分的节点电压值有所下降，其中与 P2G 直接耦合的 7 号节点电压下降的相对幅度最大（其降幅为 1.14%）。但所有节点的电压下降幅度不足以影响电网的稳定性；相反由于 P2G 的存在，将气网增加的负荷分摊到了整个 IES 中，而不是仅仅由气网承受增加的负荷，这更能保证整个网络的稳定性。

3. 抗差性能测试

但由于种种原因，实际的电网和气网（尤其是气网）中一定含有不良数据。本节测试所提电气 IES-SE 的抗差性能，由于 WLS 本身没有抗差性，因此在实际应用时常在 WLS 之后可加上一个基于残差的不良数据辨识环节，常用的是 LNR。这里将带有 LNR 的 WLS 简称为 WLS+LNR。下面来具体对比两种电气 IES-SE 算法（WLAV 和 WLS +LNR）在不同量测配置下的不良数据辨识能力，进行以下 5 种情况（算例 3～算例 7）的测试，估计结果如表 2-9 所列。

表 2-9　　全量测下不良数据辨识能力测试

实验类型	坏数据辨识情况				
	坏数据位置			能否辨识	
	气网	电网	耦合处	WLS+LNR	WLAV
算例 3	无	有	无	不能辨识	能够辨识
算例 4	有	无	无	能够辨识	能够辨识
算例 5	有	无	无	不能辨识	能够辨识
算例 6	有	有	无	气网能够辨识 电网不能辨识	全部辨识
算例 7	有	有	有	双网均不能辨识	全部辨识

算例 3：气网和电网都采用全量测配置，气网不设置不良数据；在电网不靠近耦合节点 1 号节点设置 5 个强相关的不良数据（I_{1-3}、P_1、Q_1、P_{1-3}和 Q_{1-3}）；耦合节点不设置不良数据。

算例 4：气网和电网均采用全量测配置，在气网设置 3 个类型不同的弱相关的不良数据（f_5、p_6 和 f_{3-4}）；电网不设置坏数据；耦合节点不设置不良数据。

算例 5：气网和电网均采用全量测配置，在气网不靠近耦合节点 5 号节点设置 3 类不同的强相关不良数据（f_5、f_{5-7}和 f_{3-5}）；电网不设置坏数据；耦合节点不设置不良数据。

算例 6：气网和电网均采用全量测配置，在气网靠近耦合节点的 3 号节点设置 2 个不良数据（f_3 和 f_{3-4}）；在电网靠近耦合节点 2 号节点设置 4 个强相关的不良数据（P_2、Q_2、P_{2-12}和 Q_{2-12}）；耦合节点不设置坏数据。

算例 7：气网和电网均采用全量测配置，在气网靠近耦合节点的 3 号节点设置 2 个不良数据（f_3 和 f_{3-4}）；在电网靠近耦合节点 2 号节点设置 4 个强相关的不良数据（P_2、Q_2、P_{2-12}和 Q_{2-12}）；同时在耦合节点设置 3 个不良数据（f_4、P_{12}和 Q_{12}）。

由表 2-9 可知，对于气网，WLS+LNR 仅能辨识弱相关的不良数据，而 WLAV 能辨识强相关的不良数据。由算例 6 和算例 7 对比可知，当电网和气网均存在不良数据，但耦合节点不存不良数据时，WLAV 能够同时正确辨识电网和气网的不良数据，但 WLS+LNR 只能辨识气网中的不良数据；当双网均存在不良数据且耦合节点存在不良数据时，WLAV 能够同时辨识双网的不良数据，但 WLS+LNR 均不能辨识。主要原因在于当耦合节点不存在不良数据时，气网和电网的不良数据相关度较低；当耦合元件处存在不良数据时，不仅增加了不良数据的个数，还增加了电网和气网的量数据的相关度。

这就证明了在电气 IES 中，基于 WLAV 的电气 IES - SE 能够有效辨识多个强相关的不良数据，而 WLS+LNR 无法有效辨识电气 IES 中多个强相关的不良数据。

4. 压缩机约束对估计精度和效率的影响

本节在压缩机四种控制模式下，对比了本章所推导的考虑压缩机耗量的等式约束和不考虑压缩机耗量的传统线性约束在计算效率和计算精度方面的影响，测试结果分别如表 2 - 10～表 2 - 13 所列。需要指出的是，因为燃气压缩机只影响天然气系统，所以本节的算例只单独进行了 IES 中天然气网络部分的状态估计计算，且重点对比受压缩机影响最大的几个量（f_{3-2}、p_3 和 p_2）。利用式 $\tau_x = |\boldsymbol{x}_{\text{true}} - \hat{\boldsymbol{x}}| / \boldsymbol{x}_{\text{true}}$ 反映相对误差的大小，τ_x 为 $\boldsymbol{x}$ 的估计值与真值的相对误差。

表 2 - 10　出口压力恒定压缩机不同模型的精度和效率的比较

相关数据	真值	出口压力恒定			
		传统约束		本章约束	
		估计值	相对误差	估计值	相对误差
f_{3-2}(m³/h)	3258.4	3248.3	0.31%	3262.8	0.14%
p_3(Pa)	4.3684	4.3441	0.56%	4.3620	0.15%
p_2(Pa)	5.0000	4.9952	0.096%	5.0019	0.038%
计算时间(s)		0.0413		0.0482	

表 2 - 11　入口压力恒定压缩机不同模型的精度和效率的比较

相关数据	真值	入口压力恒定			
		传统约束		本章约束	
		估计值	相对误差	估计值	相对误差
f_{3-2}(m³/h)	3258.4	3249.9	0.26%	3265.9	0.23%
p_3(Pa)	4.3684	4.3639	0.10%	4.3694	0.023%
p_2(Pa)	5.0000	4.9780	0.26%	4.9922	0.16%
计算时间(s)		0.0435		0.0529	

表 2 - 12　压缩比恒定压缩机不同模型的精度和效率的比较

相关数据	真值	压缩比恒定			
		传统约束		本章约束	
		估计值	相对误差	估计值	相对误差
f_{3-2}(m³/h)	3258.4	3243.4	0.46%	3267.4	0.27%
p_3(Pa)	4.3684	4.3771	0.20%	4.3646	0.08%
p_2(Pa)	5.0000	5.0136	0.27%	4.9905	0.19%
计算时间(s)		0.0421		0.0465	

表 2-13　　流量恒定时压缩机不同模型的精度和效率的比较

相关数据	真值	流量恒定			
		传统约束		本章约束	
		估计值	相对误差	估计值	相对误差
f_{3-2}(m³/h)	3258.4	3250.2	0.25%	3251.8	0.20%
p_3(Pa)	4.3684	4.3727	0.098%	4.3656	0.064%
p_2(Pa)	5.0000	5.0088	0.18%	5.0063	0.12%
计算时间（s）		0.0468		0.0533	

由表 2-10～表 2-13 可知，在压缩机的四种模式下，采用本章所推导的约束模型均能增加与压缩机直接相关量测量的估计精度，且计算效率可以满足要求。

2.4　电—气综合能源系统双线性抗差状态估计

通过 2.3 节可以看到，电—气 IES-SE 可基于 WLS 或 WLAV 进行建模，并采用梯度法（如牛顿法或内点法）求解，但这种建模和求解方法可能存在以下三个缺点：

（1）电力系统的初值选取相对容易（一般可采取平启动方式），而天然气系统的量测方程具有平方根计算，若迭代初值选取不当将造成雅克比矩阵病态[14,26,27]，从而严重影响电气 IES-SE 的收敛性。

（2）需多次迭代计算，且每次迭代的雅克比矩阵需重新计算，增加了算法的时间复杂度。

（3）基于 WLS 的电—气 IES-SE 不具有抗差性能，常需要在 WLS 估计之后加入不良数据检测和辨识环节，这无疑又进一步增加了额外的计算时间；基于 WLAV 的电气 IES-SE 计算效率也不够高。

针对上述第一个问题，已有文献提出了以下三种解决办法：①按天然气管道首末两端压力差为 5%～10%来选取节点压强的初值[14,26,27]；②增加具有全局搜索能力的智能算法确定节点压强的初值[28]；③采用回路法进行稳态计算[19]。国外有学者采用了方法①确定节点压强的初值，该法在简单气网中能有效解决迭代初值的问题，但并不能用于无法确定所有管道的气流方向的复杂气网[14,26,27]。国内部分学者采用了方法②，提出了利用遗传算法（genetic algorithm，GA）确定迭代初值的方法，遗传算法的全局搜索能力能很好地保证迭代初值的可靠性，但智能算法的计算效率不高[28]。国内另部分学者建立了基于方法③的模型，回路法的良好收敛性对初值不敏感，但对于含有燃气驱动压缩机的天然气网络，利用回路法建立方程将十分复杂[19]。

进一步分析可以发现，产生上述三个问题的根本原因在于式（2-32）所示量测方程和等式约束的非线性。为解决气网初值问题、电—气 IES - SE 收敛性问题和抗差性问题，本节将国内学者提出的方法[29-31]推广用于电气 IES - SE 的建模，从而得到一种电—气 IES 双线性抗差状态估计方法（bilinear robust state estimation based on weighted least absolute value，BWLAV)[18]。

2.4.1 电—气综合能源系统双线性抗差状态估计建模

1. 压缩机支路模型的简化

由式（2-3）～式（2-6）可知，含压缩机支路的 IES 约束包括两部分：①节点气压约束；②网络流量约束（电驱动的压缩机对电网潮流形成约束，燃气轮机驱动的压缩机对天然气管道流量形成约束）。一般地，为实现对压缩机的精确建模，必须同时包含这两类约束。但由式（2-5）和式（2-6）可知，压缩机所消耗的功率非常小，因此对 IES 的潮流影响微乎其微[14]，因此在对压缩机支路的建模时，可只考虑其对节点气压的约束。此时，在压缩机四种控制模式下，含压缩机支路的约束方程可表示如下。

（1）出口压强恒定：

$$\overline{p}_o - p_o = 0 \tag{2-63}$$

（2）入口压强恒定：

$$\overline{p}_i - p_i = 0 \tag{2-64}$$

（3）通过压缩机流量恒定：

$$\overline{f}_{com} - f_{on} = \overline{f}_{com} - K_{on} s_{on} \sqrt{s_{on}(\Pi_o - \Pi_n)} = 0 \tag{2-65}$$

（4）压缩比恒定：

$$\overline{R}_k - R_k = \overline{R}_k - p_o / p_i = 0 \tag{2-66}$$

式（2-63）～式（2-66）中：$\overline{p}_o$、$\overline{p}_i$、$\overline{f}_{on}$、$\overline{f}_{com}$和 $\overline{R}_k$分别为压缩机在四种不同控制模式下的某一恒定量。

此时式（2-25）退化为下面的形式：

$$\Upsilon(p_i, p_o, p_n) = 0 \tag{2-67}$$

式中：$\Upsilon(p_i,\ p_o,\ p_n)=0$ 的具体形式为式（2-63）～式（2-66）。

2. 两种支路模型下的等效流量平衡方程

由上述分析可知，不含压缩机的支路模型与含压缩机的支路模型存在着明显不同，为建立形式统一的流量平衡方程，可采用文献［16］的等效流量平衡方程，其矩阵形式的方程为：

$$\begin{cases}\boldsymbol{A}_{1\mathrm{Lp}}\boldsymbol{f}_{\mathrm{bLp}}+\boldsymbol{f}_1=\boldsymbol{0}\\ \boldsymbol{A}_{2\mathrm{Lp}}\boldsymbol{f}_{\mathrm{bLp}}+\boldsymbol{A}_{2\mathrm{Gp}}\boldsymbol{f}_{\mathrm{bGp}}=\boldsymbol{0}\end{cases} \tag{2-68}$$

式中：$\boldsymbol{A}_{1\mathrm{Lp}}$为真实节点—真实支路关联矩阵；$\boldsymbol{A}_{2\mathrm{Lp}}$为虚拟节点—真实支路关联矩阵；$\boldsymbol{A}_{2\mathrm{Gp}}$为虚拟节点—虚拟支路关联矩阵；$\boldsymbol{f}_1$ 为真实节点的注入流量；$\boldsymbol{f}_{\mathrm{bLp}}$为真实支路的支路流量；$\boldsymbol{f}_{\mathrm{bGp}}$为虚拟支路的支路流量。

3. 电网量测和气网量测的统一

在电—气 IES 中，耦合元件的接入使两种异质能流之间实现了双向转化，但由于电力系统和天然气系统在物理上具有高度异质性，所以如果不对电网系统和天然气系统进行单位的统一将造成数学模型的高度异构性，并最终导致包括电—气 IES - SE 在内的数学模型往往较为病态，从而影响到模型的数值稳定性、计算效率等。为此这里采用文献［23］的方法对电网量测和气网量测进行了单位的统一。

由于天然气的能流密度为其低热值，因此可通过下式将天然气流量转化为等效的电功率[23]：

$$S_{f_r}=f_rV_{\mathrm{LHV}}/3600 \tag{2-69}$$

式中：f_r 为天然气流量（$\mathrm{m^3/h}$）；V_{LHV}为天然气的低热值（$\mathrm{kJ/m^3}$）；S_{f_r} 为天然气流量转化之后的等效电功率（MW）。

利用式（2 - 69）的转化关系，则天然气的管道流量方程式（2 - 1）可改写为：

$$S_{f_r}=Z_rs_{ij}\sqrt{s_{ij}(\Pi_i-\Pi_j)} \tag{2-70}$$

式中：$Z_r=K_rV_{\mathrm{LHV}}/3600$，表示天然气管道的等效阻抗。

压缩机在四种控制模式下的约束式（2 - 63）～式（2 - 66）中只有式（2 - 65）的约束需要改写，式（2 - 65）改写后的约束方程同式（2 - 70）。

4. 线性化量测方程

研究表明，对式（2 - 32）中的非线性量测方程（等式约束随后来分析），通过引入中间变量，可变换为如下形式的线性量测方程：

$$\boldsymbol{z}=\boldsymbol{C}\boldsymbol{y}+\boldsymbol{\varepsilon} \tag{2-71}$$

$$\boldsymbol{y}'=\boldsymbol{f}(\boldsymbol{y}) \tag{2-72}$$

$$\boldsymbol{y}'=\boldsymbol{D}\boldsymbol{x}'+\boldsymbol{\varepsilon}_{y'} \tag{2-73}$$

$$\boldsymbol{x}=\boldsymbol{g}(\boldsymbol{x}') \tag{2-74}$$

式中：$\boldsymbol{y}$、$\boldsymbol{y}'$和$\boldsymbol{x}'$为中间变量组成的列向量；$\boldsymbol{f}(\boldsymbol{y})$ 和 $\boldsymbol{g}(\boldsymbol{x}')$ 为非线性函数；$\boldsymbol{C}$ 和 $\boldsymbol{D}$ 为常系数矩阵；$\boldsymbol{\varepsilon}_{y'}$ 为中间变量 $\boldsymbol{y}'$的误差向量。

上述变换的具体实现方法介绍如下。

（1）第一阶段：线性 WLAV。

引进中间变量 $\boldsymbol{y}$ 为：

$$\boldsymbol{y}=\begin{bmatrix}\pi_{ij}\\ p_i\\ M_{ij}\\ N_{ij}\\ U_i\end{bmatrix}=\begin{bmatrix}\sqrt{s_{ij}(p_i^2-p_j^2)}\\ p_i\\ v_iv_j\cos\theta_{ij}\\ v_iv_j\sin\theta_{ij}\\ v_i^2\end{bmatrix} \tag{2-75}$$

式中：v_i 和 θ_i 分别为电网中第 i 号节点的电压幅值和相角；θ_{ij}（$\theta_{ij}=\theta_i-\theta_j$）代表电网中第 i 号节点和第 j 号节点的节点电压相角差。其余变量意义同上。

基于式（2-75）的中间变量可将式（2-32）中的非线性量测方程转化为式（2-71）所示的线性量测方程。

对于式（2-32）中的非线性等式约束，其包括三部分：压缩机等式约束、燃气轮机耦合元件等式约束和 P2G 耦合元件等式约束。当对压缩机支路进行建模时，若只考虑其对节点气压的约束，则压缩机支路约束的具体形式见式（2-63）～式（2-66），当选择式（2-75）作为中间变量时，式（2-63）～式（2-66）均为线性方程；P2G 耦合元件约束和燃气轮机耦合元件约束分别为式（2-26）和式（2-30），此时这两类约束均为线性约束，且气网节点的注入功率和电网节点的注入功率在基于式（2-75）作为中间变量时均可表示为线性函数，所以 P2G 耦合元件约束和燃气轮机耦合元件约束也均为线性约束。

综上所述，式（2-32）所示的量测方程和等式约束在选择式（2-75）的中间变量下均可转换为线性方程，且式（2-71）中系数矩阵 $\boldsymbol{C}$ 的矩阵结构为：

$$\begin{bmatrix}p_i\\ f_{ij}\\ f_i\\ I_{ij}^2\\ P_{ij}\\ Q_{ij}\\ P_i\\ Q_i\\ v_i^2\\ 0_{\mathrm{comp}}\\ 0_{\mathrm{GT}}\\ 0_{\mathrm{P2G}}\end{bmatrix}=\begin{bmatrix}0&*&0&0&0\\ *&0&0&0&0\\ *&0&0&0&0\\ 0&0&*&*&*\\ 0&0&*&*&*\\ 0&0&*&*&*\\ 0&0&*&*&*\\ 0&0&*&*&*\\ 0&0&0&0&*\\ *&*&*&*&*\\ *&*&*&*&*\\ *&*&*&*&*\end{bmatrix}\begin{bmatrix}\pi_{ij}\\ p_i\\ M_{ij}\\ N_{ij}\\ U_i\end{bmatrix} \tag{2-76}$$

式中：“ * ”表示非零元素；“0”表示 0 元素。

基于式（2 - 71）所示的线性量测方程及线性等式约束，可构建如下形式的 WLAV 模型：

$$
\begin{aligned}
&\min J(\boldsymbol{y}) = \sum_{i=1}^{m} \omega_i \mid z_i - \boldsymbol{C}_i \boldsymbol{y} \mid \\
&\text{s.t.} \quad \boldsymbol{E}\boldsymbol{y} = \boldsymbol{0}
\end{aligned}
\tag{2-77}
$$

式中：m 为电—气 IES 耦合系统中全部量测量的个数；ω_i 为权重系数；z_i 为量测向量 $\boldsymbol{z}$ 的第 i 维元素；$\boldsymbol{C}_i$ 为矩阵 $\boldsymbol{C}$ 的第 i 行；$\boldsymbol{E}$ 为零注入功率和耦合元件约束对应的雅克比矩阵。

式（2 - 77）可等价为如下形式的线性规划问题[30]：

$$
\begin{aligned}
&\min J(\boldsymbol{s}, \boldsymbol{t}, \boldsymbol{y}^{(s)}, \boldsymbol{y}^{(t)}) = \sum_{i=1}^{m} \omega_i (s_i + t_i) \\
&\text{s.t.} \begin{cases}
z_i - \sum_{j=1}^{n_1} C_{ij} (y_j^{(s)} - y_j^{(t)}) - s_i + t_i = 0, & 1 \leqslant i \leqslant m \\
\sum_{j=1}^{n_1} E_{lj} (y_j^{(s)} - y_j^{(t)}) = 0, & 1 \leqslant l \leqslant c \\
y_j^{(s)}, y_j^{(t)} \geqslant 0, & 1 \leqslant j \leqslant n_1 \\
s_i, t_i \geqslant 0, & 1 \leqslant i \leqslant m
\end{cases}
\end{aligned}
\tag{2-78}
$$

式中：$\boldsymbol{y} = \boldsymbol{y}^{(s)} - \boldsymbol{y}^{(t)}$，$\boldsymbol{y}^{(s)}$，$\boldsymbol{y}^{(t)} \in R^{n_1} \geqslant \boldsymbol{0}$；$y_j^{(s)}$ 和 $y_j^{(t)}$ 分别为 $\boldsymbol{y}^{(s)}$ 和 $\boldsymbol{y}^{(t)}$ 的第 j 维元素；$\boldsymbol{s}$，$\boldsymbol{t} \in R^m \geqslant \boldsymbol{0}$ 为辅助变量；s_i 和 t_i 分别为 $\boldsymbol{s}$ 和 $\boldsymbol{t}$ 的第 i 维元素；C_{ij} 为 $\boldsymbol{C}$ 的第 i 行第 j 列元素；E_{lj} 为 $\boldsymbol{E}$ 的第 l 行第 j 列元素。

式（2 - 78）可整理为线性规划问题的标准形式：

$$
\begin{aligned}
&\min J(\boldsymbol{Y}) = \boldsymbol{d}^{\mathrm{T}} \boldsymbol{Y} \\
&\text{s.t.} \begin{cases}
\boldsymbol{F}\boldsymbol{Y} = \boldsymbol{b} \\
\boldsymbol{Y} \geqslant \boldsymbol{0}
\end{cases}
\end{aligned}
\tag{2-79}
$$

式中：$\boldsymbol{d}^{\mathrm{T}} = [\boldsymbol{0}_{n_1}^{\mathrm{T}}, \boldsymbol{0}_{n_1}^{\mathrm{T}}, \boldsymbol{W}_m^{\mathrm{T}}, \boldsymbol{W}_m^{\mathrm{T}}]$，$\boldsymbol{W}_m^{\mathrm{T}} = [\omega_1, \cdots, \omega_m] \in R^{1 \times m}$，$\boldsymbol{0}_{n_1}^{\mathrm{T}} = [0, 0, \cdots, 0] \in R^{1 \times n_1}$；$\boldsymbol{b} = [\boldsymbol{z}^{\mathrm{T}}, \boldsymbol{0}_c^{\mathrm{T}}]^{\mathrm{T}}$；$\boldsymbol{F} = \begin{bmatrix} \boldsymbol{C} & -\boldsymbol{C} & \boldsymbol{I}_m & -\boldsymbol{I}_m \\ \boldsymbol{E} & -\boldsymbol{E} & \boldsymbol{0} & \boldsymbol{0} \end{bmatrix}$，$\boldsymbol{I}_m$ 为 m 阶的单位矩阵；$\boldsymbol{Y} = [(\boldsymbol{y}^{(s)})^{\mathrm{T}}, (\boldsymbol{y}^{(t)})^{\mathrm{T}}, \boldsymbol{s}^{\mathrm{T}}, \boldsymbol{t}^{\mathrm{T}}]^{\mathrm{T}}$。

式（2 - 79）可用 CPLEX 求解，求解完毕后，可得到辅助状态变量的估计值 $\hat{\boldsymbol{y}}$[$\hat{\boldsymbol{y}} = \hat{\boldsymbol{y}}^{(s)} - \hat{\boldsymbol{y}}^{(t)}$，$\hat{\boldsymbol{y}}^{(s)}$ 和 $\hat{\boldsymbol{y}}^{(t)}$ 分别为 $\boldsymbol{y}^{(s)}$ 和 $\boldsymbol{y}^{(t)}$ 的估计值]。

(2) 第二阶段：非线性变换。

将第一阶段求得的 $\boldsymbol{y}$ 的估计值 $\hat{\boldsymbol{y}}$ 代入式（2-80）可得中间变量 $\boldsymbol{y}'$ 的估计值 $\hat{\boldsymbol{y}}'$。

$$\hat{\boldsymbol{y}}' = f(\boldsymbol{y}) = \begin{bmatrix} \pi_{ij}^2 \\ p_i^2 \\ \ln(M_{ij}^2 + N_{ij}^2) \\ \operatorname{arccot}(M_{ij}/N_{ij}) \\ \ln U_i \end{bmatrix} = \begin{bmatrix} s_{ij}(p_i^2 - p_j^2) \\ p_i^2 \\ 2\ln v_i + 2\ln v_j \\ \theta_i - \theta_j \\ 2\ln v_i \end{bmatrix} \tag{2-80}$$

$\boldsymbol{y}'$ 与 $\boldsymbol{y}$ 具有相同的维数，即在非线性变换的过程中保证了中间变量的唯一性。

(3) 第三阶段：解耦线性 WLS。

取中间变量 $\boldsymbol{x}'$ 为：

$$\boldsymbol{x}' = \begin{bmatrix} p_i^2 \\ \ln v_i \\ \theta_i \end{bmatrix} \tag{2-81}$$

对比式（2-80）和式（2-81），可建立 $\boldsymbol{y}'$ 与 $\boldsymbol{x}'$ 的线性方程：

$$\boldsymbol{y}' = \boldsymbol{D}\boldsymbol{x}' + \boldsymbol{\varepsilon}_{y'} = \begin{bmatrix} \boldsymbol{S}\boldsymbol{A}_g^T & \boldsymbol{0} & \boldsymbol{0} \\ \boldsymbol{I}_g & \boldsymbol{0} & \boldsymbol{0} \\ \boldsymbol{0} & 2|\boldsymbol{A}_e^T| & \boldsymbol{0} \\ \boldsymbol{0} & \overline{\boldsymbol{A}}_e^T & \boldsymbol{0} \\ \boldsymbol{0} & \boldsymbol{0} & 2\boldsymbol{I}_e \end{bmatrix} \begin{bmatrix} p^2 \\ \ln v \\ \theta \end{bmatrix} + \boldsymbol{\varepsilon}_{y'} \tag{2-82}$$

式中：$\boldsymbol{S}=\mathrm{diag}(s_{ij})$；$\boldsymbol{I}_g$ 和 $\boldsymbol{I}_e$ 为单位矩阵；$\boldsymbol{A}_g$ 和 $\boldsymbol{A}_e$ 分别为天然气系统和电力系统的节点支路关联矩阵；$\overline{\boldsymbol{A}}_e$ 为电力系统除去平衡节点后的节支关联矩阵。

显然，式（2-82）已经实现了电—气 IES 中电网和气网的解耦，即这一阶段的状态估计只需分别对电网和气网采用 WLS 法进行估计计算，这无疑进一步提高了算法的计算效率。

基于式（2-82）所述的量测方程，采用 WLS 法可得中间状态变量的估计值为：

$$\hat{\boldsymbol{x}}'_g = (\boldsymbol{D}_g^T \boldsymbol{W}_g^{y'} \boldsymbol{D}_g)^{-1} \boldsymbol{D}_g^T \boldsymbol{W}_g^{y'} \boldsymbol{y}'_g \tag{2-83}$$

$$\hat{\boldsymbol{x}}'_e = (\boldsymbol{D}_e^T \boldsymbol{W}_e^{y'} \boldsymbol{D}_e)^{-1} \boldsymbol{D}_e^T \boldsymbol{W}_e^{y'} \boldsymbol{y}'_e \tag{2-84}$$

式中：$\boldsymbol{D}_g=[\boldsymbol{A}_g\boldsymbol{S}^T \quad \boldsymbol{I}_g^T]^T$；$\boldsymbol{y}'_g$ 为 $\boldsymbol{y}'$ 中与气网有关的分量；$\boldsymbol{D}_e = \begin{bmatrix} 2|\boldsymbol{A}_e| & \overline{\boldsymbol{A}}_e & \boldsymbol{0} \\ \boldsymbol{0} & \boldsymbol{0} & 2\boldsymbol{I}_e \end{bmatrix}^T$；$\boldsymbol{W}_g^{y'}$

为气网中间量测量 $\boldsymbol{y}_g'$ 的权重矩阵；$\boldsymbol{y}_e'$ 为 $\boldsymbol{y}'$ 中与电网有关的分量；$\boldsymbol{W}_e^{y'}$ 为电网中间量测量 $\boldsymbol{y}_e'$ 的权重矩阵。

（4）第四阶段：非线性变换。

将第三阶段所求得的 $\boldsymbol{x}'$ 的估计值 $\hat{\boldsymbol{x}}'$ 代入式（2-85）则可求得整个电—气耦合网络的状态变量 $\boldsymbol{x}$ 的估计值 $\hat{\boldsymbol{x}}$，即：

$$\boldsymbol{x} = g(\boldsymbol{x}') = \begin{bmatrix} \sqrt{\boldsymbol{p}^2} \\ e^{\ln \boldsymbol{v}} \\ \boldsymbol{\theta} \end{bmatrix} = \begin{bmatrix} \boldsymbol{p} \\ \boldsymbol{v} \\ \boldsymbol{\theta} \end{bmatrix} \tag{2-85}$$

2.4.2 算例分析

1. 15 节点天然气系统和 IEEE 14 节点电力系统耦合的电—气 IES

本节选取的 IES 测试算例是由一个 15 节点天然气系统[14]和一个 IEEE 14 节点的电力系统通过燃气轮机和 P2G 耦合所得的电—气 IES。其拓扑结构如图 2-8 所示，图中，GB*i* 和 EB*i* 分别表示天然气节点和电力节点。天然气系统和电力系统通过燃气轮机和 P2G 实现耦合，在天然气系统中安装有 4 台电驱动的压缩机。在仿真实验中，为获得全部量测量的真值需要首先获得整个网络状态量的真值，本节以文献［14］中潮流计算的值作为该系统的真值。

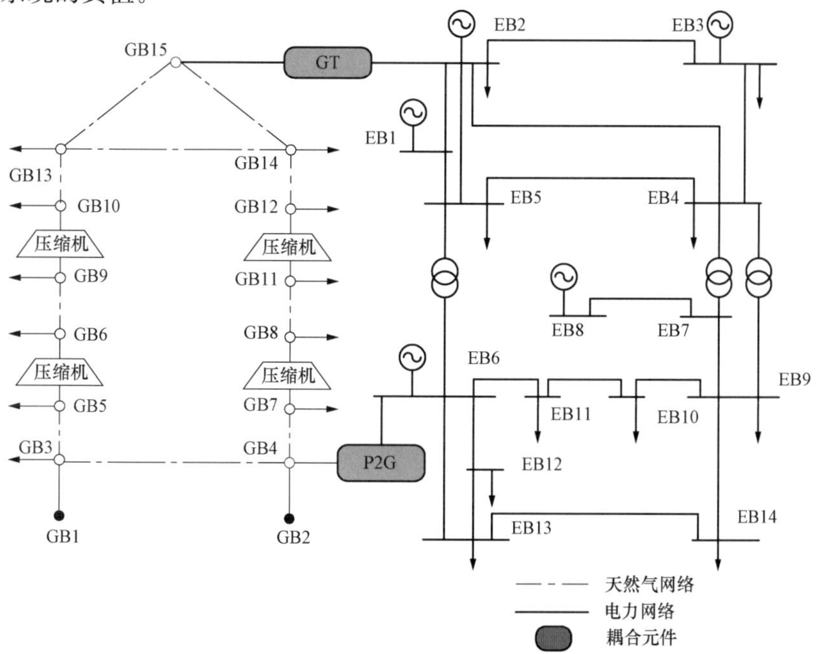

图 2-8　电—气 IES 算例拓扑图

(1) 状态估计性能测试。表征状态估计性能的主要指标[25]有目标函数均值、量测误差统计值、估计误差统计值、最大量测误差、最大估计误差等。本节选取状态变量的最大估计误差、量测误差统计值、估计误差统计值三项指标作为衡量标准。

状态变量的最大估计误差为：

$$\xi_{\max} = \frac{1}{T}\sum_{t=1}^{T}\max\left(\left|\frac{\boldsymbol{x}_{\text{true}} - \hat{\boldsymbol{x}}}{\boldsymbol{x}_{\text{true}}}\right|\right) \tag{2-86}$$

量测误差的统计值为：

$$S_{\text{M}} = \frac{1}{T}\sum_{t=1}^{T}\left[\frac{1}{m}\sum_{i=1}^{m}\left(\frac{z_{i,t} - h_i(\boldsymbol{x}_{\text{true}})}{\sigma_i}\right)^2\right]^{\frac{1}{2}} \tag{2-87}$$

估计误差的统计值为：

$$S_{\text{H}} = \frac{1}{T}\sum_{t=1}^{T}\left[\frac{1}{m}\sum_{i=1}^{m}\left(\frac{h_i(\hat{\boldsymbol{x}}) - h_i(\boldsymbol{x}_{\text{true}})}{\sigma_i}\right)^2\right]^{\frac{1}{2}} \tag{2-88}$$

式中：$\xi_{\max}$为状态变量的最大估计误差；T 为蒙特卡洛仿真实验次数；$\boldsymbol{x}_{\text{true}}$为状态变量的真值；$\hat{\boldsymbol{x}}$ 为状态变量的估计值；σ_i 为量测量 z_i 噪声标准差。在蒙特卡洛仿真实验的过程中，$\xi_{\max}$的值越小则表明状态估计的性能越好；$S_{\text{H}}/S_{\text{M}}$ 可用来评价状态估计的滤波效果，该值越小则状态估计效果越好。

为了测试基于 BWLAV 的电—气 IES - SE 的估计性能，将其与传统的基于 WLS 的电—气 IES - SE 以及基于 WLAV 的电—气 IES - SE 进行对比。通过在真值上叠加高斯噪声（噪声的标准差为 0.001)，进行 1000 次蒙特卡洛仿真实验，仿真实验结果如表 2 - 14 和表 2 - 15 所列，同时图 2 - 9 和图 2 - 10 给出了在这三种算法下状态变量估计值与真值的比较。图 2 - 9 中的压强单位为 PSIA，因为算例原始数据源于参考文献 [14]，所以单位也为文献 [14] 中的单位，PSIA 表示磅/平方英寸。

表 2 - 14　　不同状态估计方法所得的状态变量的最大估计误差

实验类型	状态变量最大估计误差		
	电网部分		气网部分
	节点电压幅值	节点电压相角	节点压强
WLS	1.5×10^{-4}	8.5×10^{-4}	1.7×10^{-3}
WLAV	1.6×10^{-4}	9.4×10^{-4}	1.6×10^{-3}
BWLAV	1.5×10^{-4}	9.3×10^{-4}	1.7×10^{-3}

表 2-15　不同状态估计方法下的统计数据

实验类型	统计指标比较					
	电网部分			气网部分		
	S_M	S_H	S_H/S_M	S_M	S_H	S_H/S_M
WLS	0.9945	0.6572	0.6608	0.9904	0.5512	0.5565
WLAV	0.9945	0.6572	0.6611	0.9904	0.5608	0.5662
BWLAV	0.9945	0.6682	0.6719	0.9904	0.5616	0.5670

由表 2-14、表 2-15、图 2-9 和图 2-10 可知，在没有不良数据时，基于 WLS、WLAV 与 BWLAV 的电气 IES-SE 的整体估计性能相差不大。

(2) 抗差性能测试。为测试所提方法的抗差性，本节设置了下列三种情形：

算例 1：气网采用不包括逆向流量的其余量测；电网采用不包括电流幅值的其余量测；电网不设置不良数据；仅在气网设置不良数据，不量数据的占比为 2.4%，其位置和设置值见表 2-16。

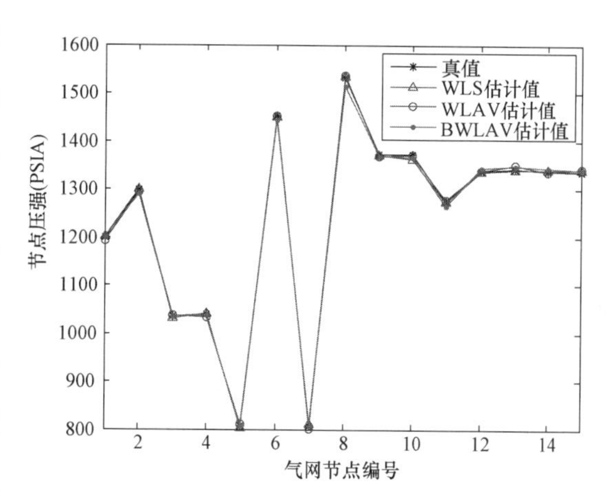

图 2-9　不同估计方法所得的状态变量估计值同真值比较（节点压强）

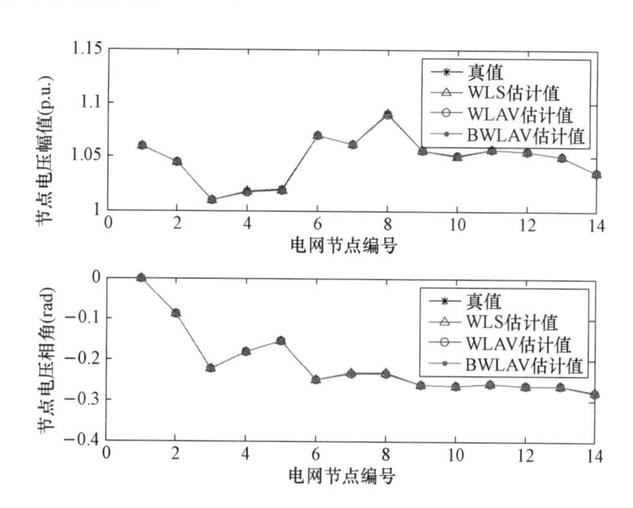

图 2-10　不同估计方法所得的状态变量估计值同真值比较（节点电压）

算例 2：气网采用不包括逆向流量的其余量测；电网采用不包括电流幅值的其余量测；气网不设置不良数据；仅在电网设置不良数据，不良数据占比为 4.3%，其的位置和设置值见表 2 - 16。

算例 3：气网采用不包括逆向流量的其余量测；电网采用不包括电流幅值的其余量测；同时在电网和气网设置多个不良数据，不良数据占比为 6.7%，其位置和设置值见表 2 - 16。

表 2 - 16　　不良数据设置情况

算例	坏数据位置		坏数据设置值	
	气网量测	电网量测	气网量测	电网量测
算例 1	节点压强（4） 节点流量（4） 支路流量（2 - 4） 支路流量（3 - 4）	无	1/2 真值 1/2 真值 0 0	无
算例 2	无	节点电压（2） 节点有功（2） 节点无功（2） 支路有功（1 - 2） 支路无功（1 - 2） 支路有功（2 - 3） 支路无功（2 - 3）	无	1/2 真值 1/2 真值 1/2 真值 −1/2 真值 0 −1/2 真值 0
算例 3	节点压强（15） 节点流量（15） 支路流量（13—15） 支路流量（14—15）	节点电压（2） 节点有功（2） 节点无功（2） 支路有功（1 - 2） 支路无功（1 - 2） 支路有功（2 - 3） 支路无功（2 - 3）	1/2 真值 1/2 真值 −1/2 真值 −1/2 真值	1/2 真值 1/2 真值 1/2 真值 −1/2 真值 0 −1/2 真值 0

为测试基于 BWLAV 的电—气 IES - SE 的抗差性，对表 2 - 16 中的三种情形分别进行了 WLS（带有 LNR 不良数据辨识环节，简称为 WLS＋LNR）、WLAV 和 BWLAV 计算。将三种算例下状态变量的最大估计误差示于表 2 - 17～表 2 - 19 中，同时为便于对比，将算例 3 的状态变量估计结果示于图 2 - 11～图 2 - 13 中。图 2 - 11 中的压强单位为 PSIA，因为算例原始数据源于参考文献［14］，所以其单位也为参考文献［14］中的单位，PSIA 表示磅/平方英寸。

由表 2 - 17 可知，当气网中存在不良数据时，WLS＋LNR 的状态估计结果产生了较大的偏差，而 BWLAV 和 WLAL 均具有良好的抗差性能。由表 2 - 18 可知，当电网中存在不良数据时，BWLV 与 WLAV 的抗差性能相当。由表 2 - 19 可知，当气网和电网均存在不良数据时，BWLAV 仍然有良好的抗差性能。

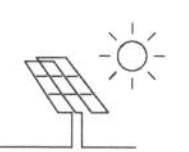

综合表2-17～表2-19、图2-11～图2-13可知，当电—气IES的量测冗余度较大时（第一阶段线性WLAV估计中，气网量测量为46个，状态变量为27个，其量测冗余度为46/27=1.7037；电网量测量个数为122个，状态变量的个数为54个，其量测冗余度为122/54=2.2593），BWLAV的总体抗差性能与WLAV相当。

表2-17　存在不良数据时不同状态估计方法所得的状态变量的最大估计误差（算例1）

方法	状态变量最大估计误差		
	电网部分		气网部分
	节点电压幅值	节点电压相角	节点压强
WLS	2.7×10^{-4}	1.2×10^{-3}	0.0220
WLAV	2.1×10^{-4}	9.2×10^{-4}	0.0026
BWLAV	2.6×10^{-4}	9.5×10^{-4}	0.0031

表2-18　存在不良数据时不同状态估计方法所得的状态变量的最大估计误差（算例2）

方法	状态变量最大估计误差		
	电网部分		气网部分
	节点电压幅值	节点电压相角	节点压强
WLS	0.0242	0.1204	0.0032
WLAV	2.2×10^{-4}	9.7×10^{-4}	0.0023
BWLAV	2.1×10^{-4}	9.5×10^{-4}	0.0029

表2-19　存在不良数据时不同状态估计方法所得的状态变量的最大估计误差（算例3）

方法	状态变量最大估计误差		
	电网部分		气网部分
	节点电压幅值	节点电压相角	节点压强
WLS	0.0239	0.1186	0.0236
WLAV	2.4×10^{-4}	1.1×10^{-3}	0.0024
BWLAV	2.7×10^{-4}	1.2×10^{-3}	0.0022

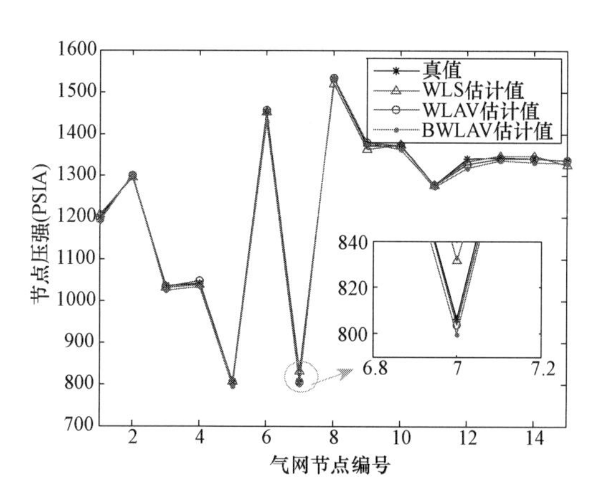

图2-11　存在不良数据时不同估计方法所得的状态变量估计值同真值比较（节点压强）

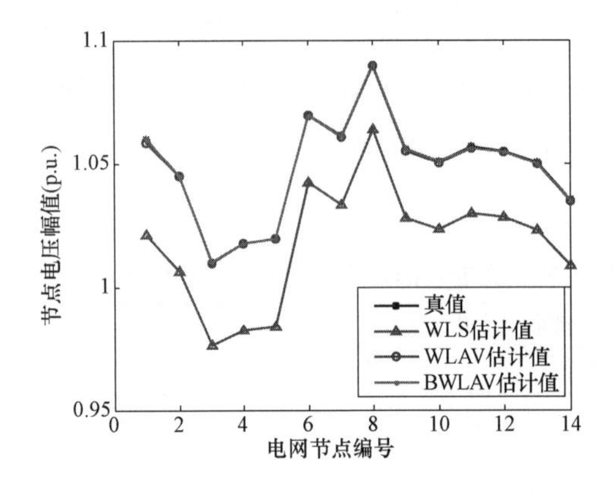

图 2-12　存在不良数据时不同估计方法所得的状态变量估计值同真值比较（节点电压幅值）

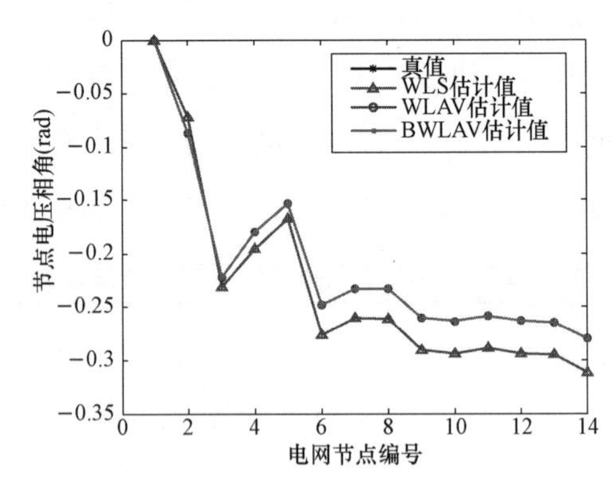

图 2-13　存在不良数据时不同估计方法所得的状态变量估计值同真值比较（节点电压相角）

（3）计算效率测试。本节比较了 WLS、WLAV 和 BWLAV 在量测系统不存在不良数据的情况下气网和电—气 IES 中的计算效率，其中 WLS 和 WLAV 采用 IPOPT 求解，BWLAV 采用 CPLEX 求解，结果见表 2-20。

表 2-20　　不同状态估计方法计算效率比较

系统	计算耗时（ms）		
	WLS	WLAV	BWLAV
天然气系统	20	18	4
电—气 IES	42	36	12

由表 2-20 可知，在天然气系统和电—气 IES 中，BWLAV 相比于 WLS 和 WLAV 都具有更高的计算效率。进一步分析可知，电—气 IES-SE 的主要耗时由电网决定，这是因为电网的量测量的数目和状态变量的数目较天然气系统多得多。

2. 比利时实际天然气系统与 IEEE 系统耦合

（1）抗差性能测试。为进一步测试 BWLAV 的抗差性能，本节构建了以下 2 个电—气 IES：①系统 1，将比利时 20 节点天然气系统与 IEEE 14 节点系统实现耦合；②系统 2，将比利时 20 节点天然气系统与 IEEE 118 节点系统实现耦合。

采用合格率作为状态估计抗差性能的衡量指标，其中电网数据的合格门槛值采用国家电网有限公司统一标准（有功量测中白噪声相对值≤2%，无功量测中白噪声相对值≤3%，电压量测中白噪声相对值≤0.5%），气网数据的合格门槛值采用以下标准：流量量测中白噪声相对值≤3%，压强量测中白噪声相对值≤2%。本节仅比较 WLS+LNR、WLAV 和 BWLAV 在不同比例坏数据下的抗差性能。系统 1、2 中三种状态估计方法合格率比较分别如图 2-14 和图 2-15 所示。

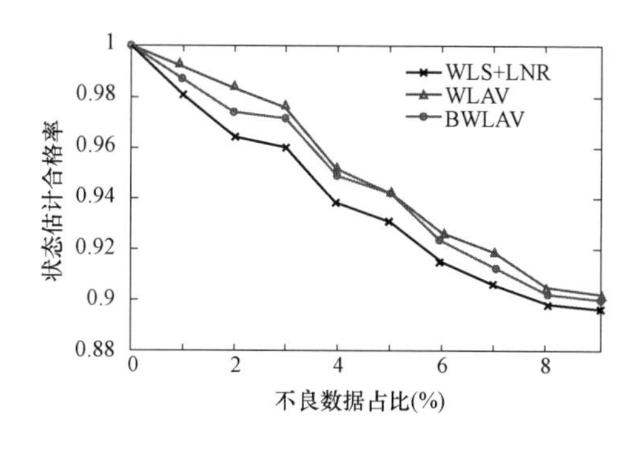

图 2-14　系统 1 中三种状态估计方法合格率比较

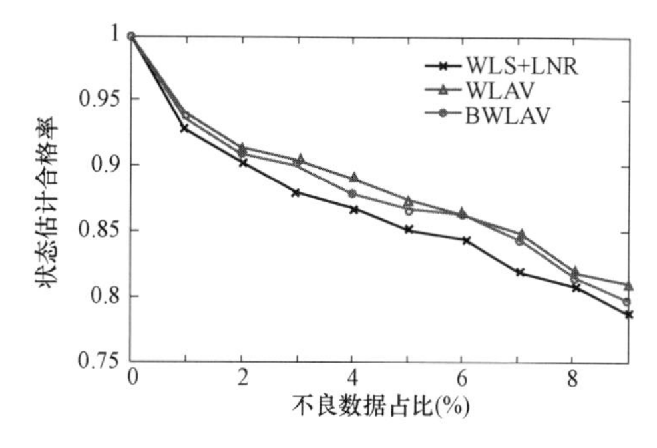

图 2-15　系统 2 中三种状态估计方法合格率比较

由图 2-14 可知，随着不良数据比例的上升，三种状态估计方法的合格率均逐渐下降；在同一不良数据比例下，WLS+LNR 的合格率最低，这是因为在加入不良数据时有部分数据为强相关不良数据，导致 WLS+LNR 不能正确辨识；BWLAV 的合格率略微低于 WLAV 的合格率，这是因为在第一阶段中，BWLAV 的状态变量数多于 WLAV，导致量测冗余度有所降低，但总体来说 BWLAV 的抗差性能较好，且能够辨识强相关的多不良数据。且由图 2-15 可知，在节点数目较多的比利时 20 节点天然气系统与 IEEE 118 节点的耦合系统中，BWLAV 仍然能够保持良好的抗差性能。

（2）计算效率测试。为进一步测试 BWLAV 的计算效率，本节将比利时 20 节点天然气系统（用 G20 表示）与 IEEE 14、IEEE 39、IEEE 57 以及 IEEE 118 节电系统实现耦合。比较 WLS、WLAV 和 BWLAV 在量测系统不存在不良数据的情况下的计算效率，其中 WLS 和 WLAV 采用 IPOPT 求解；BWLAV 采用 CPLEX 求解。不同状态估计方法计算效率比较结果见表 2-21。

由表 2-21 可知，BWLAV 的计算效率明显好于传统的 WLS 与 WLAV，且随着节点数目的增加，BWLAV 的计算时间的增长倍数明显小于 WLS 与 WLAV 的增长倍数，这主要是因为 BWLAV 只需求解两个阶段的线性方程，而 WLS 和 WLAV 需要进行多次非线性迭代求解。

表 2-21　不同状态估计方法计算效率比较

系统	计算耗时（ms）		
	WLS	WLAV	BWLAV
G20+IEEE14	37	39	13
G20+IEEE39	170	163	32
G20+IEEE57	378	375	48
G20+IEEE118	1338	1336	147

参考文献

[1] 孙宏斌，郭庆来，潘昭光．能源互联网：理念、架构与前沿展望［J］．电力系统自动化，2015（19）：1-8.

[2] 董朝阳，赵俊华，文福拴，等．从智能电网到能源互联网：基本概念与研究框架［J］．电力系统自动化，2014，38（15）：1-11.

[3] 孙宏斌，潘昭光，郭庆来．多能流能量管理研究：挑战与展望［J］．电力系统自动化，2016，40（15）：1-8.

[4] 王伟亮，王丹，贾宏杰，等．能源互联网背景下的典型区域综合能源系统稳态分析研究综述［J］．中国电机工程学报，2016，36（12）：3292-3305.

[5] Zlotnik A，Roald L，Backhaus S，et al. Control policies for operational coordination of electric power and natural gas transmission systems［C］// American Control Conference. IEEE，2016：7478-7483.

[6] Li T，Eremia M，Shahidehpour M. Interdependency of natural gas network and power system security［J］. IEEE Transactions on Power Systems，2008，23（4）：1817-1824.

[7] Liu C，Shahidehpour M，Wang J. Application of augmented lagrangian relaxation to coordinated scheduling of interdependent hydrothermal power and natural gas systems［J］. IET Generation Transmission & Distribution，2010，4（12）：1314-1325.

[8] Correa Posada C M，Sanchez-Martin P. Security-constrained optimal power and natural-gas flow［J］. IEEE Transactions on Power Systems，2014，29（4）：1780-1787.

[9] 卫志农，张思德，孙国强，等．基于碳交易机制的电—气互联综合能源系统低碳经济运行［J］．电力系统自动化，2016，40（15）：9-16.

[10] An S，Li Q，Gedra T W. Natural gas and electricity optimal power flow［C］// Proceedings of the IEEE PES Transmission and Distribution Conference and Exposition. Dallas，TX，USA：IEEE，2003：138-143.

[11] Martinez-Mares A，Fuerte-Esquivel C R. A robust optimization approach for the interdependency analysis of integrated energy systems considering wind power uncertainty［J］. IEEE Transactions on Power Systems，2013，28（4）：3964-3976.

[12] 徐宪东，贾宏杰，靳小龙，等．区域综合能源系统电/气/热混合潮流算法研究［J］．中国电机工程学报，2015，35（14）：3634-3642.

[13] 瞿小斌，文云峰，叶希，等．基于串行和并行ADMM算法的电—气能量流分布式协同优化［J］．电力系统自动化，2017，41（4）：12-19.

[14] Martinez M A，Fuerte E C R. A unified gas and power flow analysis in natural gas and electricity coupled networks［J］. IEEE Transactions on Power Systems，2012，27（4）：2156-2166.

[15] 王伟亮，王丹，贾宏杰，等．考虑天然气网络状态的电力—天然气区域综合能源系统稳态分析［J］.

中国电机工程学报，2017，37（5）：1293-1304.

[16] 董今妮，孙宏斌，郭庆来，等．面向能源互联网的电—气耦合网络状态估计技术［J］．电网技术，2018，42（2）：400-408.

[17] 陈艳波，郑顺林，杨宁，等．基于加权最小绝对值的电—气综合能源系统抗差状态估计［J］．电力系统自动化，2019，43（13）：61-69.

[18] 郑顺林，刘进，陈艳波，等．基于加权最小绝对值的电—气综合能源系统双线性抗差状态估计［J］. 电网技术，2019，43（10）：3733-3742.

[19] 张义斌．天然气-电力混合系统分析方法研究［D］．北京：中国电力科学研究院，2005.

[20] 陈永刚，李宏莲．PG9171E型燃气轮机变工况特性研究［J］．华东电力，2009，37（8）：1422-1425.

[21] Qadrdan M，Abeysekera M，Chaudry M，et al. Role of power-to-gas in an integrated gas and electricity system in Great Britain［J］. International Journal of Hydrogen Energy，2015，40（17）：5763-5775.

[22] Clegg S，Mancarella P. Integrated modeling and assessment of the operational impact of power-to-gas（P2G）on electrical and gas transmission networks［J］. IEEE Transactions on Sustainable Energy，2015，6（4）：1234-1244.

[23] Zeng Q，Fang J，Li J，et al. Steady-state analysis of the integrated natural gas and electric power system with bi-directional energy conversion［J］. Applied Energy，2016（184）：1483-1492.

[24] 王英瑞，曾博，郭经，等．电—热—气综合能源系统多能流计算方法［J］．电网技术，2016，40（10）：2942-2950.

[25] 陈艳波，于尔铿．电力系统状态估计［M］．北京：科学出版社，2021.

[26] Li Q，An S，Gedra T W. Solving natural gas loadflow problems using electric loadflow techniques［J］. Proc of the North American Power Symposium，2003.

[27] Shabanpour-Haghighi A，Seifi A R. Anintegrated steady-state operation assessment of electrical，natural gas，and district heating networks［J］. IEEE Transactions on Power Systems，2016，31（5）：3636-3647.

[28] 赵霞，杨仑，瞿小斌，等．电—气综合能源系统能流计算的改进方法［J］．电工技术学报，2018，33（3）：467-477.

[29] 陈艳波．基于统计学习理论的电力系统状态估计方法［D］．北京：清华大学，2013.

[30] 陈艳波，马进．一种双线性抗差状态估计方法［J］．电力系统自动化，2015（6）：41-47.

[31] 厉超，卫志农，倪明，等．基于变量代换内点法的加权最小绝对值抗差状态估计［J］．电力系统自动化，2015，39（6）：48-52，106.

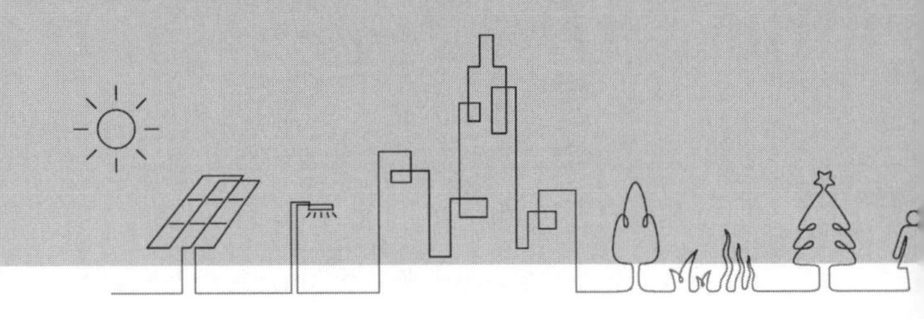

第3章　电—热综合能源系统集中式抗差状态估计

3.1　概述

在传统能源系统（电力系统、天然气系统、热力系统等）中，各类能源系统单独规划、单独设计、独立运行，从而导致能源的整体使用效率不高[1-3]。因此，综合能源系统被认为是未来人类社会能源的主要承载形式[4,5]。其中，热电联供系统作为IES中的重要能源转换组件，已成为IES的主要研究方向之一[6,7]。热电联产是指利用化石燃料、余能、可再生能源、电能、热电联供（combined heat and power，CHP）等多种方式同时产生电能和可用的热量，具有很大的灵活性[8,9]。为实现对电—热综合能源系统（简称为电—热IES）运行状态的全面、实时和精确感知，研究面向电—热IES的高效状态估计方法（简称为电—热IES-SE）成为当务之急。

对于电—热IES，顾伟等基于传热学原理提出了热网能量传输模型[10]，以冷热电联供系统为基础建立了含有热网的多区域电—热IES模型；Liu Xuezhi研究了电—热IES内各类耦合元件的特性[11]，并提出了基于解耦热－电模型和耦合热－电模型两种方式下的电—热IES潮流计算方法；王文学等针对电—热负荷波动的不确定性，提出一种电—热IES的区间潮流计算[12]，以评估不确定因素对电—热IES运行状态的影响。

目前，面向电力系统状态估计的研究已较为成熟[13,14]，而对于热网状态估计的研究相对较少。Fan Tingting等提出了一种基于用户端量测数据的热网状态估计方法[15]，该方法先利用已知用户量测数据和网络拓扑计算出整个系统的管道流量，再利用管道流量建立关于温度和热损耗的线性方程，通过WLS求得整个系统的状态变量估计值；该法虽计算简单，但不存在量测冗余度，因此估计精度不高。董今妮、孙宏斌等提出了一种面向电—热耦合系统的WLS状态估计方法[16]，具有较好的收敛性，在没有不良数据时可获得较高的估计精度，具有重要的理论意义和应用价值。但WLS本身没有抗差性，因此在实际应用时常在WLS之后加上一个基于残差的不良数据辨识环节，比如常用的LNR法，但WLS+LNR对于强相关的多不良数据的辨识能力不强；且模型需进行非线性迭代，计算效率也有待提高。

从理论上说，只要构建了电—热 IES 的量测模型和耦合元件模型，电力系统状态估计领域的成熟方法[13,14]可以推广到电—热 IES - SE 中，在此过程中，需要注意数值稳定性问题、抗差性问题、全局寻优问题等。

本章首先介绍热力系统量测模型及电—热 IES 耦合元件模型，然后简要介绍基于 WLS 的电—热 IES - SE 方法[16]，进而介绍基于电—热 IES 双线性抗差状态估计方法（bilinear robust state estimation，BRSE）[17,18]。从数学上看，BRSE 属于凸优化问题，可确保获得全局最优解，并具有较高的计算效率；由于 BRSE 牺牲了量测冗余度，影响了估计精度，为此进一步介绍一种基于二阶锥的电—热 IES 抗差状态估计方法（second - order cone programming，SOCP）[18,19]。上述方法均未考虑节点间温度的线性约束（同时由于直接采用支路质量流量与节点注入流量量测，因此也不具备考虑该约束的条件），这使得整个状态估计模型对于节点供热温度、节点回热温度处的量测冗余度较低，进而影响了这两类状态变量的估计精度。为此，进一步介绍一种双层电—热抗差状态估计方法（two - level robust state estimation，TL - RSE）[20]，此法的第一层构建了基于 SOCP 的电力系统与水力网络联合估计模型，并将第一层的估计结果视作伪量测用于第二层的 SE，建立了考虑节点温度约束的热力网络抗差状态估计模型。

3.2　热力系统量测模型及电—热综合能源系统耦合元件模型

3.2.1　热力系统量测模型

热网通常由供热系统与回热系统组成。其中，热量以水或蒸汽的形式，通过供热管道与回热管道在热源与用户中进行传递。对热网进行分析时，通常将其分别建模为水力模型与热力模型。水力模型中的变量一般包括压强与流量，热力模型中的变量包括节点供热温度、回热温度与热功率。

1. 水力网络

描述水力网络特性的方程通常包括流量连续方程、压力回路方程与水头损失方程，分别表示为[21]：

$$m_{qi} = \sum_{b \in N_i^{\text{pipe+}}} m_b - \sum_{b \in N_i^{\text{pipe-}}} m_b \tag{3 - 1}$$

$$\sum_{b \in l} p_b = 0 \tag{3 - 2}$$

$$p_b = K m_b^2 \tag{3 - 3}$$

式中：m_b 为支路质量流量（kg/s）；m_{qi} 为节点 i 对某负荷提供的质量流量（$m_{qi}>0$）或

由某热源向节点 i 注入的质量流量（$m_{qi}<0$）；p_b 为支路压强头损（m）；$N_i^{\text{pipe}+}$ 和 $N_i^{\text{pipe}-}$ 分别为质量流量流入和流出节点 i 的支路集合；l 为热力系统中的环网；K 为管道的阻抗系数，由如下公式计算得到：

$$K=8Lf/(D^5\rho_{\text{w}}^2\pi^2 g) \tag{3-4}$$

$$1/\sqrt{f}=-2\lg[\varepsilon/D/3.7+2.51/(Re\sqrt{f})] \tag{3-5}$$

$$Re=vD/\mu \tag{3-6}$$

$$v=4m/(\rho\pi D^2) \tag{3-7}$$

式中：ρ_{w} 为水的密度（kg/m^3）；g 为重力加速度（$\text{kg}\cdot\text{m/s}^2$）；$v$ 为质量流量的速度（m/s）；L 为管道长度（m）；D 为管道直径（m）；ε 为管道的粗糙度（m）；f 为管道的摩擦因子；μ 为水的运动黏度（m^2/s）；Re 为雷诺数。

由于式（3-5）为隐式方程，f 的解析表达式无法直接获得。因此，采用 Haaland 公式对 f 进行估算[22]：

$$1/\sqrt{f}=-1.81\times\lg[(\varepsilon/D/3.7)^{1.11}+6.9/Re] \tag{3-8}$$

2. 热力网络

对于热力网络，节点 i 处的热功率表示为：

$$\phi_i=C_{\text{p}}m_{qi}(T_{\text{s}i}-T_{\text{r}i}) \tag{3-9}$$

式中：C_{p} 为水的比热容 [J/(kg·℃)]；ϕ_i 为节点 i 处的热功率（MW）；$T_{\text{s}i}$ 和 $T_{\text{r}i}$ 分别为节点 i 的供热温度（℃）与回热温度（℃）。

对于某支路 i-j，假设支路质量流量 m_{ij} 的方向为节点 i 到节点 j，则节点 i 与节点 j 的温度关系表示为：

$$T_j=(T_i-T_{\text{a}})\text{e}^{(-\lambda L/C_{\text{p}}m_{ij})}+T_{\text{a}} \tag{3-10}$$

式中：T_{a} 为环境温度（℃）。

当有多个支路的质量流量汇入节点 j 时，节点 j 的温度与各汇入支路的起始节点 i 的温度的关系为：

$$\Big(\sum_{(i\text{-}j)\in N_j^{\text{pipe}+}} m_{ij}\Big)T_j=\sum_{(i\text{-}j)\in N_j^{\text{pipe}+}} m_{ij}T_i \tag{3-11}$$

3. 热力系统原始量测方程

综上所述，在热力系统中，状态变量 $\boldsymbol{x}_{\text{h}}$ 和量测量 $\boldsymbol{z}_{\text{h}}$ 分别表示为：

$$\boldsymbol{x}_{\text{h}}=[\boldsymbol{p}^{\text{T}},\boldsymbol{T}_{\text{s}}^{\text{T}},\boldsymbol{T}_{\text{r}}^{\text{T}}]^{\text{T}} \tag{3-12}$$

$$\boldsymbol{z}_{\text{h}}=[\boldsymbol{p}^{\text{T}},\boldsymbol{m}^{\text{T}},\boldsymbol{m}_{\text{q}}^{\text{T}},\boldsymbol{T}_{\text{s}}^{\text{T}},\boldsymbol{T}_{\text{r}}^{\text{T}},\boldsymbol{\phi}^{\text{T}}]^{\text{T}} \tag{3-13}$$

则热力系统的原始量测方程表示为（为便于表示，此处忽略量测噪声）：

$$\begin{cases} p_{im} = p_i \\ m_{ij} = s_{ij}\sqrt{s_{ij}(p_i - p_j)}/\sqrt{K_{ij}} \\ m_{qi} = \sum\limits_{i\text{-}j\in N_i^{\text{pipe}}} s_{ij}\dfrac{1}{\sqrt{K_{ij}}}\sqrt{s_{ij}(p_i - p_j)} \\ \phi_i = C_p m_{qi}(T_{si} - T_{ri}) \\ T_{si,m} = T_{si,m} \\ T_{ri,m} = T_{ri,m} \end{cases} \tag{3-14}$$

上三式中：$\boldsymbol{p}$ 为节点压强向量；$\boldsymbol{m}$ 为支路质量流量向量；$\boldsymbol{m}_q$ 为节点质量流量向量；$\boldsymbol{\phi}$ 为节点热功率向量；$\boldsymbol{T}_s$ 为节点供热温度向量；$\boldsymbol{T}_r$ 为节点回热温度向量；当 $p_i > p_j$ 时，$s_{ij} > 0$；当 $p_i < p_j$ 时，$s_{ij} < 0$。

3.2.2　电力系统量测模型

在电力系统静态状态估计中，状态变量 $\boldsymbol{x}_e$ 一般包括节点电压相角 $\boldsymbol{\theta}$ 和节点电压幅值 $\boldsymbol{U}$，量测量 $\boldsymbol{z}_e$ 一般包括节点电压幅值 $\boldsymbol{U}$，节点注入功率 $\boldsymbol{P}$、$\boldsymbol{Q}$ 与支路功率 $\boldsymbol{P}_b$、$\boldsymbol{Q}_b$。$\boldsymbol{x}_e$、$\boldsymbol{z}_e$ 分别表示为：

$$\boldsymbol{x}_e = [\boldsymbol{\theta}^T, \boldsymbol{U}^T]^T \tag{3-15}$$

$$\boldsymbol{z}_e = [\boldsymbol{U}^T, \boldsymbol{P}^T, \boldsymbol{Q}^T, \boldsymbol{P}_b^T, \boldsymbol{Q}_b^T]^T \tag{3-16}$$

则电力系统的原始量测方程表示为（为便于表示，此处忽略量测噪声）[23]：

$$\begin{cases} U_{im} = U_i \\ P_i = U_i \sum_{j\in N_i} U_j (G_{ij}\cos\theta_{ij} + B_{ij}\sin\theta_{ij}) \\ Q_i = U_i \sum_{j\in N_i} U_j (G_{ij}\sin\theta_{ij} - B_{ij}\cos\theta_{ij}) \\ P_{ij} = U_i^2(g_{si} + g_{ij}) - U_iU_jg_{ij}\cos\theta_{ij} - U_iU_jb_{ij}\sin\theta_{ij} \\ Q_{ij} = -U_i^2(b_{si} + b_{ij}) + U_iU_jb_{ij}\cos\theta_{ij} - U_iU_jg_{ij}\sin\theta_{ij} \end{cases} \tag{3-17}$$

式中：$g_{ij} = g_s/k$，$b_{ij} = b_s/k$，$g_{si} = (1-k)g_s/k^2$，$b_{si} = (1-k^2)b_s/k^2 + b_c/2$，$G_{ij} = -g_{ij}$，$B_{ij} = -b_{ij}$；$g_s + jb_s$ 为支路 i-j 的串联导纳；b_c 为线路的充电电纳；k 为支路变比（对于不含变压器的支路，$k=1$）。

3.2.3　电—热 IES 耦合元件模型

本章在电—热 IES 中所考虑的耦合元件主要为热电联产机组（combined heat and

power，CHP)、电热泵、电锅炉和循环泵[21]。

1. CHP 耦合模型

电厂锅炉产生的蒸汽驱动汽轮发电机组发电以后，排出的蒸汽仍含有大部分热量被冷却水带走，因而火电厂的热效率只有 30%～40%。如果蒸汽驱动汽轮机的过程或之后的抽汽或排汽的热量能加以利用，可以既发电又供热，这种生产方式称为 CHP。这个过程既有电能生产又有热能生产，是一种热、电同时生产的高效的能源利用形式，其热效率一般为 80%～90%，能源利用效率比单纯发电提高 1 倍以上。它将不同品位的热能分级利用（即高品位的热能用于发电，低品位的热能用于集中供热)，提高了能源的利用效率，减少了环境污染，具有节约能源、改善环境、提高供热质量、增加电力供应等综合效益。

本章考虑的 CHP 类型包括燃气机、内燃式往复机和蒸汽机[21]。对于燃气机和内燃式往复机，其产生的电能与热能的关系表示为：

$$c_1 = \frac{\phi_{\mathrm{CHP}}}{P_{\mathrm{CHP}}} \tag{3-18}$$

式中：ϕ_{CHP}和 P_{CHP}分别为 CHP 机组的产热值（MW）与产电值（MW)；c_1 为燃气机和内燃式往复机的热电产值比，为常数。

对于蒸汽机，在耗气量一定的条件下，其产生的电能与产生的热能表示为：

$$Z = \frac{\phi_{\mathrm{CHP}}}{P_{\max} - P_{\mathrm{CHP}}} \tag{3-19}$$

$$\eta_{\mathrm{CHP}} = \frac{P_{\max}}{F_{\mathrm{CHP}}} \tag{3-20}$$

式中：$P_{\max}$为抽气机最大的产电值（MW)；Z 为蒸汽机的热—电产值比；F_{CHP}和 η_{CHP}分别为蒸汽功率（MW）及其相应的转换率。

2. 电热泵耦合模型

电热泵使用压缩机将热量从低温热源传递到高温热源，实质上是一种热量提升装置，它的作用就是从周围环境中吸取热量（这些被吸取的热量可以是地热、太阳能、空气的能量)，再把它传递给被加热的对象（温度较高的媒质，如水或空气)。热泵比燃气锅炉更节能，通常每单位电能产生三个单位的热量。但电热泵具有更高的投资成本，并且使用更昂贵的燃料。电热泵有两种类型：空气源热泵和地源热泵。

电热泵的性能系数指标为：

$$\eta_{\mathrm{hp}} = \frac{\phi_{\mathrm{hp}}}{P_{\mathrm{hp}}} \tag{3-21}$$

式中：η_{hp}为性能系数指标；ϕ_{hp}为电热泵提供的热功率（MW）；P_{hp}为电热泵消耗的电功率（MW）。

电热泵的性能系数指标往往随着热源和热负荷之间温差的大小而变化。

3. 电锅炉耦合模型

电锅炉通过消耗电能来产生热量。电锅炉的效率计算如下：

$$\eta_b = \frac{\phi_b}{P_b} \tag{3-22}$$

式中：η_b 为电锅炉效率指标；ϕ_b 为电锅炉提供的热功率（MW）；P_b 为电锅炉消耗的电功率（MW）。

4. 循环泵耦合模型

循环泵位于热电厂，用于在供热管道和回热管道之间产生并保持压差。供水处的泵压差必须足够高，以确保距离泵最远的节点仍有足够的最小压差，从而使得水从供水管路通过热交换器进入回流管路。

循环泵消耗的电功率为：

$$P_p = \frac{m_p g H_p}{10^6 \eta_p} \tag{3-23}$$

式中：P_p 为循环泵消耗的电功率（MW）；η_p 为循环泵效率指标；m_p 为通过循环泵的质量流量（kg/s）；H_p 为循环泵的压强差（m）。

循环泵的压强差用以克服供热管道和回热管道中的流动阻力，其计算方法为：

$$H_p = 2\sum_{i\in l} h_{fi} + H_c \tag{3-24}$$

式中：H_c 为最小允许的压强差；h_{fi}为管道 i 的压强损失；l 为网络中压降降落最大的路线中的所有管道集合。

3.3　基于 WLS 的电—热综合能源系统状态估计模型

董今妮、孙宏斌等提出了基于 WLS 的电—热 IES - SE 模型[16]。该模型的量测方程表示为：

$$\begin{cases} \boldsymbol{z}_e = \boldsymbol{h}_e(\boldsymbol{x}_e) + \boldsymbol{r}_e \\ \boldsymbol{z}_h = \boldsymbol{h}_h(\boldsymbol{x}_h) + \boldsymbol{r}_h \\ \boldsymbol{0} = \boldsymbol{g}(\boldsymbol{x}) \end{cases} \tag{3-25}$$

式中：$\boldsymbol{h}_e(\boldsymbol{x}_e)$ 和 $\boldsymbol{h}_h(\boldsymbol{x}_h)$ 分别为电力系统与热力系统的原始非线性量测方程，如式（3 - 17）与式（3 - 14）所示；$\boldsymbol{r}_e$ 和 $\boldsymbol{r}_h$ 分别为电力系统与热力系统的量测噪声，两者均服从

高斯分布；$\boldsymbol{g}(\boldsymbol{x})$ 为耦合量测对应的等式约束，如式（3-18）～式（3-24）所示。

因此基于 WLS 的电—热 IES-SE 模型可以表示为：

$$
\begin{gathered}
\min[\boldsymbol{z}-\boldsymbol{h}(\boldsymbol{x})]^{\mathrm{T}}\boldsymbol{w}[\boldsymbol{z}-\boldsymbol{h}(\boldsymbol{x})] \\
\text{s.t.}\begin{cases}\boldsymbol{z}=\boldsymbol{h}(\boldsymbol{x})+\boldsymbol{r} \\ \boldsymbol{0}=\boldsymbol{g}(\boldsymbol{x})\end{cases}
\end{gathered} \tag{3-26}
$$

式中：$\boldsymbol{z}=[\boldsymbol{z}_{\mathrm{e}}^{\mathrm{T}},\ \boldsymbol{z}_{\mathrm{h}}^{\mathrm{T}}]^{\mathrm{T}}$；$\boldsymbol{x}=[\boldsymbol{x}_{\mathrm{e}}^{\mathrm{T}},\ \boldsymbol{x}_{\mathrm{h}}^{\mathrm{T}}]^{\mathrm{T}}$；$\boldsymbol{h}(\boldsymbol{x})=[\boldsymbol{h}_{\mathrm{e}}^{\mathrm{T}}(\boldsymbol{x}_{\mathrm{e}}),\ \boldsymbol{h}_{\mathrm{h}}^{\mathrm{T}}(\boldsymbol{x}_{\mathrm{h}})]^{\mathrm{T}}$，$\boldsymbol{r}=[\boldsymbol{r}_{\mathrm{e}}^{\mathrm{T}},\ \boldsymbol{r}_{\mathrm{h}}^{\mathrm{T}}]^{\mathrm{T}}$；$\boldsymbol{w}$ 为电—热 IES 的量测权重矩阵。

基于 WLS 的电—热 IES-SE 模型［式（3-26）］的求解流程如图 3-1 所示。

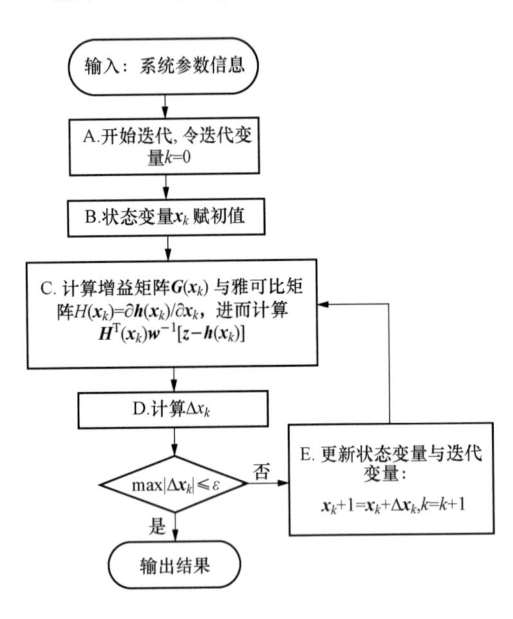

图 3-1　基于 WLS 的电—热 IES-SE 模型求解流程图

基于 WLS 的电—热 IES-SE 模型具有较好的收敛性，在没有不良数据时可获得较高的估计精度。从数学上看，基于 WLS 的电—热 IES-SE 模型属于非凸优化问题，在求解该模型时可能会遇到如下问题：

（1）当采用牛顿—高斯法求解该非凸状态估计模型时，无法确保求解结果为全局最优解[24]。

（2）求解该类非凸状态估计模型通常需要非线性迭代，容易产生收敛上的困难，尤其是当系统处于病态时（如电力系统发生静态电压失稳）。

（3）模型本身并无抗差性，需搭配不良数据辨识环节应用，如 LNR。对于一般性不良数据，WLS＋LNR 具有良好的抗差性，但当遇到强相关性不良数据时，WLS＋LNR 往往无法有效辨识，进而影响估计结果[13]。

3.4　电—热综合能源系统双线性抗差状态估计

通过 3.3 节的分析可知，基于 WLS 的电—热 IES-SE 模型在数学上属于非凸优化问题，存在收敛性差、计算效率低、无法保证全局最优解等问题，且模型本身不具有抗差性。分析得出，产生这些问题的根本原因在于电—热 IES 的量测方程为非线性方程。如果存在一种精确的数学变化，能够将电—热 IES 的非线性量测方程转换为线性方程，

那么将有望建立关于电—热 IES 的凸状态估计模型，进而解决已有电—热 IES - SE 模型存在的问题。为此，本节将电力系统的双线性抗差状态估计方法[24]推广至电—热 IES，从而得到电—热 IES 双线性抗差状态估计方法[17,18]。

3.4.1 双线性抗差状态估计模型的建立与求解

1. 电—热 IES 的线性量测方程

（1）热力系统。对于热力系统，定义辅助量测变量 $\boldsymbol{z}_{\mathrm{h,a}}$ 为：

$$\boldsymbol{z}_{\mathrm{h,a}}=\begin{bmatrix}\boldsymbol{m}\\\boldsymbol{p}_{\mathrm{b}}\\\boldsymbol{m}_{\mathrm{q}}\\\boldsymbol{\phi}\\\boldsymbol{T}_{\mathrm{s}}\\\boldsymbol{T}_{\mathrm{r}}\end{bmatrix}\tag{3-27}$$

式中：$\boldsymbol{p}_{\mathrm{b}}\in R^{B_{\mathrm{h}}}$，为 p_{ij} 的向量集合 $[p_{ij}=s_{ij}\sqrt{s_{ij}(p_i-p_j)}]$；$B_{\mathrm{h}}$ 为热力系统的支路个数；其他符号的意义同式（3 - 13）。

对于热力系统，定义辅助状态变量 $\boldsymbol{x}_{\mathrm{h,a}}$ 为：

$$\boldsymbol{x}_{\mathrm{h,a}}=\begin{bmatrix}\alpha_{ij,\mathrm{a}}\\T_{\mathrm{s}i,\mathrm{a}}\\T_{\mathrm{r}i,\mathrm{a}}\end{bmatrix}\in R^{2N_{\mathrm{h}}+B_{\mathrm{h}}}\tag{3-28}$$

式中：$\alpha_{ij,\mathrm{a}}=p_{ij}$；$T_{\mathrm{s}i,\mathrm{a}}=T_{\mathrm{s}i}$；$T_{\mathrm{r}i,\mathrm{a}}=T_{\mathrm{r}i}$；$N_{\mathrm{h}}$ 为热力系统的节点个数。

基于辅助量测变量和辅助状态变量，热力系统的量测方程可表示为（为便于表示，此处忽略量测噪声）：

$$\begin{cases}p_{ij}=\alpha_{ij,\mathrm{a}}\\m_{ij}=\dfrac{1}{\sqrt{K_{ij}}}\alpha_{ij,\mathrm{a}}\\m_{\mathrm{q}i}=\displaystyle\sum_{i\text{-}j\in N_i^{\mathrm{pipe}}}\dfrac{1}{\sqrt{K_{ij}}}\alpha_{ij,\mathrm{a}}\\T_{\mathrm{s}i}=T_{\mathrm{s}i,\mathrm{a}}\\T_{\mathrm{r}i}=T_{\mathrm{r}i,\mathrm{a}}\\\dfrac{\varphi_i}{C_{\mathrm{p}}m_{\mathrm{q}i}}=T_{\mathrm{s}i,\mathrm{a}}-T_{\mathrm{r}i,\mathrm{a}}\end{cases}\tag{3-29}$$

式（3-29）表明，采用辅助量测变量和辅助状态变量之后，热力系统的量测方程变为线性方程。

（2）电力系统。对于电力系统，定义辅助量测量 $\boldsymbol{z}_{\mathrm{e,a}}$ 为：

$$\boldsymbol{z}_{\mathrm{e,a}}=\begin{bmatrix}\boldsymbol{v}^2\\ \boldsymbol{P}\\ \boldsymbol{Q}\\ \boldsymbol{P}_{\mathrm{b}}\\ \boldsymbol{Q}_{\mathrm{b}}\end{bmatrix} \tag{3-30}$$

式中：$\boldsymbol{v}^2=[\boldsymbol{v}_i^2]$，为所有节点电压幅值的平方组成的向量。

对于电力系统，定义辅助状态变量 $\boldsymbol{x}_{\mathrm{e,a}}$ 为：

$$\boldsymbol{x}_{\mathrm{e,a}}=\begin{bmatrix}V_i\\ R_{ij}\\ X_{ij}\end{bmatrix}\in R^{2B_{\mathrm{e}}+N_{\mathrm{e}}} \tag{3-31}$$

式中：$V_i=v_i^2$；$R_{ij}=v_iv_j\cos\theta_{ij}$；$X_{ij}=v_iv_j\sin\theta_{ij}$；$N_{\mathrm{e}}$ 和 B_{e} 分别为电力系统的节点个数和支路个数。

基于辅助量测变量和辅助状态变量，电力系统的量测方程可表示为（为便于表示，此处忽略量测噪声）：

$$\begin{cases}v_i^2=V_i\\ P_i=\sum_{j\in N_i}(G_{ij}R_{ij}+B_{ij}X_{ij})\\ Q_i=\sum_{j\in N_i}(G_{ij}X_{ij}-B_{ij}R_{ij})\\ P_{ij}=V_i(g_{si}+g_{ij})-g_{ij}R_{ij}-b_{ij}X_{ij}\\ Q_{ij}=-V_i(b_{si}+b_{ij})+b_{ij}R_{ij}-g_{ij}X_{ij}\end{cases} \tag{3-32}$$

式（3-32）表明，采用辅助量测变量和辅助状态变量之后，电力系统的量测方程变为线性方程。

（3）构建雅可比矩阵。电—热 IES 的线性化量测方程和耦合方程（这里假设耦合元件为 CHP）可合写为：

$$\begin{cases}\boldsymbol{z}_{\mathrm{a}}=\boldsymbol{H}_{\mathrm{a}}\boldsymbol{x}_{\mathrm{a}}+\boldsymbol{r}_{\mathrm{a}}\\ \boldsymbol{\phi}_{\mathrm{N1}}^{\mathrm{couple}}=c_1\boldsymbol{P}_{\mathrm{N1}}^{\mathrm{couple}}\\ \boldsymbol{\phi}_{\mathrm{N2}}^{\mathrm{couple}}=Z(\boldsymbol{P}_{\max}-\boldsymbol{P}_{\mathrm{N1}}^{\mathrm{couple}})\end{cases} \tag{3-33}$$

式中：$\boldsymbol{x}_{\mathrm{a}}=[\boldsymbol{x}_{\mathrm{e,a}}^{\mathrm{T}}, \boldsymbol{x}_{\mathrm{h,a}}^{\mathrm{T}}]^{\mathrm{T}}$；$\boldsymbol{z}_{\mathrm{a}}=[\boldsymbol{z}_{\mathrm{e,a}}^{\mathrm{T}}, \boldsymbol{z}_{\mathrm{h,a}}^{\mathrm{T}}]^{\mathrm{T}}$；$\boldsymbol{r}_{\mathrm{a}}=[\boldsymbol{r}_{\mathrm{a,e}}^{\mathrm{T}}, \boldsymbol{r}_{\mathrm{a,h}}^{\mathrm{T}}]^{\mathrm{T}}$，为 $\boldsymbol{z}_{\mathrm{a}}$ 的量测噪声；下角标 N1 和 N2 分别为两类耦合关系［式（3-18）和式（3-19）］的节点个数；$\boldsymbol{H}_{\mathrm{a}}$ 为常数矩阵，其结构表示如下：

$$\boldsymbol{H}_{\mathrm{a}}=[\boldsymbol{H}_{\mathrm{ae}},\boldsymbol{0};\boldsymbol{0},\boldsymbol{H}_{\mathrm{ah}}] \tag{3-34}$$

$$\boldsymbol{H}_{\mathrm{ae}}=\begin{bmatrix}\boldsymbol{H}_{UV} & \boldsymbol{0} & \boldsymbol{0}\\ \boldsymbol{0} & \boldsymbol{H}_{PR} & \boldsymbol{H}_{PX}\\ \boldsymbol{0} & \boldsymbol{H}_{QR} & \boldsymbol{H}_{QX}\\ \boldsymbol{H}_{pV} & \boldsymbol{H}_{pR} & \boldsymbol{H}_{pX}\\ \boldsymbol{H}_{qV} & \boldsymbol{H}_{qR} & \boldsymbol{H}_{qX}\end{bmatrix} \tag{3-35}$$

$$\boldsymbol{H}_{\mathrm{ah}}=\begin{bmatrix}\boldsymbol{H}_{p\alpha} & \boldsymbol{0} & \boldsymbol{0}\\ \boldsymbol{H}_{M\alpha} & \boldsymbol{0} & \boldsymbol{0}\\ \boldsymbol{H}_{m\alpha} & \boldsymbol{0} & \boldsymbol{0}\\ \boldsymbol{0} & \boldsymbol{H}_{T_{\mathrm{s}}} & \boldsymbol{H}_{T_{\mathrm{s}}}\\ \boldsymbol{0} & \boldsymbol{H}_{sr} & \boldsymbol{0}\\ \boldsymbol{0} & \boldsymbol{0} & \boldsymbol{H}_{rs}\end{bmatrix} \tag{3-36}$$

式中：$\boldsymbol{H}_{UV}$、$\boldsymbol{H}_{p\alpha}$、$\boldsymbol{H}_{sr}$ 和 $\boldsymbol{H}_{rs}$ 均为单位矩阵。

2. BRSE 建模

（1）BRSE 第一阶段：线性 WLAV。根据式（3-33），可构建如下形式的 WLAV 模型：

$$\begin{aligned}&\min J(\boldsymbol{y})=\sum_{i=1}^{m} w_i\,|\,\boldsymbol{z}_i-\boldsymbol{C}_i\boldsymbol{y}\,|\\ &\mathrm{s.t.}\ \boldsymbol{E}\boldsymbol{y}=0\end{aligned} \tag{3-37}$$

式中：$\boldsymbol{y}=\boldsymbol{x}_{\mathrm{a}}$ 为辅助状态变量；$\boldsymbol{z}_i$ 为 $\boldsymbol{z}_{\mathrm{a},i}$ 的简写，代表辅助量测向量 $\boldsymbol{z}_{\mathrm{a}}$ 的第 i 维；m 为电—热 IES 中全部量测量的个数；$\boldsymbol{C}_i=\boldsymbol{H}_{\mathrm{a},i}$ 为 $\boldsymbol{H}_{\mathrm{a}}$ 的第 i 行；w_i 为第 i 个量测量的权重系数；$\boldsymbol{E}$ 为式（3-33）中等式约束合起来形成的系数矩阵。

式（3-37）的 WLAV 模型可等价转化为如下形式的线性规划模型：

$$\min J(\boldsymbol{s},\boldsymbol{t},\boldsymbol{y}^{(s)},\boldsymbol{y}^{(k)})=\sum_{i=1}^{m} w_i(s_i+t_i)$$

$$\text{s. t.}\begin{cases} z_i - \sum_{j=1}^{n} C_{ij}(y_j^{(s)} - y_j^{(k)}) - s_i + t_i = 0, & 1 \leqslant i \leqslant m \\ \sum_{j=1}^{n} E_{lj}(y_j^{(s)} - y_j^{(k)}) = 0, & 1 \leqslant l \leqslant n' \\ y_j^{(s)}、y_j^{(k)} \geqslant 0, & 1 \leqslant j \leqslant n \\ s_i、t_i \geqslant 0, & 1 \leqslant i \leqslant m \end{cases} \tag{3-38}$$

式中：$\boldsymbol{y}^{(s)}$、$\boldsymbol{y}^{(k)}$、$\boldsymbol{s}$ 和 $\boldsymbol{t}$ 为引入的非负辅助变量；n'为耦合约束的个数。

将式（3-38）写为紧凑的矩阵形式，表示为：

$$\min J(\boldsymbol{Y}) = \boldsymbol{d}^{\mathrm{T}}\boldsymbol{Y}$$

$$\text{s. t.}\begin{cases} \boldsymbol{FY} = \boldsymbol{B} \\ \boldsymbol{Y} \geqslant \boldsymbol{0} \end{cases} \tag{3-39}$$

式中：$\boldsymbol{d}^{\mathrm{T}}=[\boldsymbol{0}_{\mathrm{n}}^{T}, \boldsymbol{0}_{\mathrm{n}}^{T}, \boldsymbol{w}_{m}^{\mathrm{T}}, \boldsymbol{w}_{m}^{\mathrm{T}}]$；$\boldsymbol{0}_{n}^{\mathrm{T}}=[0, 0, \cdots, 0]\in R^{1\times n}$；$\boldsymbol{w}_{m}^{\mathrm{T}}=[w_1, w_2, \cdots, w_m]\in R^{1\times m}$；$\boldsymbol{F}=\begin{bmatrix} \boldsymbol{C} & -\boldsymbol{C} & \boldsymbol{I}_m & -\boldsymbol{I}_m \\ \boldsymbol{E} & -\boldsymbol{E} & \boldsymbol{0} & \boldsymbol{0} \end{bmatrix}$；$\boldsymbol{Y}=[(\boldsymbol{y}^{(s)})^{\mathrm{T}}, (\boldsymbol{y}^{(k)})^{\mathrm{T}}, \boldsymbol{s}^{\mathrm{T}}, \boldsymbol{t}^{\mathrm{T}}]^{\mathrm{T}}$；$\boldsymbol{B}=[\boldsymbol{z}^{\mathrm{T}}, \boldsymbol{0}_{n'}^{\mathrm{T}}]^{\mathrm{T}}$。

式（3-39）属于标准的线性规划问题，求解可得到辅助变量 $\boldsymbol{y}$ 的估计值 $\hat{\boldsymbol{y}}$。其中，$\hat{\boldsymbol{y}}=\hat{\boldsymbol{y}}^{(s)}-\hat{\boldsymbol{y}}^{(k)}$。

（2）BRSE 第二阶段：非线性变换。根据第一阶段求得的 $\boldsymbol{T}_{\mathrm{s}}$ 和 $\boldsymbol{T}_{\mathrm{r}}$ 的估计值 $\hat{\boldsymbol{T}}_{\mathrm{s}}$ 和 $\hat{\boldsymbol{T}}_{\mathrm{r}}$，通过非线性变换，可得到其余待求的电—热 IES 状态变量的估计值：

$$f(\boldsymbol{y}) = \begin{bmatrix} \alpha_{ij}^2 \\ \sqrt{U_i} \\ \arctan[M_{ij}/N_{ij}] \end{bmatrix} = \begin{bmatrix} p_i - p_j \\ v_i \\ \theta_{ij} \end{bmatrix} \tag{3-40}$$

则式（3-40）经过非线性变换，可求得电力系统中节点电压幅值、支路相角差和热力系统中支路压强头损的估计值。

（3）BRSE 第三阶段：线性 WLS。对于电—热 IES，从理论上看，其所有支路两端的相角差的估计值 $\hat{\boldsymbol{\theta}}_b$ 和支路两端的压强头损的估计值 $\hat{\boldsymbol{p}}_b$ 与所有节点相角 $\boldsymbol{\theta}$ 和节点压强头 $\boldsymbol{p}$ 存在如下关系：

$$\hat{\boldsymbol{\theta}}_b = \boldsymbol{A}_{\mathrm{e}}\boldsymbol{\theta} \tag{3-41}$$

$$\hat{\boldsymbol{p}}_b = \boldsymbol{A}_{\mathrm{h}}\boldsymbol{p} \tag{3-42}$$

式中：$\boldsymbol{A}_{\mathrm{e}}$ 和 $\boldsymbol{A}_{\mathrm{h}}$ 分别为电力系统与热力系统的支一节关联矩阵，其中的元素定义为：

$$A_{\mathrm{e}}(i,j)=\begin{cases}1\text{，支路}j\text{ 的电流从节点}i\text{ 流入}\\-1\text{，支路}j\text{ 的电流从节点}i\text{ 流出}\\0\text{，节点}i\text{ 不是支路}j\text{ 的端点}\end{cases} \tag{3-43}$$

$$A_{\mathrm{h}}(i,j)=\begin{cases}1\text{，支路}j\text{ 的质量流量从节点}i\text{ 流入}\\-1\text{，支路}j\text{ 的质量流量从节点}i\text{ 流出}\\0\text{，节点}i\text{ 不是支路}j\text{ 的端点}\end{cases} \tag{3-44}$$

由于存在估计误差，式（3-41）和式（3-42）并不严格成立，可将 $\hat{\boldsymbol{\theta}}_b$ 和 $\hat{\boldsymbol{p}}_b$ 看作包含噪声的伪量测，有：

$$\hat{\boldsymbol{\theta}}_b=\boldsymbol{A}_{\mathrm{e}}\boldsymbol{\theta}+\boldsymbol{r}_\theta \tag{3-45}$$

$$\hat{\boldsymbol{p}}_b=\boldsymbol{A}_{\mathrm{h}}\boldsymbol{p}+\boldsymbol{r}_p \tag{3-46}$$

式中：$\boldsymbol{r}_\theta$ 和 $\boldsymbol{r}_p$ 分别为 $\hat{\boldsymbol{\theta}}_b$ 和 $\hat{\boldsymbol{p}}_b$ 对应的噪声向量。

基于式（3-45）和式（3-46）构建线性 WLS 状态估计模型，表示为：

$$\begin{cases}\min J(\boldsymbol{\theta}_b)=[\hat{\boldsymbol{\theta}}_b-\boldsymbol{A}_{\mathrm{e}}\boldsymbol{\theta}]^{\mathrm{T}}\boldsymbol{W}_\theta[\hat{\boldsymbol{\theta}}_b-\boldsymbol{A}_{\mathrm{e}}\boldsymbol{\theta}]\\\min J(\boldsymbol{p}_b)=[\hat{\boldsymbol{p}}_b-\boldsymbol{A}_{\mathrm{h}}\boldsymbol{p}]^{\mathrm{T}}\boldsymbol{W}_p[\hat{\boldsymbol{p}}_b-\boldsymbol{A}_{\mathrm{h}}\boldsymbol{p}]\end{cases} \tag{3-47}$$

式中：$\boldsymbol{W}_\theta$ 和 $\boldsymbol{W}_p$ 为 $\boldsymbol{r}_\theta$ 和 $\boldsymbol{r}_p$ 的权重矩阵，可按误差传递规律精确计算得到，在简化计算中，$\boldsymbol{W}_\theta$ 和 $\boldsymbol{W}_p$ 都可以取为单位矩阵。

式（3-47）可采用 CPLEX 求解，即可得到电—热 IES 中全部电网节点的相角估计值和热网节点的压强头估计值。

由上述过程可知，基于 BRSE 的电—热 IES-SE 方法的整个求解过程包括两次线性规划模型的求解和一次非线性的变换。与基于 WLS 的电—热 IES-SE 相比，此法具有以下特点：

（1）线性 WLAV 模型［式（3-39）］和线性 WLS 模型［式（3-47）］属于凸优化模型，且非线性变换［式（3-40）］的解唯一，因此，BRSE 可确保获得全局最优解。

（2）整个求解过程仅需进行两次线性规划模型求解与一次非线性变换，计算效率高，且 BRSE 方法本身具有抗差性，无须与 LNR 等不良数据辨识环节配合使用。

（3）辅助变量的引入使得电—热 IES 中的非线性量测方程转化为线性方程。然而，对于电力系统，辅助变量的引入等价地增加了状态变量的个数。因此，与 WLS 相比，BRSE 的量测冗余度降低，其估计精度会受到影响。

3.4.2 算例分析

本节选取的电—热 IES 测试算例是由一个 20 节点热力系统和一个 IEEE 39 节点电力系统通过 CHP 机组耦合形成的电—热 IES，其拓扑结构如图 3-2 所示。其中，热力系统的节点 20 和 IEEE 39 节点系统的节点 12 与通过燃气机组耦合。热力系统的基本参数和支路节点信息见表 3-1 和表 3-2 所列[17,18]。

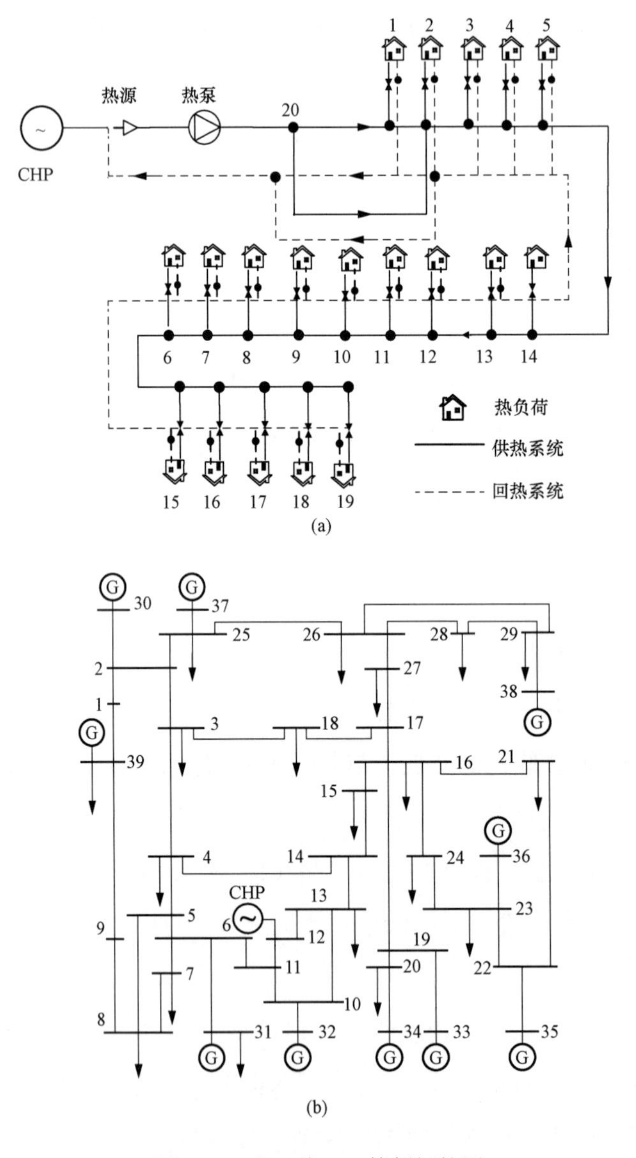

图 3-2 电—热 IES 算例拓扑图

(a) 20 节点热力系统拓扑图；(b) IEEE 39 节点电力系统拓扑图

表 3-1　　20 节点热力系统基本参数

参数	参数值	参数	参数值
比热容 C_p[MJ/(kg·K)]	4.182×10^{-3}	重力加速度 g(kg·m/s²)	9.8
传热系数 λ[W/(m·K)]	2.00×10^{-7}	水密度 ρ(kg/m³)	1.00×10^{3}
水的运动黏度 μ (m²/s)	2.00×10^{-9}		

表 3-2　　20 节点热力系统支路、节点信息

起点	终点	编号	长度(m)	起点	终点	编号	长度(m)
1	2	1	400	11	12	11	402
2	3	2	420	12	13	12	374
3	4	3	450	13	14	13	438
4	5	4	390	14	15	14	444
5	6	5	400	15	16	15	400
6	7	6	415	16	17	16	401
7	8	7	425	17	18	17	420
8	9	8	380	18	19	18	420
9	10	9	295	19	20	19	406
10	11	10	413	1	3	20	615

1. 正常量测下的测试结果

（1）单次状态估计精度对比。首先，分别采用 WLS-SE 与 BRSE 进行单次状态估计，状态变量真值和估计结果（部分节点）见表 3-3～表 3-5 所列。

表 3-3　　WLS-SE 和 BRSE 的电力系统估计结果

节点 i	状态变量真值		WLS-SE		BRSE	
	U_i(p. u.)	θ_i(rad)	U_i(p. u.)	θ_i(rad)	U_i(p. u.)	θ_i(rad)
1	1.0475	−0.1658	1.0476	−0.1658	1.0478	−0.1662
2	1.0490	−0.1211	1.0490	−0.1211	1.0492	−0.1216
3	1.0304	−0.1707	1.0305	−0.1708	1.0306	−0.1712
4	1.0038	−0.1846	1.0039	−0.1846	1.0040	−0.1848
5	1.0050	−0.1640	1.0051	−0.1640	1.0052	−0.1641
6	1.0073	−0.1518	1.0074	−0.1518	1.0076	−0.1519
7	0.9967	−0.1903	0.9967	−0.1902	0.9968	−0.1902
8	0.9957	−0.1991	0.9957	−0.1990	0.9958	−0.1992
9	1.0281	−0.1960	1.0281	−0.1959	1.0282	−0.1975
10	1.0170	−0.1099	1.0170	−0.1098	1.0171	−0.1099
11	1.0125	−0.1241	1.0125	−0.1240	1.0126	−0.1241
12	1.0000	−0.1233	1.0000	−0.1232	1.0002	−0.1227
13	1.0142	−0.1223	1.0142	−0.1222	1.0143	−0.1222

表 3-4　　WLS-SE 和 BRSE 的热力系统估计结果

节点 i	WLS-SE			BRSE		
	p_i(m)	T_{si}(℃)	T_{ri}(℃)	p_i(m)	T_{si}(℃)	T_{ri}(℃)
1	−0.0322	99.8682	49.4911	−0.0321	99.8668	49.4907
2	−0.0589	99.76858	49.4964	−0.0589	99.7687	49.4970
3	−0.1855	99.6893	49.5017	−0.1854	99.6880	49.5013
4	−0.2827	99.6164	49.5026	−0.2826	99.6169	49.5033
5	−0.3703	99.5366	49.5046	−0.3702	99.5366	49.5044
6	−0.4494	99.4481	49.5082	−0.4493	99.4483	49.5076
7	−0.5192	99.7742	49.5052	−0.5200	99.2169	49.5464
8	−0.5725	99.8140	49.6050	−0.5733	99.1895	49.5050

表 3-5　　热力系统状态变量真值

节点 i	p_i(m)	T_{si}(℃)	T_{ri}(℃)	节点 i	p_i(m)	T_{si}(℃)	T_{ri}(℃)
1	−0.0321	99.8679	49.4911	5	−0.3702	99.5363	49.5046
2	−0.0589	99.7682	49.4965	6	−0.4493	99.4477	49.5082
3	−0.1854	99.6889	49.5017	7	−0.5192	99.4477	49.5082
4	−0.2827	99.6160	49.5026	8	−0.5725	99.3501	49.5134

由表 3-3～表 3-5 可知，WLS-SE 得到的电—热 IES 的状态变量的估计精度要优于 BRSE。

（2）多次状态估计精度对比。本节选取以下指标验证所提方法的估计精度，分别表示为：

$$\begin{cases} S_1 = \dfrac{1}{T}\sum_{t=1}^{T}\sum_{i=1}^{n} \mid \hat{x}_{i.t} - x_{i.t,\mathrm{true}} \mid \\ S_2 = \dfrac{1}{T}\sum_{t=1}^{T} \| \hat{\boldsymbol{x}}_t - \boldsymbol{x}_{t,\mathrm{true}} \|_\infty \end{cases} \tag{3-48}$$

式中：S_1、S_2 分别为状态变量的平均估计偏差和最大偏差；$\hat{x}_{i.t}$ 和 $x_{i.t,\mathrm{true}}$ 分别为在第 t 次实验中状态变量第 i 维的估计值和真值；$\hat{\boldsymbol{x}}_t$ 和 $\boldsymbol{x}_{t,\mathrm{true}}$ 分别为在第 t 次实验中状态变量的估计值向量和真值向量；$\| \cdot \|_\infty$ 为向量的无穷范数；T 为蒙特卡洛实验的实验次数。

将本节提出的 BRSE 与文献［16］中的 WLS-SE 进行对比。在潮流真值上叠加高斯噪声（标准差取 0.001）形成量测数据，并进行 1000 次蒙特卡洛实验，实验结果见表 3-6 和表 3-7。

表 3-6　**WLS-SE 和 BRSE 计算得到的 S_1 值**

算法类型	热力系统			电力系统	
	p_i(m)	T_{si}(℃)	T_{ri}(℃)	U_i(p.u.)	θ_i(rad)
WLS-SE	1.69×10^{-4}	1.35×10^{-2}	5.93×10^{-3}	8.83×10^{-4}	3.02×10^{-3}
BRSE	5.24×10^{-3}	1.42×10^{-2}	6.28×10^{-3}	6.38×10^{-3}	3.28×10^{-2}

表 3-7　**WLS-SE 和 BRSE 计算得到的 S_2 值**

算法类型	热力系统			电力系统	
	p_i(m)	T_{si}(℃)	T_{ri}(℃)	U_i(p.u.)	θ_i(rad)
WLS-SE	2.89×10^{-5}	1.35×10^{-5}	5.93×10^{-6}	8.83×10^{-7}	3.02×10^{-6}
BRSE	4.09×10^{-4}	1.42×10^{-5}	6.28×10^{-6}	6.38×10^{-6}	3.28×10^{-5}

由表 3-6 和表 3-7 可知：在正常量测下，WLS-SE 和 BRSE 的估计精度均较高。其中，对于节点压强头 p_i，WLS-SE 的估计精度高于 BRSE；对于节点供热温度 T_{si} 和节点回热温度 T_{ri}，WLS-SE 和 BRSE 的估计精度接近；对于节点电压幅值 U_i 和节点电压相角 θ_i，WLS-SE 的估计精度均优于 BRSE。综上所述，在正常量测的情况下，WLS-SE 和 BRSE 的估计精度均较高，且 WLS-SE 的整体估计精度要优于 BRSE。

（3）计算效率对比。通过 1000 次蒙特卡洛实验，WLS-SE 和 BRSE 的总计算耗时见表 3-8。由表 3-8 可见，本节提出的 BRSE 的总计算耗时少于 WLS-SE，并且在单次实验中仅需迭代一次，显示了较高的计算效率。

表 3-8　**WLS-SE 和 BRSE 的总计算耗时**

算法类型	1000 次实验总耗时（s）	单次实验迭代次数
WLS	28.18	4
BRSE	17.22	1

2. 抗差性测试

（1）三种不良数据情形下的抗差性测试。为测试本节提出 BRSE 的抗差性能，在所搭建的电—热 IES 算例上设置了三种强相关性不良数据存在情形：

1）情形 1：仅电力系统中出现不良量测数据，设置不良量测数据的占比为 4.98%。

2）情形 2：仅热力系统中出现不良量测数据，设置不良量测数据的占比为 6%。

3）情形 3：电力系统与热力系统中均出现不良量测数据，设置电力系统中的不良量测数据占比为 3%，热力系统中的不良量测数据占比为 6%。

三种情形的不良数据出现的位置和类型见表 3-9～表 3-11。

表 3-9　情形 1 下的不良数据设置

位置	类型	设置	位置	类型	设置
节点 23	U_{23}	$U_{23}/2$	支路 23—23	P_{22-23}	$P_{22-23}/2$
	P_{23}	$P_{23}/2$		Q_{22-23}	$Q_{22-23}/2$
	Q_{23}	$2Q_{23}$			
节点 24	U_{24}	$-U_{24}/2$	支路 23—24	P_{23-24}	$-P_{23-24}/2$
	P_{24}	$P_{24}/3$		Q_{23-24}	0
	Q_{24}	$Q_{24}/2$			
节点 25	U_{25}	0	支路 25—26	P_{25-26}	$-P_{25-26}/2$
	P_{25}	$P_{25}/2$		Q_{25-26}	0
	Q_{25}	$Q_{25}/2$			

表 3-10　情形 2 下的不良数据设置

位置	类型	设置	位置	类型	设置
节点 2	T_{s2}	$2T_{s2}$	节点 3	T_{s3}	$2T_{s3}$
	T_{r2}	$2T_{r2}$		P_3	$2P_3$
	m_{q2}	0			
	P_2	0			

表 3-11　情形 3 下的不良数据设置

系统类型	位置	类型	设置
电力系统	节点 23	U_{23}	$U_{23}/2$
		P_{23}	$P_{23}/2$
	节点 24	P_{24}	$P_{24}/3$
		Q_{24}	$Q_{24}/2$
	节点 25	U_{25}	0
		Q_{25}	$Q_{25}/2$
	支路 23—23	P_{22-23}	$P_{22-23}/2$
		Q_{22-23}	$Q_{22-23}/2$
	支路 23—24	P_{23-24}	$-P_{23-24}/2$
		Q_{23-24}	0
热力系统	节点 2	T_{s2}	$2T_{s2}$
		T_{r2}	$2T_{r2}$
		m_{q2}	0
	节点 3	P_2	0
		T_{s3}	$2T_{s3}$
		P_3	$2P_3$

对以上三种情形分别采用 BRSE 与 WLS+LNR 进行计算，得到的 S_2 值见表 3-12。由表 3-12 可见，在情形 1 中，当电力系统中出现不良量测数据时，WLS+LNR 计算得到的电力系统状态变量的 S_2 值高于 BRSE；在情形 2 中，当热力系统中出现不良量测数据时，WLS+LNR 计算得到的热力系统状态变量的 S_2 值远高于 BRSE；在情形 3 中，当电力系统与热力系统中均出现不良量测数据时，BRSE 的结果更优。

由三种不良数据情况计算结果可知，当电—热 IES 中出现一定比例的强相关性不良数据时，本节介绍的 BRSE 表现出良好的抗差性，而 WLS+LNR 对于强相关性不良数据辨识的能力较差，尤其当热网中出现强相关性不良数据时，WLS+LNR 的计算结果会出现明显偏差。

表 3-12　三种情形下 BRSE 与 WLS-SE+LNR 得到的 S_2 值

	SE 方法	热力系统			电力系统	
		p_i(m)	T_{si}(℃)	T_{ri}(℃)	U_i(p. u.)	θ_i(rad)
情形 1	WLS+LNR	2.60×10^{-4}	1.30×10^{-4}	5.98×10^{-4}	4.36×10^{-5}	9.55×10^{-4}
	BRSE	4.02×10^{-4}	1.57×10^{-5}	1.56×10^{-5}	1.23×10^{-5}	1.59×10^{-4}
	SE 方法	热力系统			电力系统	
		p_i(m)	T_{si}(℃)	T_{ri}(℃)	U_i(p. u.)	θ_i(rad)
情形 2	WLS+LNR	5.73×10^{-2}	1.81×10^{-1}	4.01×10^{-2}	9.19×10^{-6}	2.99×10^{-5}
	BRSE	4.81×10^{-4}	2.00×10^{-3}	1.01×10^{-4}	5.99×10^{-6}	3.31×10^{-5}
	SE 方法	热力系统			电力系统	
		p_i(m)	T_{si}(℃)	T_{ri}(℃)	U_i(p. u.)	θ_i(rad)
情形 3	WLS+LNR	5.72×10^{-2}	1.80×10^{-1}	4.02×10^{-2}	2.43×10^{-5}	8.90×10^{-5}
	BRSE	4.99×10^{-4}	2.01×10^{-3}	1.02×10^{-4}	8.69×10^{-5}	7.78×10^{-5}

将情形 3 下两种状态估计方法得到的电—热 IES 中的状态变量的估计误差进行对比，如图 3-3 和图 3-4 所示。由图 3-3 可知，对于节点电压幅值和节点电压相角，BRSE 的整体估计精度均优于 WLS+LNR。其次，WLS+LNR 在节点 31～39 处均产生了较大的估计误差，而 BRSE 则能够保证电力系统中的全部节点具有较好的估计精度。由图 3-4 可知，对于节点压强头，BRSE 计算得到的估计误差均小于 WLS+LNR。对于节点供热温度与节点回热温度，BRSE 与 WLS+LNR 的估计精度近似。

（2）不良数据占比变化下的抗差性检验。进一步利用状态估计合格率来检验 BRSE 的抗差性。从所搭建的测试系统的量测量中随机选取并设置为不良数据，不良数据的比

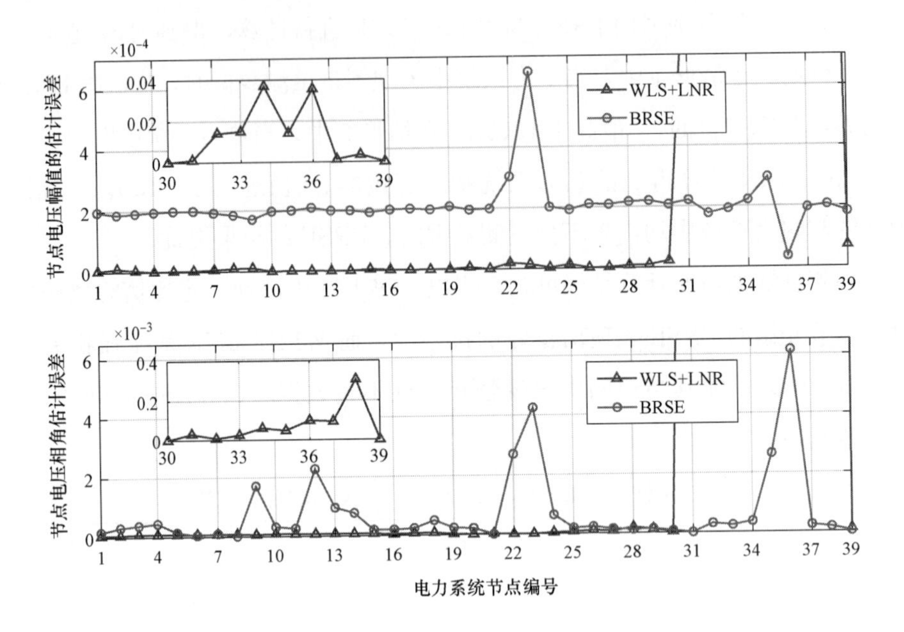

图 3-3　电力系统状态变量估计误差

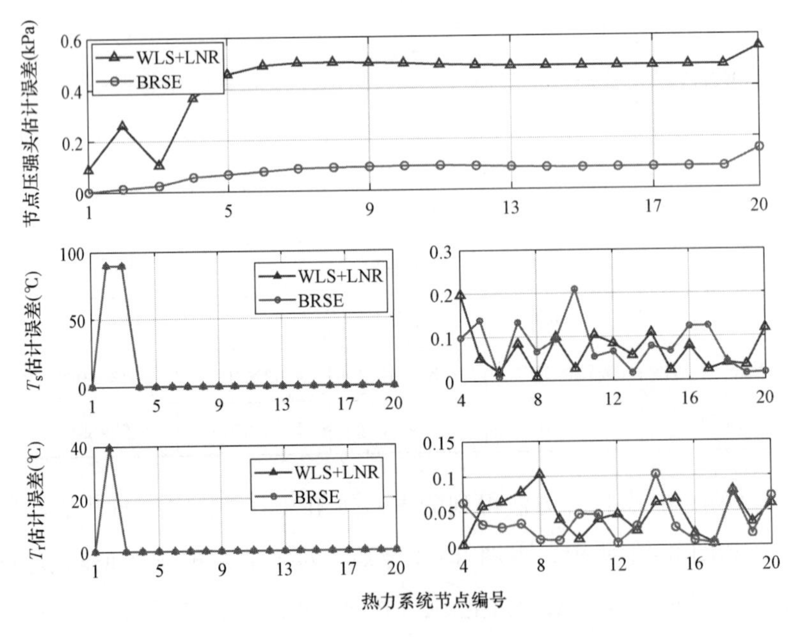

图 3-4　热力系统状态变量估计误差

例从 0%变为 10%。其中，不良数据的设置情况包括置零、取反、扩大 2 倍以及变为原来的 1/2。对各不良数据比例的情况均进行 1000 次蒙特卡洛实验，BRSE 与 WLS+LNR 得到的合格率如图 3-5 所示。

由图 3-5 可知，随着电—热 IES 量测系统中不良数据比例的增加，BRSE 与 WLS+

LNR 计算得到的状态估计合格率均有所降低，但 BRSE 的合格率下降速度更低，意味着 BRSE 具有更好的抗差性。

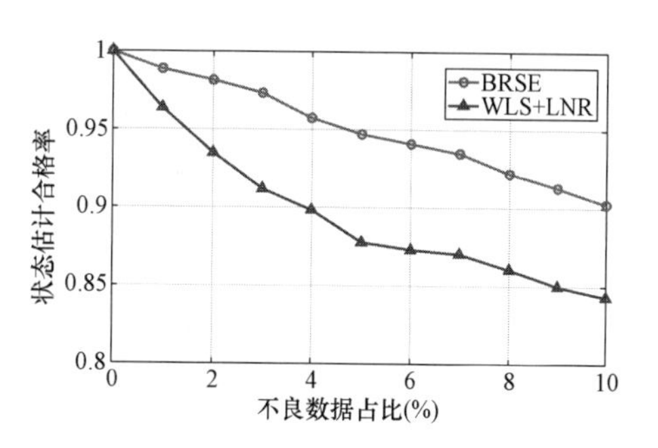

图 3-5　不良数据占比变化下 BRSE 和 WLS+LNR 的状态估计平均合格率

当不良数据占比为 10% 时，BRSE 和 WLS+LNR 对电—热 IES 测试系统计算得到的热力系统状态变量估计值如图 3-6 和图 3-7 所示。由图 3-6 和图 3-7 可知，此时 WLS+LNR 出现了较大的局部估计误差（如热力系统中节点 8 的供热温度估计值与节点 3、13 的回热温度估计值），而 BRSE 的估计结果则更为精确。

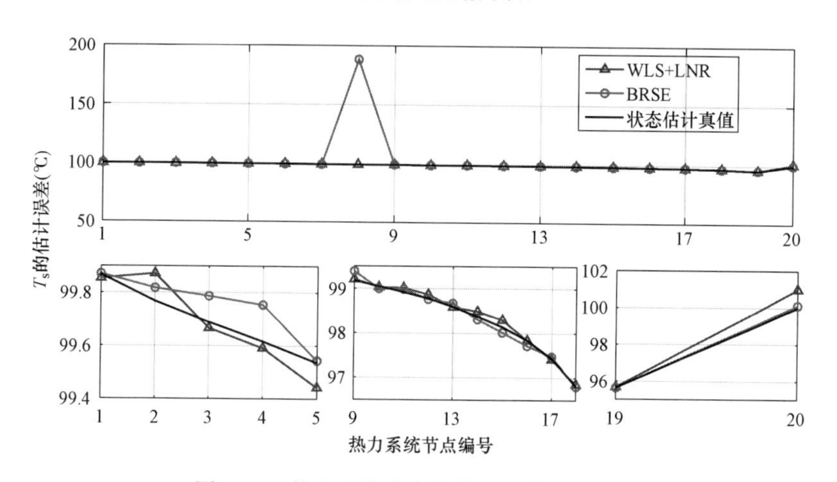

图 3-6　热力系统节点供热温度估计值对比

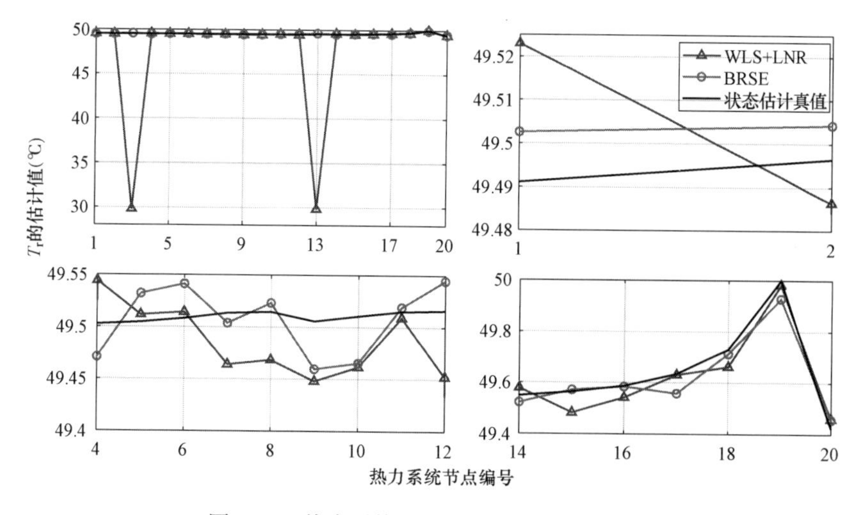

图 3-7　热力系统节点回热温度估计值对比

此外，从计算效率来看，由于 WLS+LNR 每次只能辨识一个不良数据（残差最大对应的不良数据），且每次计算均需非线性迭代，因此随着量测系统中不良数据比例的增加，WLS+LNR 所需的计算时间会更长。以该电—热 IES 量测系统中不良数据占比 5%为例，在 1000 次蒙特卡洛实验时，WLS+LNR 所需时间长达 511.20s，而本节提出的 BRSE 仅需 20.12s，从而验证了 BRSE 的高效性。

综上所述，本节介绍了基于 BRSE 的电—热 IES - SE 方法，此法的优点包括以下三点：

（1）对不良量测数据具有良好的抑制能力，显示了良好的抗差性；

（2）计算时无须非线性迭代，计算效率较高；

（3）从数学上看，BRSE 属于凸优化问题，可确保获得全局最优解。

同时，BRSE 还存在以下不足：

（1）建模方面，辅助变量的引入等价地增加了状态变量的个数，使得整体量测冗余度降低，进而影响了状态估计精度；

（2）仅考虑电力系统与热力系统通过单一燃气机进行耦合的情形，未考虑多个 CHP 机组和其他电—热耦合元件，如电热泵、循环泵等，电力系统与热力系统的耦合性不强。

3.5 基于二阶锥的电—热综合能源系统抗差状态估计

3.5.1 基于二阶锥的抗差状态估计模型建立

第 3.4 节已指出，基于 BRSE 的电—热 IES - SE 虽然比基于 WLS 的电—热 IES - SE 具有更好的抗差性和更高的计算效率；但是在 BRSE 中，辅助变量的引入使得 BRSE 的量测冗余度低于 WLS，导致正常量测时 BRSE 的估计精度没有 WLS 高。产生这一问题的根本在于，式（3 - 31）所述的辅助变量需满足的以下约束未加入 BRSE 模型中：

$$(R_{ij})^2+(X_{ij})^2=V_iV_j\text{（对于所有支路）}\tag{3 - 49}$$

式（3 - 49）为非线性约束，若直接加入 BRSE 模型［式（3 - 38）］，将导致式（3 - 38）变为非凸优化问题。为此，采用常用的方法将以上非线性约束松弛为相应的二阶锥约束，进而将相应的非凸优化问题转化为凸优化问题[25 - 28]，从而得到一种基于二阶锥的电—热 IES 抗差状态估计方法（second - order cone programming，SOCP）[18,19]。

1. SOCP 的建模

将式（3-49）所示的非线性约束加入式（3-38）中，可得：

$$\min J(\boldsymbol{s},\boldsymbol{t},\boldsymbol{y}^{(s)},\boldsymbol{y}^{(k)}) = \sum_{i=1}^{m} w_i(s_i + t_i)$$

$$\text{s.t.}\begin{cases} z_i - \sum_{j=1}^{n} C_{ij}(y_j^{(s)} - y_j^{(k)}) - s_i + t_i = 0,\ 1 \leqslant i \leqslant m \\ \sum_{j=1}^{n} E_{lj}(y_j^{(s)} - y_j^{(k)}) = 0,\ 1 \leqslant l \leqslant n' \\ (R_{ij})^2 + (X_{ij})^2 = V_i V_j(\text{对于所有支路}) \\ y_j^{(s)},y_j^{(k)} \geqslant 0,\ 1 \leqslant j \leqslant n \\ s_i,t_i \geqslant 0,\ 1 \leqslant i \leqslant m \end{cases} \tag{3-50}$$

显然，式（3-50）给出的模型在数学上不属于凸优化问题，无法确保获得全局最优解。为此，将式（3-49）所示的非线性约束进行松弛，进而得到一组旋转二阶锥约束[25]：

$$(R_{ij})^2 + (X_{ij})^2 \leqslant V_i V_j(\text{对于所有支路}) \tag{3-51}$$

由于在电—热 IES 中，电力系统常为辐射状的配电网，故式（3-50）所示约束的个数为 $B_e = N_e - 1$。

将式（3-51）作为约束条件加入式（3-38）中；同时，为保证二阶锥松弛的紧度，在目标函数中加入线性罚函数项 $-\min\sum_{ij\in b_e}\lambda_{ij}R_{ij}$，从而得到基于 SOCP 的电—热 IES-SE 模型：

$$\min J(\boldsymbol{s},\boldsymbol{t},\boldsymbol{y}^{(s)},\boldsymbol{y}^{(k)}) = \sum_{i=1}^{m} w_i(s_i + t_i) - \sum_{ij\in b_e}\lambda_{ij}R_{ij}$$

$$\text{s.t.}\begin{cases} z_i - \sum_{j=1}^{n} C_{ij}(y_j^{(s)} - y_j^{(k)}) - s_i + t_i = 0,\ 1 \leqslant i \leqslant m \\ \sum_{j=1}^{n} E_{lj}(y_j^{(s)} - y_j^{(k)}) = 0,\ 1 \leqslant l \leqslant n' \\ (R_{ij})^2 + (X_{ij})^2 \leqslant V_i V_j(\text{对于所有支路}) \\ y_j^{(s)},y_j^{(k)} \geqslant 0,\ 1 \leqslant j \leqslant n \\ s_i,t_i \geqslant 0,\ 1 \leqslant i \leqslant m \end{cases} \tag{3-52}$$

式中：$\lambda_{ij} > 0$ 为调整参数，基于大量的仿真结果，λ_{ij} 的数值宜取值为电力系统支路功率量测的噪声方差的倒数。

上述为基于 SOCP 的电—热 IES-SE 模型的第一阶段，这一阶段可利用 MOSEK 求解式（3-52）；SOCP 的第二和第三阶段的建模和求解方法同 BRSE，在此不再赘述。

2. 量测冗余度分析

在本节的研究中，假设电—热 IES 中的电力系统与热力系统均为辐射状，即：$B_e = N_e - 1$，$B_h = N_h - 1$。同时，在不失一般性的前提下，假设电—热 IES 的量测配置为全量测。则 WLS、BRSE 和 SOCP 的量测冗余度对比如表 3-13 所列。在表 3-13 中，t^* 代表与 WLS 相比，BRSE 和 SOCP 中的 $\boldsymbol{z}$ 和 $\boldsymbol{x}$ 的数量变化趋势，“↑”“↓”和“—”分别代表上升、下降与保持不变。

由表 3-13 可知：①与 WLS 相比，式（3-50）的引入使得 SOCP 的量测冗余度得到了弥补；②与 BRSE 相比，SOCP 具有更高的量测冗余度，因而也具有更高的状态估计精度。

表 3-13　WLS、BRSE 和 SOCP 的量测冗余度对比

状态估计模型	电—热 IES				
	$\boldsymbol{z}$	t^*	$\boldsymbol{x}$	t^*	R
WLS	$(7N_e-4)+(6N_h-1)$	—	$(2N_e-1)+3N_h$	—	—
BRSE	$(7N_e-4)+(3N_e-2)$	—	$(3N_e-2)+(3N_h-1)$	↑	↓
SOCP	$(8N_e-5)+(6N_h-2)$	↑	$(3N_e-2)+(3N_h-1)$	↑	↓

3. 凸松弛的精确性分析

对于本节介绍的基于 SOCP 的电—热 IES-SE 模型［式（3-52）］，其进行松弛前的原问题为式（3-50）。定义凸松弛间距为

$$R_{\mathrm{gap},ij} = [(\hat{R}_{ij})^2 + (\hat{X}_{ij})^2] - \hat{V}_i \hat{V}_j \tag{3-53}$$

式中：$\hat{R}_{ij}$、$\hat{X}_{ij}$、$\hat{V}_i$ 和 $\hat{V}_j$ 分别为求解式（3-52）得到的 R_{ij}、X_{ij}、V_i 和 V_j 的估计值。

在三个电—热 IES 算例上分别求解式（3-53），得到各算例中电力系统所有支路的凸松弛间距，并取平均值，记为 $\overline{R}_{\mathrm{gap}}$，计算结果见表 3-14[18]。

表 3-14　三类电—热综合能源系统的平均凸松弛间距

系统编号	电力系统	热力系统	$\overline{R}_{\mathrm{gap}}$(p.u.)
1	9 节点[21]	32 节点[21]	-1.40×10^{-8}
2	28 节点[25]	32 节点[21]	-4.65×10^{-7}
3	1888 节点[19]	200 节点[19]	-3.17×10^{-5}

由表3-14可知，求解得到的平均凸松弛间距 $\overline{R}_{gap}$ 接近于零。因此，认为式（3-52）与原问题［式（3-53）］的估计精度差距近似忽略。关于原问题和松弛后的凸优化问题的解的一致性，可进一步参考文献［29］给出的严格数学证明。

4. SOCP与BRSE的对比分析

由于BRSE与SOCP的第二和第三阶段的计算方法相同，故只需要比较两者的第一阶段。在第一阶段，与BRSE相比，由于式（3-51）的引入（该约束的个数为 N_e-1），使得SOCP模型［式（3-52）］的量测量等价地增加了 B_e（在本节考虑的电—热综合能源系统中，电力系统与热力系统均假设为辐射状，因此 $B_e=N_e-1$），从而弥补了BRSE模型［式（3-38）］中量测冗余度的损失，提高了基于SOCP的电—热IES-SE模型的估计精度。

进一步的分析可以发现，基于SOCP的电—热IES-SE模型［式（3-52）］具有如下特点：

（1）该模型属于凸抗差状态估计模型，因此具有良好的抗差性，且能够确保获得全局最优解。

（2）与BRSE模型相比，该模型具有更高的状态估计精度。

（3）当 $\lambda_{ij}=0$ 时，SOCP模型退化为BRSE模型，这也意味着基于BRSE的电—热IES-SE模型是基于SOCP的电—热IES-SE模型的一种特例。

3.5.2　算例分析

本节设置两个电—热IES算例系统来测试所介绍的基于SOCP的电—热IES-SE模型的性能[18,19]。其中，算例一为巴厘岛电—热IES，由9节点电力系统与32节点热力系统构成；算例二为大型电—热IES，由IEEE 1888节点电力系统和200节点热力系统构成。对于两算例系统，在进行状态估计前，均采用解耦式IES潮流算法获得系统的潮流真值[21]。其次，在潮流真值中添加量测噪声（电力系统量测噪声的标准差为 10^{-3}，热力系统量测噪声的标准差为 10^{-4}）。所提出的SOCP模型通过MATLAB编程实现，并通过YALMIP调用MOSEK求解器求解[30]。程序在CPU为Intel（R）Core（TM）i7、主频2.80GHz、内存8GB的计算机上运行。

1. 算例一：巴厘岛电—热IES

巴厘岛电—热IES的拓扑如图3-8所示，CHP耦合元件的具体信息见表3-15（此外，每个热源节点处安置一热泵），量测配置见表3-16。

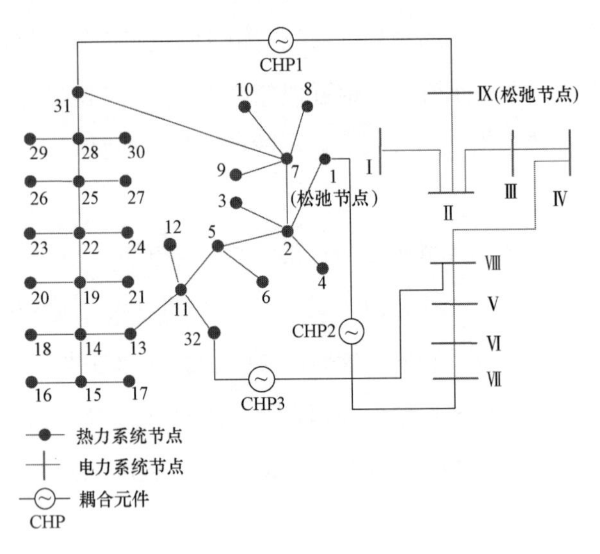

图 3-8 巴厘岛电—热 IES 算例拓扑图

表 3-15　　巴厘岛电—热 IES 耦合信息

CHP 序号	电力系统节点	热力系统节点	CHP 类型
1	9（松弛节点）	31	燃气机
2	7	1（松弛节点）	蒸汽机
3	8	32	内燃式往复机

表 3-16　　巴厘岛电—热 IES 量测配置信息

系统类别	量测配置
电力系统	各支路的首端有功功率、无功功率，各节点的有功功率、无功功率注入，节点 1 的电压幅值
热力系统	全量测［式（3-2）涉及的全部节点与支路的物理量］

（1）正常量测下的估计精度。进行 1000 次蒙特卡洛实验，以检验所提 SOCP 模型的估计精度，并与 WLS 和 BRSE 进行对比。选取 $\overline{x}_{i,\text{error}}$ 和 $\xi_{\max}$ 作为分析指标，表示为：

$$\begin{cases}\overline{x}_{i,\text{error}}=\dfrac{1}{T}\sum_{t=1}^{T}\left|(x_{i.t,\text{true}}-\hat{x}_{i.t})/x_{i.t,\text{true}}\right| \\ \xi_{\max}=\dfrac{1}{T}\sum_{t=1}^{T}\left\|(\boldsymbol{x}_{t,\text{true}}-\hat{\boldsymbol{x}}_t)/\boldsymbol{x}_{t,\text{true}}\right\|_\infty\end{cases} \tag{3-54}$$

式中：$\overline{x}_{i,\text{error}}$ 为状态变量的相对平均估计误差；$\xi_{\max}$ 为状态变量的相对最大估计误差；$\hat{x}_{i.t}$ 和 $x_{i.t,\text{true}}$ 分别为在第 t 次实验中状态变量第 i 维的估计值和真值；$\hat{\boldsymbol{x}}_t$ 和 $\boldsymbol{x}_{t,\text{true}}$ 分别为在第 t 次实验中状态变量的估计值向量和真值向量；$\|\cdot\|_\infty$ 为向量的无穷范数；T 为蒙特卡洛实验的实验次数。

图 3-9 给出了电力系统中节点电压幅值与相角的平均估计误差。由图 3-9 可知，对于电力系统的节点电压幅值 U，SOCP 得到的各节点的平均估计误差与 WLS 接近，而

BRSE 计算得到的各节点的平均估计误差均高于 SOCP 与 WLS；对于电力系统的节点电压相角 $\boldsymbol{\theta}$，三者的平均估计误差排序为：BRSE＞SOCP＞WLS。

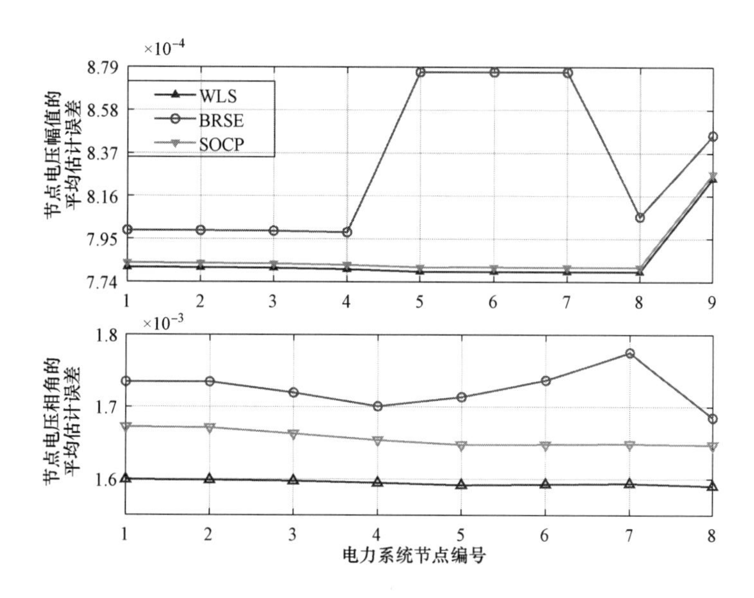

图 3-9　WLS、BRSE 与 SOCP 计算得到的节点电压幅值与相角的平均估计误差

图 3-10 给出了热力系统中节点压强头（$\boldsymbol{p}$）的平均估计误差。对于节点 1、2、3、4、10、12、27、30、31，三者的平均估计误差排序为 WLS＞BRSE＞SOCP；对于节点 5、7、8、9、11、13、14、15、16、17，以及节点 18、19、20、21、22、23、24、25、26、28、29，WLS 的平均估计误差最小；对于节点 6，三者的平均估计误差排序为 BRSE＞SOCP＞WLS。

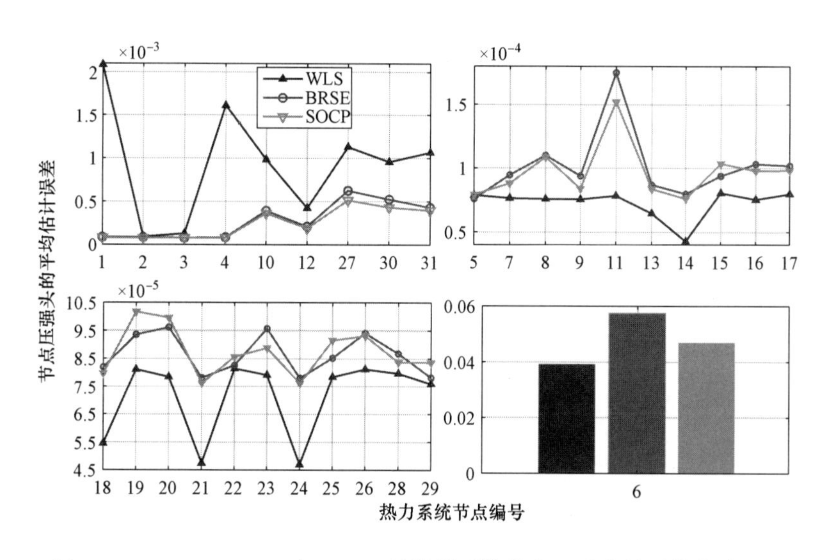

图 3-10　WLS、BRSE 与 SOCP 计算得到的节点压强头的平均估计误差

图 3-11 给出了三种状态估计方法对于热力系统中 $\boldsymbol{T}_s$ 和 $\boldsymbol{T}_r$ 的平均估计误差。由图 3-11 可以看出：①WLS 和 SOCP 得到的 $\boldsymbol{T}_s$ 和 $\boldsymbol{T}_r$ 的平均估计误差曲线波动较小，且数值非常接近；②BRSE 得到的 $\boldsymbol{T}_s$ 和 $\boldsymbol{T}_r$ 的平均估计误差曲线上下波动较大，且个别数值远高于 WLS 和 SOCP。

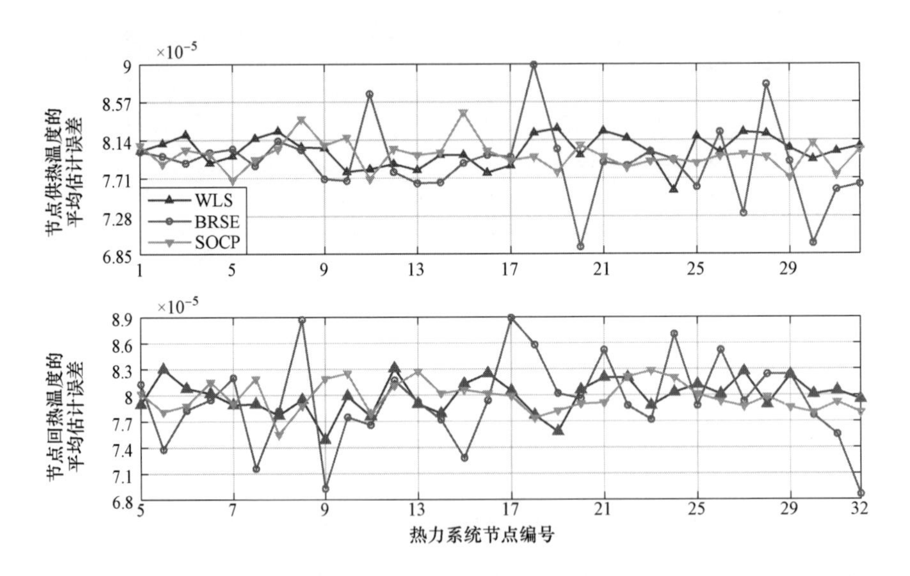

图 3-11　WLS、BRSE 与 SOCP 计算得到的节点温度的平均估计误差

表 3-17 进一步汇总了三类状态估计方法的估计精度排序。由表 3-17 可知，对于电—热 IES 中的电力系统，WLS 的估计精度最高，BRSE 估计精度最低；对于电—热 IES 中的热力系统，针对节点供热温度和回热温度，SOCP 的估计精度最高，BRSE 估计精度最低。

表 3-17　　WLS、BRSE 和 SOCP 的估计精度对比

状态变量		估计精度排序
电力系统	节点电压幅值 $\boldsymbol{U}$	WLS>SOCP>BRSE
	节点电压相角 $\boldsymbol{\theta}$	WLS>SOCP>BRSE
热力系统	节点压强头 $\boldsymbol{p}$	BRSE>SOCP>WLS
	节点供热温度 $\boldsymbol{T}_s$	SOCP≈WLS≈BRSE
	节点回热温度 $\boldsymbol{T}_r$	SOCP≈WLS≈BRSE

表 3-18 给出了三类状态估计方法计算得到的最大估计误差 ξ_{max}。对于 $\boldsymbol{U}$、$\boldsymbol{\theta}$ 和 $\boldsymbol{p}$，三类方法得到的最大估计误差的排序为 BRSE>SOCP>WLS；对于 $\boldsymbol{T}_s$ 和 $\boldsymbol{T}_r$，三者的最大估计误差比较接近。此外，三种状态估计方法单次运行的时间分别为 0.606s（WLS）、0.521s（BRSE）和 0.426s（SOCP）。

表 3-18　　WLS、BRSE 和 SOCP 的最大估计误差对比

状态估计模型	状态变量最大估计误差				
	x_e		x_h		
	U	θ	p	T_s	T_r
WLS	8.24×10^{-4}	1.68×10^{-3}	3.72×10^{-2}	2.34×10^{-4}	2.34×10^{-4}
BRSE	8.75×10^{-4}	1.84×10^{-3}	5.75×10^{-2}	2.32×10^{-4}	2.33×10^{-4}
SOCP	8.27×10^{-4}	1.71×10^{-3}	3.84×10^{-2}	2.33×10^{-4}	2.37×10^{-4}

（2）收敛性分析。本节以算例一中电—热 IES 的电力系统为例，考虑当电力系统出现静态电压失稳的情况，对提出的基于 SOCP 的 SE 模型的收敛性进行分析，并与 WLS 进行对比。

通过以下步骤，构造 100 组电力系统出现静态电压失稳的情形：

1）9 节点电力系统内所有支路的阻抗调整为 3+j2（Ω/km），其余参数保持不变。

2）9 节点电力系统内的节点 7 与节点 8 的电压幅值范围（标幺值）设置为 0.75～0.90（变化间隔为 0.01）。相应地，计算得到 100 组潮流分布。

3）在 100 组潮流分布的基础上，通过叠加量测噪声（量测噪声服从高斯分布，且标准差为 10^{-3}），以形成相应地 100 组量测值。

计算结果表明，在 100 组案例中，WLS 在其中的 59 组案例中收敛成功，而在其余的 41 组案例中收敛失败，即收敛于一组无实际意义的结果内；而 SOCP 在这 100 组案例中均成功收敛。其中，WLS 的某个收敛失败的案例对应的 WLS 和 SOCP 的计算结果见表 3-19。

表 3-19　　由 SOCP 和 WLS 计算得到的 x_e 的估计值

节点编号	U(p. u.)			θ(rad)		
	真实值	WLS	SOCP	真实值	WLS	SOCP
1	0.724	−0.720	0.725	−1.766	9.53×10^{2}	−1.766
2	0.727	−0.722	0.728	−1.766	9.28×10^{2}	−1.766
3	0.725	−0.721	0.726	−1.844	7.56×10^{4}	−1.843
4	0.735	0.731	0.736	−1.948	7.93×10^{4}	−1.947
5	0.798	−0.794	0.799	−2.167	7.84×10^{4}	−2.166
6	0.825	0.821	0.826	−2.229	7.82×10^{4}	−2.227
7	0.878	−0.875	0.879	−2.320	7.84×10^{4}	−2.318
8	0.770	−0.766	0.771	−2.085	7.85×10^{4}	−2.084

（3）抗差性分析。本节考虑不良数据出现的三种情形：①仅在电力系统的量测中出现不良数据；②仅在热力系统的量测中出现不良数据；③在耦合量测中出现不良数据。三种情形下的不良数据设置和相应的 SOCP 估计结果分别见表 3-20～表 3-22。

表 3-20　　情形 1 下量测量、不良数据和量测估计值的对比

量测类型	P_{12}	Q_{34}	P_{48}	Q_{29}
正常量测	0.200	3.110	0.200	−2.584
不良量测	0.240	3.732	0.240	−3.101
量测估计值	0.200	3.109	0.201	−2.585

表 3-21　　情形 2 下量测量、不良数据和量测估计值的对比

量测类型	p_{1-2}	p_{7-8}	m_{11-12}	m_{14-15}	m_{q16}	m_{q18}
正常量测	0.243	2.375	0.645	0.980	0.490	0.488
不良量测	0.195	1.900	0.516	0.784	0.392	0.391
量测估计值	0.244	2.374	0.645	0.979	0.491	0.488

表 3-22　　情形 3 下量测量、不良数据和量测估计值的对比

量测类型	P_7	P_8	P_9	Φ_1	Φ_{31}	Φ_{32}
正常量测	0.315	0.300	0.300	−0.605	−2.166	−0.633
不良量测	0.252	0.240	0.240	−0.484	−1.733	−0.506
量测估计值	0.314	0.301	0.299	−0.604	−2.167	−0.633

由表 3-20～表 3-22 可知，所给出的基于 SOCP 的电—热 IES-SE 模型对不良数据具有良好的抑制能力，显示了良好的抗差性。

2. 算例二：大型电—热 IES

算例二的具体信息[19]包括：①算例二内的 200 节点热力系统的参数选取来源于算例一内的 32 节点热力系统；②算例二内的 200 节点热力系统的热源节点（包括松弛节点）与 IEEE 1888 节点电力系统的 7 个 PV 节点通过 CHP 机组耦合，且在每个热源节点处均安装一个热泵。具体耦合信息见表 3-23；③算例二内的 200 热力系统的松弛节点处安装一循环泵。

表 3-23　　算例二中 CHP 机组耦合信息

节点编号	CHP 类型	电力系统节点	热力系统节点
1	燃气机	1630	195
2		1632	196
3		1638	197
4		1709	198
5	蒸汽机	1710	199
6		1711	200
7		1688	1（松弛节点）

算例二的量测配置见表 3 - 24。

表 3 - 24　　算例二量测配置信息

系统类别	量测配置
电力系统	各支路的首端有功功率、无功功率，各节点的有功功率、无功功率注入，各节点的电压幅值
热力系统	全量测［式（3 - 2）涉及的全部节点与支路的物理量］

（1）正常量测下的估计精度。本节选取 δ 作为分析指标，表示为[31]：

$$\delta = \frac{1}{n}\sum_{i=1}^{n} \left| \hat{x}_i - x_{i,\text{true}} \right| \tag{3 - 55}$$

式中：δ 为状态变量的平均偏差；n 为状态变量的个数。

对于电—热 IES，δ 共包含五类变量，包括 δ_u、δ_θ、δ_p、δ_{T_s} 和 δ_{T_r}，分别对应节点电压幅值、节点电压相角、节点压强头、节点供热温度与节点回热温度的平均偏差。在本节中，进行 1000 次蒙特卡洛实验，得到的平均误差 δ 的分布如图 3 - 12～图 3 - 16 所示。

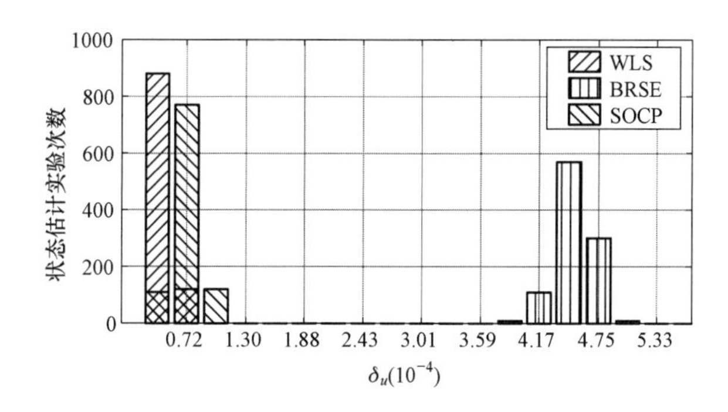

图 3 - 12　WLS、BRSE 与 SOCP 计算得到的节点电压幅值的平均估计偏差分布

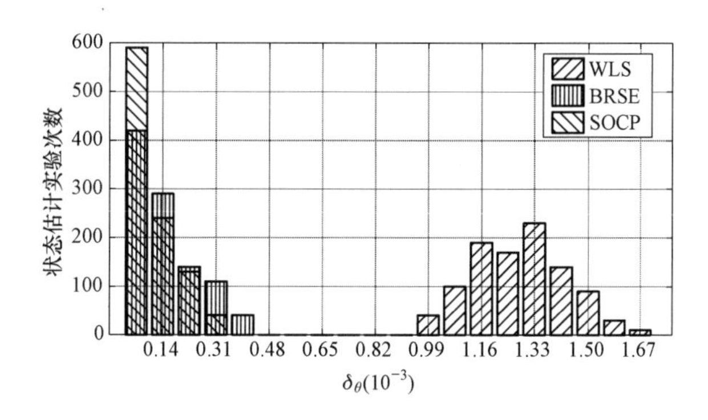

图 3 - 13　WLS、BRSE 与 SOCP 计算得到的节点电压相角的平均估计偏差分布

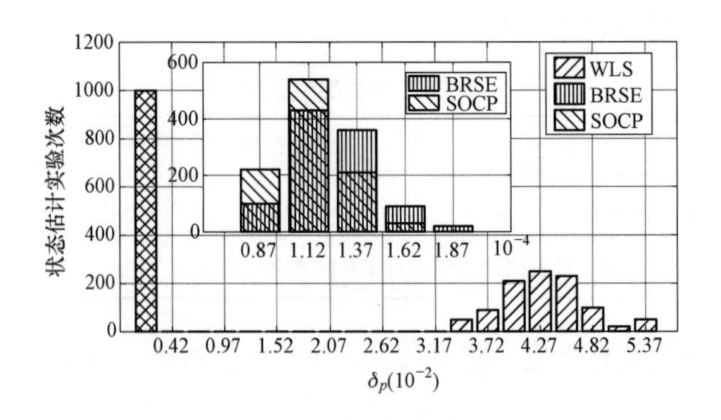

图3-14 WLS、BRSE与SOCP计算得到的节点压强头的平均估计偏差分布

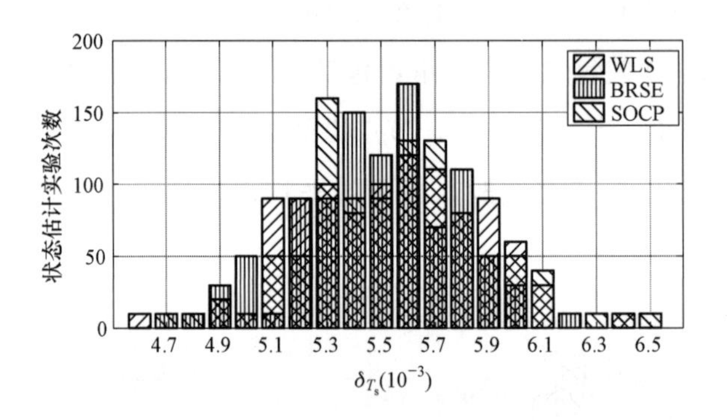

图 3-15 WLS、BRSE与SOCP计算得到的节点供热温度的平均估计偏差分布

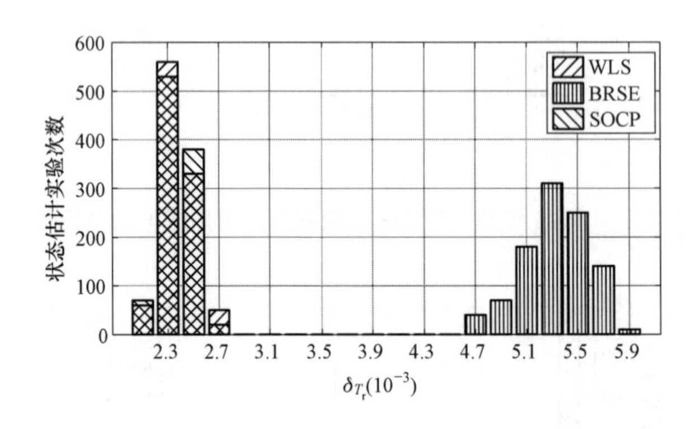

图 3-16 WLS、BRSE与SOCP计算得到的节点回热温度的平均估计偏差分布

图 3-12 给出了节点电压幅值的平均误差分布 δ_u。由图 3-12 可知，BRSE 得到的 δ_u 集中分布在 $3.72\times10^{-4}\sim5.10\times10^{-4}$；WLS 得到的 δ_u 集中分布在 $0.30\times10^{-4}\sim0.58\times10^{-4}$；SOCP 得到的 δ_u 集中分布在 $0.58\times10^{-4}\sim0.87\times10^{-4}$。因此，三者的估计精度排序为：WLS>SOCP>BRSE。

图 3-13 展示了节点电压相角的平均误差分布 δ_θ。由图 3-13 可知，WLS 得到的 δ_θ

的数值范围在 $0.90\times10^{-3}\sim1.70\times10^{-3}$；BRSE 得到的 δ_θ 的数值范围在 $0.10\times10^{-3}\sim0.43\times10^{-3}$；SOCP 得到的 δ_θ 的数值范围在 $0.10\times10^{-3}\sim0.35\times10^{-3}$。因此，三者的估计精度排序为：SOCP＞WLS＞BRSE。

对于 δ_p，由图 3－14 可知，由于与 p 相关的量测方程中含有根号项［式（3－14）］，WLS 计算得到的 δ_p 的数值范围分布远大于由 BRSE 和 SOCP 计算得到的。三者的估计精度排序为：SOCP＞BRSE≥WLS。

对于 δ_{T_s} 和 δ_{T_r}，由图 3－15 和图 3－16 可以看出：对于 $\boldsymbol{T}_s$，三者的估计精度接近；对于 $\boldsymbol{T}_r$，WLS 和 SOCP 的估计精度相似，且均优于 BRSE。

表 3－25 总结了 WLS、BRSE 和 SOCP 的估计精度对比。此外，三类状态估计模型的单次运算时间分别为：190s（WLS）、80s（SOCP）和 75s（BRSE）。由此可知，随着算例规模的增大，WLS 运算时形成的雅可比矩阵和增益矩阵的规模也在增大，导致其运算时间增长显著。而 SOCP 的运算时间显著小于 WLS，且与 BRSE 接近。综上所述，当综合考虑状态估计模型的估计精度与运算时间时，SOCP 的表现在三类 SE 模型中是最优的。

表 3－25　　WLS、BRSE 和 SOCP 的估计精度对比

状态变量		估计精度排序
电力系统	$\boldsymbol{U}$	WLS＞SOCP＞BRSE
	$\boldsymbol{\theta}$	SOCP＞BRSE＞WLS
热力系统	$\boldsymbol{p}$	SOCP＞BRSE≥WLS
	$\boldsymbol{T}_s$	SOCP≈WLS≈BRSE
	$\boldsymbol{T}_r$	SCOP≈WLS＞BRSE

（2）收敛性分析。以算例二内的电力系统为例，考虑当电力系统的负荷水平提高导致的静态电压失稳现象[32]，对提出的基于 SOCP 的 SE 模型的收敛性进行分析，并与 WLS 进行对比。

构造 10 组电力系统出现静态电压失稳的情形。首先，通过解耦式电—水—热潮流计算获得算例的潮流分布。计算发现，当负荷水平涨至原负荷水平的 150％以上时，整个潮流计算不收敛。因此，设置负荷水平由原负荷水平的 132％增加至 150％，增长间隔为 2％。在获得潮流分布的基础上，添加量测噪声构造量测量，并形成 10 组案例。在该 10 组案例下两种状态估计方法的计算结果如图 3－17 和图 3－18 所示。

由图 3－17 和图 3－18 可以看出，WLS 在前 4 组案例中成功收敛（即当负荷水平从

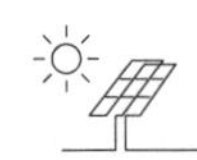

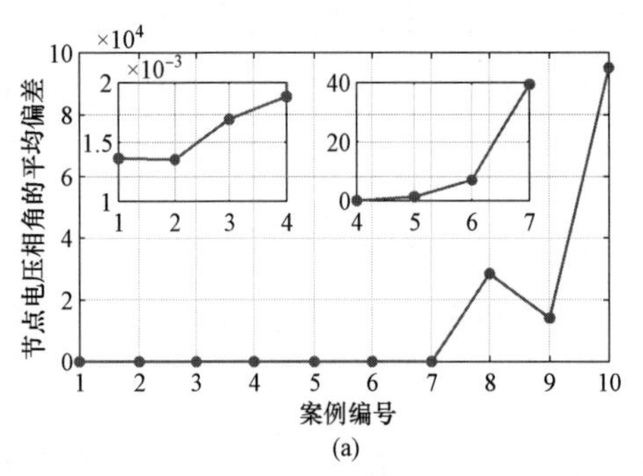

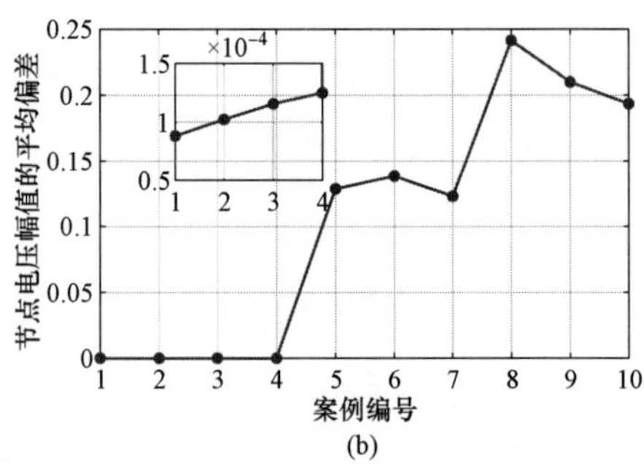

图 3-17　由 WLS 计算得到的节点电压幅值和相角的平均偏差

（a）节点电压相角的平均偏差；（b）节点电压幅值的平均偏差

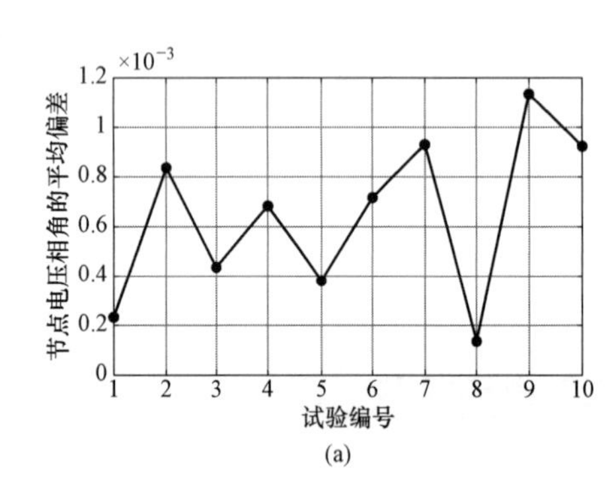

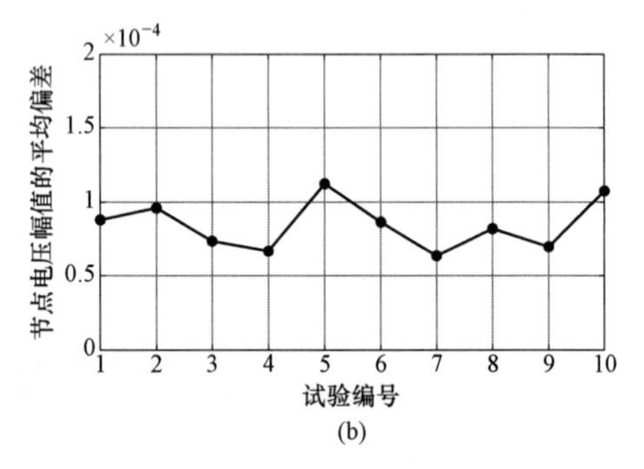

图 3-18　由 SOCP 计算得到的节点电压幅值和相角的平均偏差

（a）节点电压相角的平均偏差；（b）节点电压幅值的平均偏差

132％增加至 138％时），在后 6 组案例中收敛失败（即当负荷水平由 132％增加至 150％时）。而 SOCP 在上述 10 组案例中均收敛成功。这证明了所提 SOCP 状态估计模型能够确保获得全局最优解的特点。

（3）抗差性分析。本节对算例二中出现强相关性不良数据设置了三种情形，以进一步验证 SOCP 的抗差性，并与 WLS＋LNR 进行对比。三种情形下不良数据的具体设置及 SOCP 的估计结果见表 3-26。

表 3-26　　三种情形下的强相关性不良数据设置以及相应的 SOCP 估计值

测试情形	量测量类型	真实值（p. u.）	不良数据值（p. u.）	SOCP 估计值（p. u.）
情形 1	P_{640}	－0.0380	－0.0494	－0.0379
	$P_{534-640}$	0.0344	0.0447	0.0342
	$P_{299-640}$	0.0036	0.0047	0.0035

续表

测试情形	量测量类型	真实值（p. u.）	不良数据值（p. u.）	SOCP 估计值（p. u.）
情形 2	Q_{1412}	0	0.0111	10^{-5}
	$Q_{1413-332}$	0.0037	0.0222	0.0039
	$Q_{1413-369}$	−0.0037	−0.0111	−0.0039
情形 3	P_{315}	−0.0531	−0.1589	−0.0530
	$P_{593-315}$	0.0783	0.2350	0.0784
	P_{315-6}	0.0253	0.0758	0.0255

由表 3 - 26 可知，SOCP 的估计结果并未受到强相关性不良数据的影响，证明了其具有良好的抗差性。

对于 WLS+LNR，统计了前 5 次内 LNR 环节中标准化残差最大的量测量，见表 3 - 27。可以看出，在三种情形内，LNR 在前 2 次或 3 次的辨识中，均将正常量测数据错误地辨识为不良数据，进而证明了 WLS+LNR 无法有效辨识强相关性不良数据。

表 3 - 27　　三种情形下 WLS+LNR 对不良数据的辨识过程

测试情形		辨识过程				
		1	2	3	4	5
情形 1	量测量	P_{534}	$P_{535-1317}$	P_{535}	$P_{784-247}$	P_{784}
	$r_{i,\max}^{N}$	7.087	6.578	5.335	3.916	3.569
情形 2	量测量	Q_{332}	Q_{369}	$Q_{1425-330}$	$Q_{773-489}$	Q_{330}
	$r_{i,\max}^{N}$	10.585	6.420	6.357	4.922	3.704
情形 3	量测量	P_6	P_{592}	P_{1620}	$P_{1193-1620}$	P_{1707}
	$r_{i,\max}^{N}$	61.183	36.317	7.299	3.525	3.324

图 3 - 19 展示了在情形 1 下 WLS+LNR 的前 3 次辨识结果。可以看出，WLS+LNR 错误地将正常量测辨识为“不良数据”，这证明了 WLS+LNR 无法有效地辨识强相关性的不良数据。

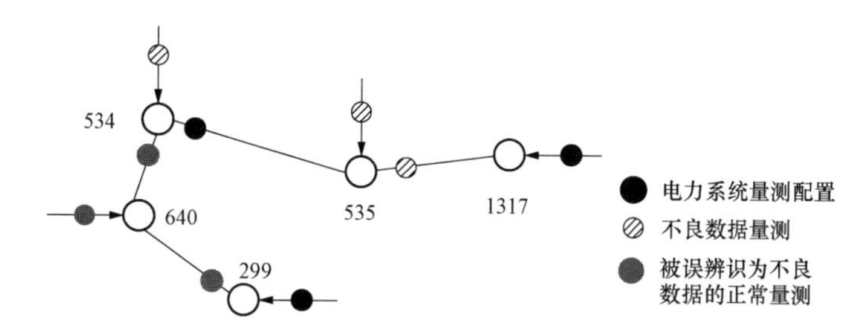

图 3 - 19　情形 1 下 WLS+LNR 的辨识过程

综上所述，本小节介绍了一种基于 SOCP 的电—热 IES 抗差状态估计模型。通过在

一个小型实际算例系统和一个大型算例系统上进行了仿真，得到以下结论：

（1）SOCP方法对于大型算例和小型算例均具有较高的估计精度。对于大型算例系统，随着系统整体非线性程度的提高，WLS对节点相角和节点压强头的估计精度显著下降（尤其是节点压强头）。而SOCP方法仍具有较高的估计精度。与BRSE相比，虽然两者的模型都是凸性的，但SOCP的估计精度要高于BRSE（随着系统规模的增大，这一点更加明显）。

（2）SOCP方法在理论上可以保证获得全局最优解。在电力系统发生静态电压失稳的情况下，即发电机端电压下降和负荷显著增加，SOCP保证了在所有实验情况下均能获得正确的全局最优解；对于WLS，在某些节点电压相角的真实值与初始估计值相差很大的情况下，WLS收敛于某个无实际物理意义的局部解中。

（3）对于一般性不良数据和强相关性不良数据，SOCP方法具有较好的抗差性，得到的估计值与真实值接近。而WLS+LNR不能有效地辨识强相关性不良数据。

（4）对于本章介绍的三种状态估计方法（WLS、BRSE和SCOP），BRSE的计算效率最高，SOCP次之，WLS的效率最低。此外，对于WLS，当使用LNR过程辨识多个强相关性不良数据时，其计算效率会进一步降低。

总之，基于SOCP的电—热IES-SE模型在估计精度、抗差性、全局最优性和计算效率方面都有较好的性能。

3.6 电—热综合能源系统双层抗差状态估计

面向电热IES的BRSE方法和SOCP方法均未考虑节点间温度的线性约束（同时由于直接采用支路质量流量与节点注入流量量测，因此也不具备考虑该约束的条件），这使得整个状态估计模型对于节点供热温度、节点回热温度处的量测冗余度较低，进而影响了这两类状态变量的估计精度。

本节介绍一种面向电—热IES的双层抗差状态估计方法（two-level robust state estimation，TL-RSE）[20]。该法具有以下特点：①TL-RSE包括两层，第一层的求解对象为电力系统与水力网络，构建了基于SOCP的估计模型，第二层的求解对象为热力网络，构建了基于线性WLAV的估计模型；②在TL-RSE的第一层，通过引入电力系统辅助变量间的二阶锥约束弥补了该层状态估计模型的量测冗余度损失。在TL-RSE的第二层中，将第一层状态估计得到的管道流量估计值作为伪量测应用于第二层状态估计，并考虑节点间存在的线性温度约束，从而等价地增加了热力网络部分的量测冗余

度，提高了热力网络部分的估计精度与抗差性。

3.6.1　基于二阶锥规划的第一层 RSE 模型

第一层状态估计的建模对象包括电力系统与水力网络，构建了 SOCP 来估计电力系统与水力网络的状态变量。

选择电力系统中辅助状态变量 $\boldsymbol{x}_{\mathrm{e}}^{a}=[V_i^a;\ R_{ij}^a;\ X_{ij}^a]$，其中，$R_{ij}^a=U_iU_j\cos\theta_{ij}$，$V_i^a=U_i^2$，$X_{ij}^a=U_iU_j\sin\theta_{ij}$，并选辅助量测量［如式（3-30）所示］，则线性化的量测方程表示为式（3-32）。对热力系统而言，令管道 i-j 的压强头损的平方根 $\sqrt{s_{ij}p_{ij}}$（$p_{ij}=p_i-p_j$）作为辅助量测量，$\boldsymbol{x}_{\mathrm{h}}^{a}=\boldsymbol{\alpha}^a$ 作为辅助状态变量，其中 $\alpha_{ij}^a=\sqrt{s_{ij}p_{ij}}$，则辅助量测量 $\boldsymbol{z}_{\mathrm{h}}^{a}$ 与线性化的量测方程表示为：

$$\boldsymbol{z}_{\mathrm{h}}^{a}=\left[m_{ij};m_{qi};\sqrt{s_{ij}p_{ij}}\right] \tag{3-56}$$

$$\begin{cases} m_{ij}=\dfrac{1}{\sqrt{K_{ij}}}\alpha_{ij}^a \\ m_{qi}=\displaystyle\sum_{j\in i}\dfrac{1}{\sqrt{K_{ij}}}\alpha_{ij}^a \\ \sqrt{s_{ij}p_{ij}}=\alpha_{ij}^a \end{cases} \tag{3-57}$$

通过3.5节的分析容易写出基于 SOCP 的第一层 RSE 模型，即：

$$\begin{aligned} &\min-\sum\lambda_{ij}R_{ij}+\boldsymbol{w}(\boldsymbol{u}+\boldsymbol{v}) \\ &\text{s.t.}\begin{cases} \boldsymbol{z}^a-\boldsymbol{H}^a\boldsymbol{x}^a=\boldsymbol{u}-\boldsymbol{v} \\ (R_{ij}^a)^2+(X_{ij}^a)^2\leqslant V_i^aV_j^a \\ \boldsymbol{u},\boldsymbol{v}\geqslant\boldsymbol{0} \end{cases} \end{aligned} \tag{3-58}$$

3.6.2　基于线性 WLAV 的第二层 RSE 模型建立

第二层状态估计的建模对象为热力网络，基于线性 WLAV 进行建模，在估计中，将第一层状态估计得到的支路流量估计值 m_{ij} 与节点注入流量估计值 m_{qi} 视作伪量测用于第二层的 SE。

1. 线性 WLAV 模型的建立

热力网络的量测方程本身为线性方程，其中，$\boldsymbol{x}_{\mathrm{t}}=[T_{si};\ T_{ri}]$，$\boldsymbol{z}_{\mathrm{t}}=[\phi_i;\ T_{si};\ T_{ri}]$。因此，可直接构建基于线性 WLAV 的 RSE 模型：

$$\min \quad \boldsymbol{w}_{\mathrm{t}}(\boldsymbol{u}_{\mathrm{t}}+\boldsymbol{v}_{\mathrm{t}})$$
$$\text{s. t.}\begin{cases}\boldsymbol{z}_{\mathrm{t}}-\boldsymbol{H}_{\mathrm{t}}\boldsymbol{x}_{\mathrm{t}}=\boldsymbol{u}_{\mathrm{t}}-\boldsymbol{v}_{\mathrm{t}}\\ \boldsymbol{u}_{\mathrm{t}},\boldsymbol{v}_{\mathrm{t}}\geqslant \boldsymbol{0}\end{cases} \tag{3-59}$$

式中：$\boldsymbol{w}_{\mathrm{t}}$ 为热力网络量测量权重矩阵；$\boldsymbol{u}_{\mathrm{t}}$、$\boldsymbol{v}_{\mathrm{t}}$ 均为非负变量；$\boldsymbol{H}_{\mathrm{t}}$ 为常系数矩阵，其具体结构为：

$$\boldsymbol{H}_{\mathrm{t}}=\begin{bmatrix}\boldsymbol{C}_{\mathrm{p}}\boldsymbol{m}_{q} & -\boldsymbol{C}_{\mathrm{p}}\boldsymbol{m}_{q}\\ \boldsymbol{1} & \boldsymbol{0}\\ \boldsymbol{0} & \boldsymbol{1}\end{bmatrix} \tag{3-60}$$

式中：$\boldsymbol{m}_{q}$ 为节点注入水流量向量。

2. 节点温度约束的添加

热力网络本身的量测冗余度较低（约为 1.5）。因此，当量测中产生不良数据时，热力网络的状态估计结果易受到较大影响。由第 3.1 节分析可知，节点的温度间存在着等式约束［式（3-30）、式（3-31）］。将第一层状态估计得到的量测量估计值 m_{ij} 与 m_{qi} 视作伪量测，得到相应的线性等式约束，并添加至式（3-60）中，得到：

$$\min \quad \boldsymbol{w}_{\mathrm{t}}(\boldsymbol{u}_{\mathrm{t}}+\boldsymbol{v}_{\mathrm{t}})$$
$$\text{s. t.}\begin{cases}\boldsymbol{z}_{\mathrm{t}}-\boldsymbol{H}_{\mathrm{t}}\boldsymbol{x}_{\mathrm{t}}=\boldsymbol{u}_{\mathrm{t}}-\boldsymbol{v}_{\mathrm{t}}\\ T_{\mathrm{end}}=(T_{\mathrm{start}}-T_{\mathrm{a}})\mathrm{e}^{(-\lambda L/C_{\mathrm{p}}m_{q})}+T_{\mathrm{a}}\\ \left(\sum m_{\mathrm{out}}\right)T_{\mathrm{out}}=\sum(m_{\mathrm{in}}T_{\mathrm{in}})\\ \boldsymbol{u}_{\mathrm{t}},\boldsymbol{v}_{\mathrm{t}}\geqslant \boldsymbol{0}\end{cases} \tag{3-61}$$

至此，基于线性 WLAV 的热力网络的 RSE 模型建立完成。

3.6.3 双层电—热综合能源系统抗差状态估计求解流程

1. 求解第一层模型

第一层的 RSE 模型式（3-58）属于线性 SOCP 模型，本小节采用优化软件 MOSEK 求解。包括以下步骤：

（1）求解式（3-58），得到电力系统中的辅助变量 R_{ij}^{a}、X_{ij}^{a}、V_{i}^{a} 和水力网络中的辅助变量 α_{ij}^{a} 的估计值。

（2）非线性变换。对于水力网络，其管道压强头损 p_{ij} 与辅助变量 α_{ij}^{a} 的关系为：

$$p_{ij}=s_{ij}(\alpha_{ij}^{a})^{2} \tag{3-62}$$

对于电力系统，其支路的相角差 θ_{ij}、状态变量 U_{i} 与辅助变量 R_{ij}^{a}、X_{ij}^{a}、V_{i}^{a} 存在如

下关系：

$$\begin{cases} U_i = \sqrt{V_i^a} \\ \theta_{ij} = \begin{cases} [\arccos(R_{ij}/U_iU_j) + \arcsin(X_{ij}/U_iU_j)]/2 \\ \qquad [\text{if } \arcsin(X_{ij}/U_iU_j) > 0] \\ [-\arccos(R_{ij}/U_iU_j) + \arcsin(X_{ij}/U_iU_j)]/2 \\ \qquad [\text{if } \arcsin(X_{ij}/U_iU_j) < 0] \end{cases} \end{cases} \tag{3-63}$$

因此，通过式（3-62）、式（3-63）进行非线性变化，可得到 p_{ij}、θ_{ij} 和 U_i 估计值。

（3）线性变换。对于电力系统与水力网络，支路相角差 θ_{ij}、管道压强头损 p_{ij} 与状态变量 θ_i、p_i 的关系分别为：

$$\begin{cases} \boldsymbol{\theta} = \boldsymbol{A}_{\mathrm{e}}^{-1}\boldsymbol{\theta}_{\mathrm{b}} \\ \boldsymbol{p} = \boldsymbol{A}_{\mathrm{h}}^{-1}\boldsymbol{p}_{\mathrm{b}} \end{cases} \tag{3-64}$$

式中：$\boldsymbol{A}_{\mathrm{e}}$、$\boldsymbol{A}_{\mathrm{h}}$ 分别为电力系统与水力网络中的降阶的节—支关联矩阵（不包含松弛节点）；$\boldsymbol{\theta}_{\mathrm{b}}$、$\boldsymbol{p}_{\mathrm{b}}$ 分别为电力系统节点支路相角差向量与水力网络支路压强头损向量。

因此，在第一层状态估计中，通过求解式（3-58），进行一次非线性变换与一次线性变换，可以求得电力系统与水力网络的状态变量的估计值。此外，根据求得的 p_i 的估计值，可以求出管道流量 m_{ij} 与节点注入流量 m_{qi} 的估计值 $\widetilde{m}_{ij}$ 与 $\widetilde{m}_{qi}$，两者将作为第二层状态估计时的伪量测量进行应用。

2. 求解第二层模型

第二层的 RSE 模型式（3-61）属于线性规划模型。采用 CPLEX 进行求解，可直接求得热力网络中节点供热温度与节点回热温度的估计值。

3. 求解流程图

面向 IEHS 的双层抗差状态估计模型实质上是将热网中的水力网络与热力网络分开，首先进行电力系统与水力网络的状态估计，从而得到管道流量与节点注入流量的量测估计值，将其作为伪量测量，用于第二层的热力网络的状态估计。具体求解流程如图 3-20 所示。

4. 双层抗差状态估计模型的优点

（1）弥补电力系统量测冗余度的损失。与 3.5 节所提方法相同，双层抗差状态估计模型可以有效弥补量测冗余度的损失，进而提高状态估计精度。

（2）增加了热力网络的量测冗余度。在进行热力网络量测模型建立时，3.4 节、3.5 节的方法仅考虑了节点热功率量测、节点供热温度量测与节点回热温度量测，这导致热

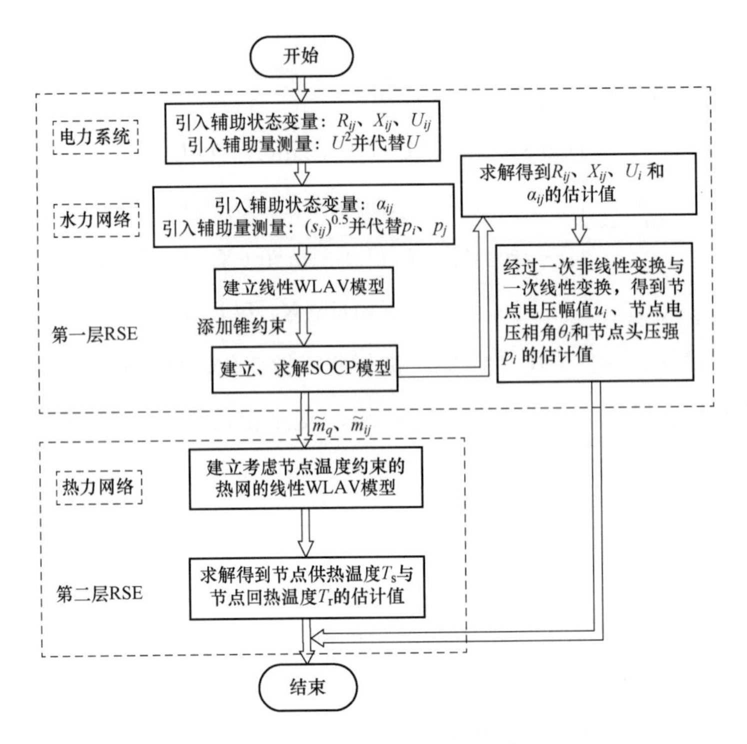

图 3-20　面向 IEHS 的双层抗差状态估计模型求解流程

力网络部分量测冗余度偏低。本节考虑了节点温度间存在的约束关系，等价地增加了热力网络部分的量测冗余度。同时，在构建节点温度间的约束时，没有直接采用管道流量m_{ij}与节点注入流量m_{qi}的生量测数据，而是通过第一层状态估计，求得更为可信的量测估计值$\widetilde{m}_{ij}$与$\widetilde{m}_{qi}$，使得约束条件更为准确。

（3）无须给定初值且具有良好的抗差性。文献［16］采用基于 WLS 的状态估计方法对 IEHS 进行求解。通常，WLS 是利用牛顿法对非线性量测方程进行迭代求解。因此，WLS 需要给定状态变量的初值，且初值与真实值需要足够接近。在水力网络中，由式（3-14）可知，由于平方根项$\sqrt{s_{ij}(p_i-p_j)}$的存在，使得对于状态变量p_i的初值选择较为困难。由于式（3-61）为线性模型，因此双层状态估计无须考虑状态变量的初值。此外，双层状态估计模型都是基于 WLAV 建立，因此对于不良数据具有良好的辨识能力。

3.6.4　算例分析

本节采用修改后的 IEEE14 节点电力系统与巴厘岛 32 节点热力系统[21]耦合的电—热综合能源系统作为仿真对象。程序平台采用 MATLAB2017b，其中第一层 SOCP 的

RSE 模型采用 MOSEK 求解，第二层 L - WLAV 的 RSE 模型采用 CPLEX 求解。CPU 为 Intel (R) Core (TM) i7 - 7700 HQ，主频为 2.81 GHz，内存为 8GB。

1. 算例说明

本小节采用的电—热综合能源系统采用孤岛运行方式。其中，修改后的 IEEE14 节点电力系统中的松弛节点 1 与巴厘岛 32 节点热力系统（如图 3 - 21 所示）中的热源节点 31 通过一台燃气轮机相联系，比例系数 $c_{m1}=1.3$；电力系统中的 PV 节点 6 与热力系统中的松弛节点 1 通过一台汽轮机相联系，其中 $Z=8.1$，$P_{con}=0.2$p.u；电力系统中的 PV 节点 2 与热力系统中的热源节点 32 通过一台内燃机相联系，比例系数 $c_{m2}=1.266$。热力系统的具体参数参考文献［16］。

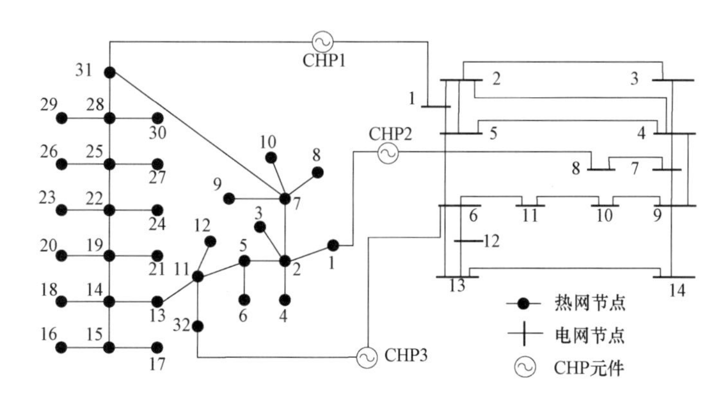

图 3 - 21 IEHS 系统拓扑结构图

2. 正常量测下的测试分析

IEHS 正常情况下的量测值由在潮流真值的基础上添加高斯噪声构成，电力系统与热力系统的量测噪声标准差均设置为 10^{-3}，其中，IEHS 的潮流真值采用文献［21］中的解耦式电—热耦合系统潮流计算法求得。在本节中，提出的双层抗差状态估计方法与传统非线性 WLS[16] 以及 3.4 节提出的 BRSE 方法进行了对比分析。

本节选取式（3 - 54）作为状态估计性能分析的指标。电力系统的状态变量的估计误差平均值如图 3 - 22 所示，热力系统的状态变量的估计误差平均值如图 3 - 23 所示。

由图 3 - 22 和图 3 - 23 可以得出：

（1）对于电力系统，WLS 得到的各状态变量的估计误差的平均值是最小的，而 TL - RSE 的估计结果要优于 BRSE；

（2）对于热力系统，WLS 得到的节点压强头 p_i 的估计误差平均值是三者中较小的；而 TL - RSE 得到的节点供热温度 $\boldsymbol{T}_s$ 与节点回热温度 $\boldsymbol{T}_r$ 的估计误差的平均值要明显小于 WLS 与 BRSE。

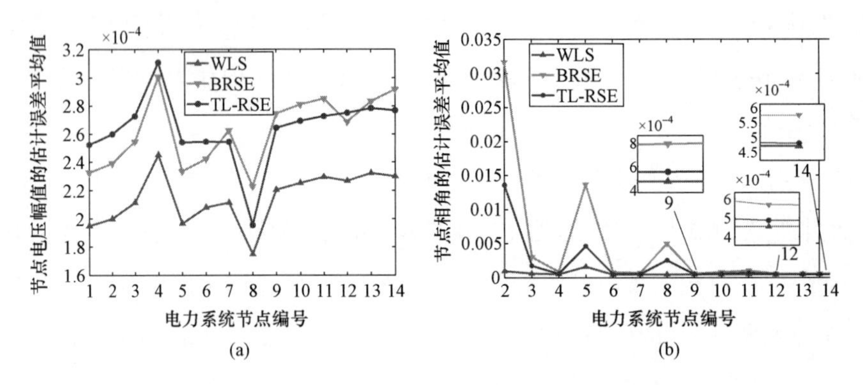

图 3-22　电力系统的状态变量的估计误差平均值

(a) 节点电压估计误差；(b) 节点相角估计误差

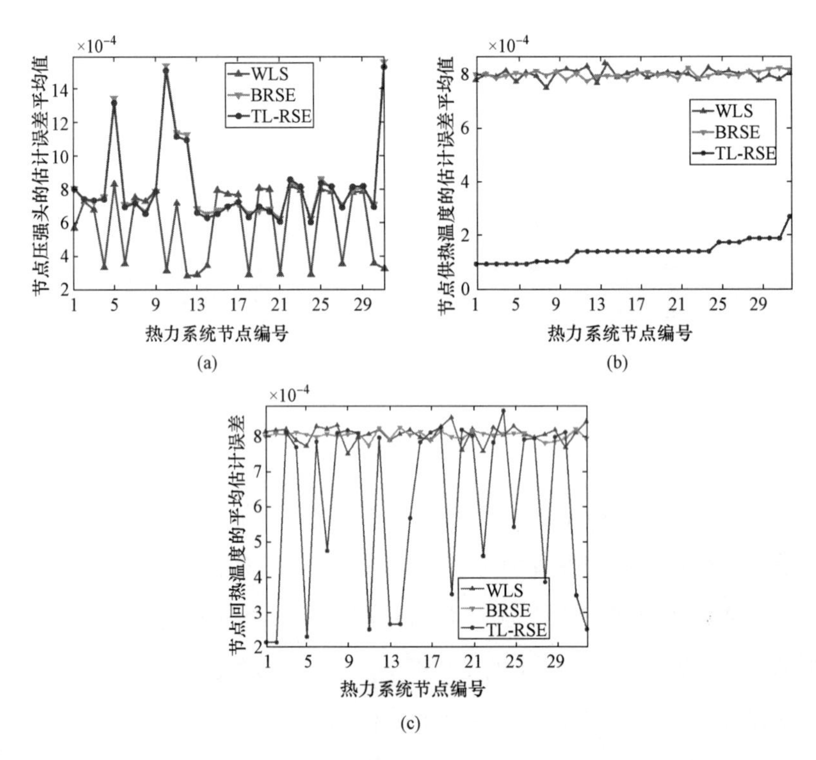

图 3-23　热力系统的状态变量的估计误差平均值

(a) 节点压强头误差；(b) 节点供热温度误差；(c) 节点回热温度误差

三种状态估计方法得到的状态变量的最大估计误差见表 3-28，性能分析指标见表 3-29。从表 3-28 可以看出，在电力系统中，WLS 得到的最大估计误差是三种方法中最小的，而 TL-RSE 的估计精度要优于 BRSE；在热力系统中，WLS 得到的状态变量 p_i 的最大估计误差最小，TL-RSE 得到的状态变量 $\boldsymbol{T}_s$ 与 $\boldsymbol{T}_r$ 的最大误差最小，其中 $\boldsymbol{T}_s$ 的最

大误差得到了明显的降低。

表 3-28　　三种状态估计方法得到的状态变量的最大估计误差

算法	状态变量的最大估计误差				
	电力系统状态变量		热力系统状态变量		
	$\boldsymbol{U}$(p. u.)	$\boldsymbol{\theta}$(rad)	$\boldsymbol{p}$(m)	$\boldsymbol{T}_s$(℃)	$\boldsymbol{T}_r$(℃)
WLS	3.26×10^{-4}	1.91×10^{-3}	2.07×10^{-3}	2.35×10^{-3}	2.34×10^{-3}
BRSE	3.73×10^{-4}	3.66×10^{-2}	2.47×10^{-3}	2.34×10^{-3}	2.35×10^{-3}
TL-RSE	3.67×10^{-4}	1.72×10^{-2}	2.46×10^{-3}	4.40×10^{-4}	2.13×10^{-3}

由表 3-29 可以看出，TL-RSE 的估计误差统计值 S_H 明显小于 WLS 与 BRSE，从而得到的 λ 有了明显降低，这意味着 TL-RSE 的滤波效果优于 WLS 与 BRSE。

表 3-29　　三种状态估计方法得到的性能分析指标的结果

算法	S_M	S_H	λ
WLS	25.273	25.234	0.998
BRSE	25.143	25.127	0.999
TL-RSE	25.162	9.614	0.382

综上可知，在正常量测下：①对于电力系统，TL-RSE 的估计精度高于 BRSE，与前文的理论分析相吻合；②对于热力系统，由于考虑了节点温度间的物理约束，TL-RSE 对于节点供热温度与节点回热温度的估计精度要明显优于 WLS 与 BRSE。

3. 抗差性分析测试

(1) 一般性不良数据的抗差性测试。对于电力系统，10 个不良数据的设置与三种状态估计方法的测试结果见表 3-30，其中（P_{10}，P_{10-11}）与（P_{14}，P_{13-14}）属于第二类一般性不良数据。

由表 3-30 的计算结果可知，三种方法均得到了与真实值相近的量测估计值。进而，将三种方法得到的 10 个不良数据的估计值结果进行对比，并进行估计精度的从高到低的排序。对比发现：TL-RSE 的估计精度位于第一的出现次数为 7，估计精度位于第二的出现次数为 2，估计精度位于第三的出现次数为 1；WLS 的估计精度位于第一的出现次数为 4，估计精度位于第二的出现次数为 3，估计精度位于第三的出现此处为 3；BRSE 的估计精度位于第一的出现次数为 2，估计精度位于第二的出现次数为 4，估计精度位于第三的出现次数为 4。因此，对于上述设置的不良数据，TL-RSE 在三种方法中的抗差性最优。

表 3-30　　电力系统中三种状态估计方法的抗差性测试结果

量测量	U_5	U_7	U_{13}	P_{10}	Q_9	P_{14}	P_{3-4}	Q_{7-8}	P_{10-11}	P_{13-14}
真实值	1.0584	0.9907	0.9625	−0.0900	−0.1660	−0.1490	−1.3880	0.5582	−0.0351	0.2067
量测值	1.0556	0.9875	0.9661	−0.0899	−0.1653	−0.1490	−1.3888	0.5579	−0.0352	0.2071
不良值	1.2701	0.7926	1.1549	−0.0764	−0.1405	−0.1714	−1.6665	0.4742	−0.0422	0.1553
WLS+LNR	1.0590	0.9913	0.9629	−0.0900	−0.1662	−0.1486	−1.3890	0.5587	−0.0352	0.2072
BRSE	1.0589	0.9907	0.9627	−0.0863	−0.1557	−0.1496	−1.3893	0.5531	−0.0352	0.2061
TL-RSE	1.0589	0.9912	0.9626	−0.0863	−0.1552	−0.1489	−1.3890	0.5579	−0.0352	0.2067

表 3-31 给出了 WLS+LNR 对于电力系统中一般性不良数据的辨识过程。在表 3-31 中，z_{ide}代表每次辨识得到的标准化残差 $r_{N,max}$最大的量测量，在下一次 WLS 之前将其剔除。由表 3-31 可以看出：WLS+LNR 成功地通过前 10 次辨识将设置的 10 个一般性不良数据辨识。

表 3-31　　WLS+LNR 对于电力系统中一般性不良数据的辨识过程

辨识过程	z_{ide}	$r_{N,max}$	辨识过程	z_{ide}	$r_{N,max}$
1	P_{3-4}	224.60	6	P_{13-14}	39.41
2	U_7	214.34	7	Q_9	17.50
3	U_5	190.83	8	P_{14}	15.86
4	U_{13}	178.23	9	P_{10}	8.51
5	Q_{7-8}	73.53	10	P_{10-11}	5.74

对于热力系统，15 个不良数据的设置与三种状态估计方法的测试结果见表 3-32，其中（m_{q3}，Φ_3）与（m_{q18}，Φ_{18}）属于第二类一般性不良数据，表中的阴影部分表示与真实值相差较大的估计值。表 3-33 描述了 WLS+LNR 对于热力系统中一般性不良数据的辨识过程，表中的阴影部分代表错误辨识的量测量。

结合表 3-32 和表 3-33 可知：

1）对于 WLS+LNR，在前 14 次辨识中，WLS+LNR 在第 6 次、第 13 次与第 14 次时发生了辨识错误，将 Φ_1、T_{r3}与 Φ_{21}当作不良数据进行了剔除。进而，WLS+LNR 得到的不良数据 p_{13}、p_{31}、Φ_3、T_{r1}和 T_{r2}的量测估计值与其真实值产生了较大偏差。

2）对于 BRSE，其得到的不良数据 T_{s6}、T_{s12}、T_{r1}和 T_{r2}的量测估计值与其真实值产生了较大偏差。这证明由于热力部分本身的量测冗余度较低，当热力部分出现不良数据量测时，BRSE 的抗差性将会受到影响。

3）对于上述设置的 15 个热力系统中的一般性不良数据，TL-RSE 均得到了与真实值接近的量测估计值，证明了该方法的抗差性在三者中是最优的。

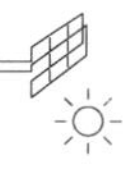

表 3-32　热力系统中三种状态估计方法的抗差性测试结果

量测量	p_2	p_{13}	p_{31}	m_{2-5}	m_{28-25}	m_{31-7}	m_{q3}	m_{q18}	m_{q26}	Φ_3	Φ_{18}	T_{s6}	T_{s12}	T_{r1}	T_{r2}
真实值	−1.579	−6.534	−3.163	7.474	0.898	0.261	0.643	0.487	0.650	0.107	0.080	69.779	69.660	29.872	29.896
量测值	−1.580	−6.539	−3.166	7.480	0.898	0.261	0.641	0.487	0.650	0.107	0.081	69.727	69.682	29.840	29.895
不良值	−1.896	−5.231	−3.641	5.984	1.078	0.209	0.481	0.609	0.520	0.133	0.064	82.277	57.139	34.317	25.411
WLS+LNR	−1.578	−4.193	−5.481	7.473	0.898	0.266	0.642	0.488	0.651	0.133	0.081	69.757	69.516	34.317	25.411
BRSE	−1.581	−6.530	−3.153	7.479	0.898	0.262	0.644	0.487	0.650	0.101	0.081	82.277	57.139	34.317	25.411
TL-RSE	−1.581	−6.530	−3.153	7.479	0.898	0.262	0.644	0.487	0.650	0.107	0.080	69.771	69.655	29.870	29.910

表 3-33　　WLS+LNR 对于热力系统中一般性不良数据的辨识过程

辨识过程	$z_{ide.}$	$r_{N,max}$	辨识过程	$z_{ide.}$	$r_{N,max}$
1	m_{2-5}	1108.75	8	m_{q26}	129.92
2	p_{13}	807.08	9	m_{q18}	121.32
3	p_{31}	720.62	10	m_{31-7}	44.39
4	p_{2}	286.57	11	T_{s6}	33.65
5	m_{28-25}	176.71	12	T_{s12}	33.53
6	Φ_{1}	168.73	13	T_{r3}	26.92
7	m_{q3}	155.70	14	Φ_{21}	16.28

注　阴影部分表示错误辨识的量测量。

（2）强相关性一致不良数据的抗差性测试。本节中将电力系统中的量测量 P_1、P_{12} 与 P_{15} 设置为不良数据，同时将量测量 P_{21} 与 P_{51} 略去。不良数据的设置及三种状态估计方法的估计结果见表 3-34，WLS+LNR 对于强相关性一致不良数据的辨识过程见表 3-35。

表 3-34　　不良数据的设置及三种状态估计方法得到的估计结果

量测量	P_1	P_{12}	P_{15}
真实值	−0.3162	−0.2399	−0.0763
量测值	−0.3165	−0.2398	−0.0763
不良值	0.2290	0.2290	0.2290
WLS+LNR	−0.2291	−0.2290	-1.930×10^{-4}
BRSE	−0.3154	−0.2392	−0.0761
TL-RSE	−0.3162	−0.2399	−0.0763

表 3-35　　WLS+LNR 对于强相关性一致不良数据的辨识过程

辨识过程	1	2	3	4	5
z_{ide}	P_2	P_{15}	P_5	Q_{12}	U_5
$r_{N,max}$	310.411	216.619	44.073	8.923	4.397

由表 3-34 和表 3-35 可知：①WLS+LNR 在前 5 次的辨识中，仅在第 2 次辨识时将不良数据 P_{15} 辨识，其余辨识均发生了错误。相应地，对于 3 个强相关性的不良数据，WLS+LNR 得到的估计值与真实值相差很大。这证明 WLS+LNR 无法辨识强相关性的不良数据。②对于强相关性不良数据，BRSE 与 TL-RSE 均具有良好的抗差能力；而 TL-RSE 得到的不良数据估计值的估计精度更接近于相应的真实值。

参考文献

[1] 彭克，张聪，徐丙垠，等．多能协同综合能源系统示范工程现状与展望［J］．电力自动化设备，

2017，37（06）：3-10.

[2] 徐宪东，贾宏杰，靳小龙，等．区域综合能源系统电/气/热混合潮流算法研究［J］．中国电机工程学报，2015，35（14）：3634-3642.

[3] 程林，张靖，黄仁乐，等．基于多能互补的综合能源系统多场景规划案例分析［J］．电力自动化设备，2017，37（06）：282-287.

[4] 王英瑞，曾博，郭经，等．电—热—气综合能源系统多能流计算方法［J］．电网技术，2016，40（10）：2942-2951.

[5] 白牧可，王越，唐巍，等．基于区间线性规划的区域综合能源系统日前优化调度［J］．电网技术，2017，41（12）：3963-3970.

[6] 刘述欣，戴赛，胡林献，等．电热联合系统最优潮流研究［J］．电网技术，2018，42（01）：285-290.

[7] 解大，陈爱康，顾承红，等．并网式热电联供系统的时域建模与动态仿真［J］．中国电机工程学报，2018，38（13）：3735-3747，4015.

[8] 吴雄，王秀丽，别朝红，等．含热电联供系统的微网经济运行［J］．电力自动化设备，2013，33（08）：1-6.

[9] 王伟亮，王丹，贾宏杰，等．能源互联网背景下的典型区域综合能源系统稳态分析研究综述［J］．中国电机工程学报，2016，36（12）：3292-3306.

[10] 顾伟，陆帅，王珺，等．多区域综合能源系统热网建模及系统运行优化［J］．中国电机工程学报，2017，37（05）：1305-1316.

[11] Liu X. Combined analysis of electricity and heat networks［D］. Cardiff：Cardiff University，2014.

[12] 王文学，胡伟，孙国强，等．电—热互联综合能源系统区间潮流计算方法［J］．电网技术，2019，43（01）：83-95.

[13] 陈艳波，于尔铿．电力系统状态估计［M］．北京：科学出版社，2021.

[14] Abur A，Exposito A G. Power system state estimation：theory and implementation［M］. New York：Marel Dekker，2004.

[15] Fang T，Lahdelma R. State estimation of district heating network based on customer measurements［J］. Applied Thermal Engineering，2014，73（1）：1211-1221.

[16] 董今妮，孙宏斌，郭庆来，等．热电联合网络状态估计［J］．电网技术，2016，40（06）：1635-1641.

[17] 陈艳波，姚远，杨晓楠，等．面向电—热综合能源系统的双线性抗差状态估计方法［J］．电力自动化设备，2019，39（08）：47-54.

[18] 姚远．综合能源系统集中式状态估计若干问题研究［D］．北京：华北电力大学，2021.

[19] Chen Y，Yao Y，Zhang Y. A robust state estimation method based on SOCP for integrated electricity-heat system［J］. IEEE Trans on Smart Grid，2021，12（1）：810-820.

[20] 陈艳波，姚远，高瑜珑，等．面向电—热综合能源系统的双层抗差状态估计方法［J］．高电压技

术，2021，online.

[21] Liu X. Combined analysis of electricity and heat networks [D] . Cardiff University，2013.

[22] Clamond D. Efficient resolution of the colebrook equation [J] . Industrial & engineering chemistry research，2009，48 (7)：3665 - 3671.

[23] 陈艳波 . 基于统计学习理论的电力系统状态估计研究 [D] . 北京：清华大学，2013.

[24] 陈艳波，马进 . 一种双线性抗差状态估计方法 [J] . 电力系统自动化，2015 (6)：41 - 47.

[25] Jabr R. Radial distribution load flow using conic programming [J] . IEEE Transactions on Power System，2006，21 (3)：1458 - 1459.

[26] Yang L，Xu Y，Sun H，et al. Two - stage convexification - based optimal electricity - gas flow [J]. IEEE Transactions on Smart Grid，2020，11 (2)：1465 - 1475.

[27] Yang L，Xu Y，Sun H. A dynamic linearization and convex relaxation - based approach for a natural gas optimal operation problem [J] . IEEE Transactions on Smart Grid，2020，11 (2)：1802 - 1804.

[28] Jiang Y，Wan C，Botterud A，et al. Convex relaxation of combined heat and power dispatch [J]. IEEE Transactions on Power Systems，2021，36 (2)：1442 - 1458.

[29] Farivar M，Low S. Branch Flow Model：Relaxations and Convexification - Part I [J] . IEEE Transactions on Power Systems，2013，28 (3)：2554 - 2564.

[30] J. Lofberg. YALMIP：a toolbox for modeling and optimization in MATLAB [C] . 2004 IEEE International Conference on Robotics and Automation. Taipei，Taiwan，2004：284 - 289.

[31] Dobakhshari A，Azizi S，Paolone M，et al. Ultra Fast Linear State Estimation Utilizing SCADA Measurements [J] . IEEE Transactions on Power Systems，2019，34 (4)：2622 - 2631.

[32] Ajjarapu V，Christy C. The continuation power flow：a tool for steady state voltage stability analysis [J] . IEEE Transactions on Power System，1992，7 (1)：416 - 423.

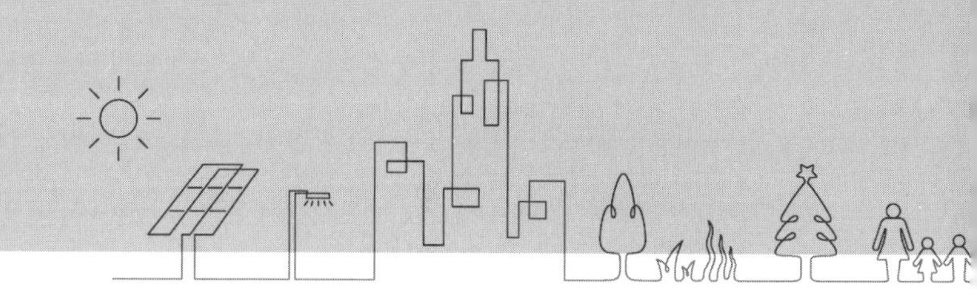

第4章　电—气综合能源系统动态状态估计

4.1　概述

第2章和第3章介绍的综合能源系统静态状态估计方法可为研究稳态下的综合能源系统的运行状态提供可信数据。然而组成IES的各子系统时间尺度不同（见图1-2）[1-4]，即各个子系统由某一运行状态到另一运行状态所需的时间不同，因而各个子系统具有不同的动态过程。电力系统的时间常数最小，变化速度最快，其运行时间尺度通常为毫秒级至分钟级[3]；热力系统的时间常数最大，变化速度最慢，其运行时间尺度通常为秒级至小时级；天然气系统的时间常数和变化速度居中，其运行时间尺度通常为秒级至分钟级。考虑到当今在国内外广为应用的电力系统静态状态估计只负责监视电力系统的稳定状态，因此IES-SE在时间尺度上宜与电力系统静态状态估计保持一致。在秒这个时间尺度上，可认为电力系统已经处于稳态，可用代数模型描述电力系统；而此时天然气系统和热力系统还处于动态变化过程中，为了适应天然气系统和热力系统的动态变化特性，宜用微分代数模型来描述天然气系统和热力系统。因此，IES-SE模型适宜建模为动态模型，它在数学上是一个含有不同时间尺度的微分代数模型[4,5]。

研究表明，描述天然气系统与热力系统动态特性的方程为一组偏微分方程（partial differential equation，PDE）[6-9]，直接处理求解较为困难。目前常用的处理方法主要包括以下三种：

（1）有限差分法或有限元法。Yang Jingwei等采用Euler有限差分法[10]，将描述天然气系统动态特性的偏微分方程转化为相应的代数方程组，得到描述天然气系统动态特性的标准化矩阵，进而提出一种两阶段电—气IES鲁棒调度模型，但这种基于Euler有限差分法的模型精度仍有待提高。为此，Liu Weijia[3]与Fang Jiakun[11]采用精度更高的Lax-Wendroff有限差分法处理偏微分方程组，以解决电—气IES中的最优潮流问题。上述研究均针对电—气IES开展，未涉及热力系统。对于热力系统，Manson等[12]与Idelsohn等[13]提出了“元件法”（element method），将管—道的横截面积分为三部分，通过“互感”表示三者之间的关系，并得到描述管道动态特性的偏微分方程。此外，

Benonysson 等[14]提出了另一种方法，即“节点法”（node method）。与直接处理偏微分方程不同，节点法对热力管道进行质块划分，通过对流出管道的水流质块的温度求平均值来模拟热力的动态过程。

（2）拉普拉斯变换。对于天然气系统，Reddy 等通过拉普拉斯变换将偏微分方程组转化为一组常微分方程[15]，则天然气管道中任意两个位置的压强与质量流量的关系可以在拉普拉斯域中求得。对于热力系统，Yang Jingwei 等提出一种拟电力系统支路模型的拉普拉斯域的热力系统支路模型[7]，以描述热力系统的动态特性，在统一框架下显式地考虑热损失和传输延迟。

（3）统一能路理论基于电路理论中“场”到“路”的推演方法论，陈彬彬、孙宏斌等推导了气路、热路与水路的分布参数时域模型，并利用傅里叶变换将时域模型映射至频域，实现了偏微分方程到代数方程的简化，进而实现了综合能源系统的统一能路理论建模[16,17]。

目前，国内外已有的综合能源系统动态状态估计研究仍较为有限。Zhang Tong 等[18]与 Sheng Tongtian 等[19]采用节点法描述热力系统的动态特性（时延与热损），并分别提出了分布式电热 IES 动态状态估计方法与混合式电热 IES 动态状态估计方法。其中，Sheng Tongtian 等[19]进一步考虑了电力系统与热力系统量测数据采样频率不一致的问题。董雷等[20]采用离散化的天然气管道方程来描述其动态特性，并建立了多时间断面的电气 IES 动态状态估计模型。上述动态状态估计方法[18-20]虽然考虑了天然气系统和热力系统的动态特性，但是在建模时仍采用传统的 WLS 方法，不能准确地追踪和预测系统的动态变化。此外，尹冠雄等[21]基于文献［16，17］中的统一多能路理论将时域下的偏微分方程用频域下的线性代数方程表示，建立了天然气网络的动态状态估计模型。

卡尔曼滤波（Kalman filter，KF）作为一种递推式数字滤波方法，能够对实时运行系统的状态进行估计与预测，被广泛应用于导弹、潜艇的追踪与控制等[22-24]。在电力系统中，Debs 等[25]基于扩展卡尔曼滤波（extend Kalman filter，EKF）提出一种动态状态估计方法以追踪电力系统的实时运行状态。为避免 EKF 中对于非线性方程的线性化带来的误差，Valverde 等提出了基于无迹卡尔曼滤波（unscented Kalman filter，UKF）的电力系统动态状态估计[26]。进而，李大路等[27]及卫志农等[28]分别提出了改进式 UKF 算法并应用于电力系统动态状态估计中。此外，卡尔曼滤波在电力系统暂态状态估计中也得到了广泛应用[29-32]。在天然气系统中，Durgut 等[33]人采用有限元法对偏微分方程进行离散，得到描述气体瞬态流动的隐式代数方程组，提出了一种基于卡尔曼滤波的天

然气管道瞬态流动状态估计方法。经上述分析可知，卡尔曼滤波算法在电力系统、天然气等系统的动态状态估计研究中已有较成熟的研究与应用，可以沿该思路将卡尔曼滤波应用于综合能源系统的动态状态估计中。

本章介绍一种考虑天然气系统动态特性的电气动态状态估计（dynamic state estimation，DSE）方法[5]。首先，通过差分偏微分方程，并考虑边界条件和初始条件等，推导出天然气系统的标准化状态转移方程。由于天然气系统的状态转移方程和量测方程均为线性方程，直接应用线性离散卡尔曼滤波对天然气系统进行 DSE 建模。同时，采用 EKF 建立电力系统的 DSE 模型。此外，由于天然气系统和电力系统的采样频率不同，本章采用线性插值的方法产生伪测量，使采样时间步长一致[34]。

4.2　天然气系统标准化状态转移方程构建

4.2.1　天然气管道动态特性方程及其简化

1. 天然气管道动态特性方程

对于一般的一维可压缩瞬态气体流，涉及的状态包括压力、质量流量和温度，这些状态由以下三个方程式描述[11]：

$$\begin{cases}\dfrac{\partial M}{A\partial x}+\dfrac{\partial \rho}{\partial t}=0\\ p_{g}/\rho=zRT_{G}=c^{2}\\ \dfrac{\partial M}{A\partial t}+\dfrac{\partial(\rho\omega^{2})}{\partial t}+\dfrac{\partial p_{g}}{\partial x}+g(\rho-\rho_{\alpha})\sin\alpha+\dfrac{f}{d}\dfrac{\omega^{2}}{2}\rho=0\end{cases} \tag{4-1}$$

式中：x 与 t 分别为差分空间距离（m）与时间距离（s）；M 为气体质量流量（kg/s）；p_g 为气体压强（Pa）；g 为重力加速度；ρ 和 ρ_α 分别为天然气管道倾角为 0 时的气体密度与管道倾角为 α 时的气体密度（kg/m^3）；ω 为气体速度（m/s）；d 和 A 分别为天然气管道内径（m）和管道横截面积（m^2）；z 为气体的压缩系数；T_G 为温度（K）；R 为气体常数；c 为声速（m/s）；摩擦因子 f 由式（4-2）定义[34]，即：

$$\frac{1}{f}=\left[2\lg\left(\frac{3.7d}{\varepsilon}\right)\right]^{2} \tag{4-2}$$

式中：ε 为气体管道的绝对摩擦系数（m）。

2. 天然气管道动态特性方程的简化

显然，由式（4-1）描述的天然气动态特性方程较为复杂，直接分析较为困难。为简化分析，可作如下假设：

（1）整个天然气管道系统的温度 T 和可压缩系数 z 是恒定的，因此温度 T 将不作为状态估计分析时的状态变量。此外，假定 p 和 ρ 之间的关系是线性的，这意味着它们可以互换使用。因此，本章选择质量流量 M 和气体密度 ρ 作为天然气系统动态状态估计分析时的状态变量。

（2）由于气体速度 ω 远小于声速 c，因此将式（4-1）中的 $\partial(\rho\omega^2)/\partial t$ 项忽略。

（3）天然气系统的管道是水平的，因此将式（4-1）中的 $g(\rho-\rho_a)\sin\alpha$ 项忽略。

（4）式（4-1）中的最后一项是非线性的，可采用式（4-3）将其线性化，即

$$\frac{f}{d}\frac{\omega^2}{2}\rho \approx \frac{f\bar{\omega}}{2d}\omega\rho = \frac{f\bar{\omega}}{2dA}M \tag{4-3}$$

式中：$\bar{\omega}$ 为气体的平均速度（m/s）。

基于上述假设，式（4-1）可简化为：

$$\begin{cases} \dfrac{\partial M}{A\partial x} + \dfrac{\partial \rho}{\partial t} = 0 \\ \dfrac{\partial M}{A\partial t} + c^2\dfrac{\partial \rho}{\partial x} + \dfrac{f\bar{\omega}}{2dA}M = 0 \end{cases} \tag{4-4}$$

4.2.2 天然气管道偏微分方程的差分化

应用 Lax-Wendroff 有限方法将描述天然气系统动态特性的偏微分方程转换为一组代数方程。以图 4-1 所示的一段天然气管道为例，偏微分方程式（4-4）可差分化为：

$$\rho_j^{(t+1)} + \rho_i^{(t+1)} - \rho_j^{(t)} - \rho_i^{(t)} + \frac{\Delta t}{\Delta x_{ij}A_{ij}}(\bar{M}_{ij}^{(t+1)} - \underline{M}_{ij}^{(t+1)} + \bar{M}_{ij}^{(t)} - \underline{M}_{ij}^{(t)}) = 0 \tag{4-5}$$

$$\begin{aligned} &\frac{1}{A_{ij}}(\bar{M}_{ij}^{(t+1)} + \underline{M}_{ij}^{(t+1)} - \bar{M}_{ij}^{(t)} - \underline{M}_{ij}^{(t)}) + \frac{c^2\Delta t}{\Delta x_{ij}}(\rho_j^{(t+1)} - \rho_i^{(t+1)} + \rho_j^{(t)} - \rho_i^{(t)}) \\ &+ \frac{f_{ij}\bar{\omega}_{ij}^{(t)}\Delta t}{4d_{ij}A_{ij}}(\bar{M}_{ij}^{(t+1)} + \underline{M}_{ij}^{(t+1)} + \bar{M}_{ij}^{(t)} + \underline{M}_{ij}^{(t)}) = 0 \end{aligned} \tag{4-6}$$

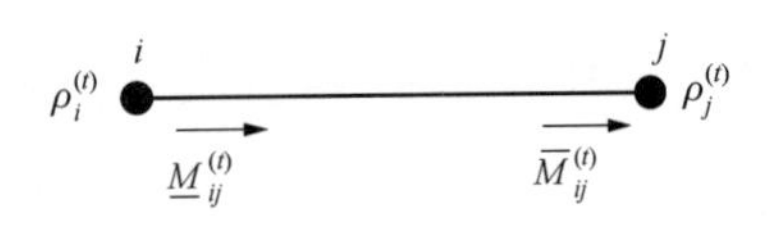

图 4-1 一段简单的气体管道示例

式中：$\rho_i^{(t)}$ 和 $\rho_j^{(t)}$ 分别为 t 时刻的节点 i 和节点 j 的密度；$\underline{M}_{ij}^{(t)}$ 和 $\bar{M}_{ij}^{(t)}$ 分别为管道 i-j 的首端质量流量与末端质量流量；d_{ij}、A_{ij} 和 f_{ij} 分别为管道 i-j 的内径、横截面积和摩擦因子；Δx_{ij} 为管道长度且代表空间差分长度；Δt 为时刻 t 与时刻 $t+1$ 间的时间步长。

推导天然气的平均速度 $\bar{\omega}_{ij}^{(t)}$ 的公式包括：

$$
\begin{cases}
\int_{\omega_i^{(t)}}^{\omega_j^{(t)}} \dfrac{(\omega^{(t)})^2 f_{ij}}{2d_{ij}} \mathrm{d}(\omega^{(t)}) \approx \int_{\omega_i^{(t)}}^{\omega_j^{(t)}} \dfrac{\overline{\omega}_{ij}^{(t)} f_{ij}}{2d_{ij}} \omega^{(t)} \mathrm{d}(\omega^{(t)}) \\
\overline{\omega}_{ij}^{(t)} \approx \dfrac{2}{3} \dfrac{(\omega_j^{(t)})^3 - (\omega_i^{(t)})^3}{(\omega_j^{(t)})^2 - (\omega_i^{(t)})^2}
\end{cases}
\tag{4-7}
$$

将式（4-5）与式（4-6）写成矩阵形式，得到：

$$
\begin{bmatrix} A_1 & -A_4^{ij} \\ A_1 & A_4^{ij} \\ -A_2^{ij} & A_3^{ij}+A_5^{ij} \\ A_2^{ij} & A_3^{ij}+A_5^{ij} \end{bmatrix}^{\mathrm{T}} \begin{bmatrix} \rho_i^{(t+1)} \\ \rho_j^{(t+1)} \\ \underline{M}_{ij}^{(t+1)} \\ \overline{M}_{ij}^{(t+1)} \end{bmatrix} = \begin{bmatrix} A_1 & A_4^{ij} \\ A_1 & -A_4^{ij} \\ A_2^{ij} & A_3^{ij}-A_5^{ij} \\ -A_2^{ij} & A_3^{ij}+A_5^{ij} \end{bmatrix}^{\mathrm{T}} \begin{bmatrix} \rho_i^{(t)} \\ \rho_j^{(t)} \\ \underline{M}_{ij}^{(t)} \\ \overline{M}_{ij}^{(t)} \end{bmatrix}
\tag{4-8}
$$

其中，系数 A_1、A_2^{ij}、A_3^{ij}、A_4^{ij} 和 A_5^{ij} 分别由式（4-9）定义，即：

$$
\begin{cases}
A_1 = 1 \\
A_2^{ij} = \dfrac{\Delta t}{A_{ij} \Delta x_{ij}} \\
A_3^{ij} = \dfrac{1}{A_{ij}} \\
A_4^{ij} = \dfrac{c^2 \Delta t}{\Delta x_{ij}} \\
A_5^{ij} = \dfrac{f_{ij} \overline{\omega}_{ij}^{(t)} \Delta t}{4 d_{ij} A_{ij}}
\end{cases}
\tag{4-9}
$$

4.2.3　状态转移方程的构建

1. 天然气系统的描述

假设差分化后的天然气系统包含的节点个数为 N，支路个数为 b（包含虚拟节点与虚拟支路）。根据节点特点，将天然气系统中的节点共划分为四类，见表 4-1。

表 4-1　　天然气系统的节点分类

节点类型	特征	个数
源节点	直接与气源相连接	N_s
中间节点	连接的支路个数大于或等于 2，且没有与负荷相连接	N_I
Ⅰ类负荷节点	连接的支路个数大于或等于 2，且与负荷相连接	N_{L1}
Ⅱ类负荷节点	连接的支路个数等于 1，且与负荷相连接	N_{L2}

上述四类节点的个数和为 N。在采样时刻 t 下，系统的节点密度与支路质量流量可表示为：

$$\begin{cases}\boldsymbol{\rho}^{(t)}=[\rho_1^{(t)},\rho_2^{(t)},\cdots,\rho_N^{(t)}]^{\mathrm{T}}\in R^N\\ \boldsymbol{M}^{(t)}=[\underline{M}_1^{(t)},\overline{M}_1^{(t)},\underline{M}_2^{(t)},\overline{M}_2^{(t)},\cdots,\underline{M}_b^{(t)},\overline{M}_b^{(t)}]^{\mathrm{T}}\in R^{2b}\end{cases}\tag{4-10}$$

根据式（4-8），$(\boldsymbol{\rho}^{(t+1)},\boldsymbol{M}^{(t+1)})$与$(\boldsymbol{\rho}^{(t)},\boldsymbol{M}^{(t)})$的关系表示为：

$$\boldsymbol{J}_1\begin{bmatrix}\boldsymbol{\rho}^{(t+1)}\\ \boldsymbol{M}^{(t+1)}\end{bmatrix}=\boldsymbol{J}_2\begin{bmatrix}\boldsymbol{\rho}^{(t)}\\ \boldsymbol{M}^{(t)}\end{bmatrix}\tag{4-11}$$

式中：$\boldsymbol{J}_1$、$\boldsymbol{J}_2\in\boldsymbol{R}^{2b\times(N+2b)}$，$\boldsymbol{J}_1$ 与 $\boldsymbol{J}_2$ 的具体元素可参考式（4-8）和式（4-9）。

2. 拓扑约束

对于中间节点和I类负荷节点，流入节点的支路质量流量应等于流出节点的支路质量流量。以 $i_1\in N_I$ 和 $i_2\in N_{L1}$ 两节点为例，在采样时刻 $t+1$ 时，上述约束表示为：

$$\begin{cases}\sum_{k_1=1}^{n_1}\overline{M}_{k_1i_1}^{(t+1)}-\sum_{j_1=1}^{n_2}\underline{M}_{i_1j_1}^{(t+1)}=0\\ \sum_{k_2=1}^{n_3}\overline{M}_{k_2i_2}^{(t+1)}-\sum_{j_2=1}^{n_4}\underline{M}_{i_2j_2}^{(t+1)}=l_1^{(t+1)}\end{cases}\tag{4-12}$$

式中：n_1 和 n_2 分别为流入与流出节点 i_1 的支路质量流量的个数；n_3 和 n_4 分别为流入与流出节点 i_2 的支路质量流量的个数；$l^{(t+1)}$ 为节点 i_2 处的天然气负荷。

因此，整个天然气系统的拓扑约束表示为：

$$\begin{cases}\boldsymbol{J}_3\begin{bmatrix}\boldsymbol{\rho}^{(t+1)}\\ \boldsymbol{M}^{(t+1)}\end{bmatrix}=\boldsymbol{C}\\ \boldsymbol{J}_3=[\boldsymbol{0}_2,\boldsymbol{B}],\boldsymbol{C}=[\boldsymbol{0}_1\quad \boldsymbol{M}_{N_{\mathrm{L1}}}^{(t+1)}]^{\mathrm{T}}\end{cases}\tag{4-13}$$

式中：$\boldsymbol{J}_3\in R^{(N_{\mathrm{I}}+N_{\mathrm{L1}})\times(N+2b)}$，$\boldsymbol{0}_1\in R^{N_{\mathrm{I}}}$，$\boldsymbol{M}_{N_{\mathrm{L1}}}^{(t+1)}\in R^{N_{\mathrm{L1}}}$，$\boldsymbol{0}_2\in R^{(N_{\mathrm{I}}+N_{\mathrm{L1}})\times N}$，$\boldsymbol{B}\in R^{(N_{\mathrm{I}}+N_{\mathrm{L1}})\times 2b}$。其中，$\boldsymbol{B}$ 中的元素 $\boldsymbol{B}(i,j)$ 表示为：

$$\boldsymbol{B}(i,j)=\begin{cases}1,\text{若管道 }j\text{ 中的质量流量流入节点 }i\\ -1,\text{若管道 }j\text{ 中的质量流量从节点 }i\text{ 处流出}\\ 0,\text{其他}\end{cases}\tag{4-14}$$

3. 边界约束

对天然气管道动态特性进行分析时，边界约束条件包括：①负荷节点处的质量流量在整个采样时刻下是已知的；②源节点处的压强在整个采样时刻是已知的，且保持不变。具体包括：

(1) $\boldsymbol{M}_{N_{\mathrm{L1}}}^{(t)}\in R^{N_{\mathrm{L1}}}$，$\boldsymbol{M}_{N_{\mathrm{L2}}}^{(t)}\in R^{N_{\mathrm{L2}}}$（$t=1,2,\cdots,T$）是已知的。其中，$\boldsymbol{M}_{N_{\mathrm{L1}}}^{(t)}$ 和 $\boldsymbol{M}_{N_{\mathrm{L2}}}^{(t)}$ 代

表在采样时刻 t 时Ⅰ类负荷节点与Ⅱ类负荷节点处的质量流量。即对于Ⅱ类负荷节点，与其相连的支路末端流量在整个采样时段内是已知的。

（2）$\boldsymbol{p}_{N_s}^{(t)}=\boldsymbol{p}_{N_s}^{(0)}(t=1,2,\cdots,T)\in R^{N_s}$，其中，$\boldsymbol{p}_{N_s}^{(0)}$ 代表在 $t=0$ 时源节点的压强，且该值在整个采样时段不变。

4. 初始条件

在进行动态分析之前，需要确定稳态下的天然气系统的节点压强与支路质量流量分布，即天然气系统的初始状态。支路的质量流量分布可以根据已知的负荷质量流量得出，节点压强计算式为：

$$p_j^2=p_i^2-\frac{f_{ij}c^2}{A_{ij}^2 d_{ij}}M_{ij}\mid M_{ij}\mid L_{ij} \tag{4-15}$$

5. 构建状态转移方程

首先，联立式（4-11）和式（4-13），得到：

$$\begin{bmatrix}\boldsymbol{J}_1\\ \boldsymbol{J}_3\end{bmatrix}\begin{bmatrix}\boldsymbol{\rho}^{(t+1)}\\ \boldsymbol{M}^{(t+1)}\end{bmatrix}=\begin{bmatrix}\boldsymbol{J}_2\\ \boldsymbol{0}_3\end{bmatrix}\begin{bmatrix}\boldsymbol{\rho}^{(t)}\\ \boldsymbol{M}^{(t)}\end{bmatrix}+\begin{bmatrix}\boldsymbol{0}_4\\ \boldsymbol{C}\end{bmatrix} \tag{4-16}$$

式中：$\boldsymbol{0}_3\in R^{(N_\mathrm{I}+N_\mathrm{L1})\times(N+2b)}$，$\boldsymbol{0}_4\in R^{2b}$。

根据边界条件，将状态变量中的已知量（$\boldsymbol{\rho}_{N_s}^{(t+1)}$，$\boldsymbol{M}_{N_\mathrm{L2}}^{(t+1)}$）与（$\boldsymbol{\rho}_{N_s}^{(t)}$，$\boldsymbol{M}_{N_\mathrm{L2}}^{(t)}$）从式（4-16）中分离，得到：

$$\begin{bmatrix}\boldsymbol{J}_{11}\\ \boldsymbol{J}_{31}\end{bmatrix}\begin{bmatrix}\boldsymbol{\rho}^{(t+1)}\\ \boldsymbol{M}^{(t+1)}\end{bmatrix}+\begin{bmatrix}\boldsymbol{J}_{12}\\ \boldsymbol{J}_{32}\end{bmatrix}\begin{bmatrix}\boldsymbol{\rho}_{N_s}^{(t+1)}\\ \boldsymbol{M}_{N_\mathrm{L2}}^{(t+1)}\end{bmatrix}=\begin{bmatrix}\boldsymbol{J}_{21}\\ \boldsymbol{0}_{31}\end{bmatrix}\begin{bmatrix}\boldsymbol{\rho}^{(t)}\\ \boldsymbol{M}^{(t)}\end{bmatrix}+\begin{bmatrix}\boldsymbol{J}_{22}\\ \boldsymbol{0}_{32}\end{bmatrix}\begin{bmatrix}\boldsymbol{\rho}_{N_s}^{(t)}\\ \boldsymbol{M}_{N_\mathrm{L2}}^{(t)}\end{bmatrix}+\begin{bmatrix}\boldsymbol{0}_4\\ \boldsymbol{C}\end{bmatrix} \tag{4-17}$$

$$\begin{cases}[\boldsymbol{J}_{11}\quad \boldsymbol{J}_{31}]^\mathrm{T},[\boldsymbol{J}_{21}\quad \boldsymbol{0}_{31}]^\mathrm{T}\in R^{(2b+N_\mathrm{I}+N_\mathrm{L1})\times(2b+N_\mathrm{I}+N_\mathrm{L1})}\\ [\boldsymbol{\rho}^{(t+1)}\quad \boldsymbol{M}^{(t+1)}]^\mathrm{T},[\boldsymbol{\rho}^{(t)}\quad \boldsymbol{M}^{(t)}]^\mathrm{T}\in R^{(2b+N_\mathrm{I}+N_\mathrm{L1})}\\ [\boldsymbol{J}_{12}\quad \boldsymbol{J}_{32}]^\mathrm{T},[\boldsymbol{J}_{22}\quad \boldsymbol{0}_{32}]^\mathrm{T}\in R^{(2b+N_\mathrm{I}+N_\mathrm{L1})\times(N_s+N_\mathrm{L2})}\end{cases} \tag{4-18}$$

至此，天然气系统的标准化状态转移方程可表示为：

$$\begin{bmatrix}\boldsymbol{\rho}^{(t+1)}\\ \boldsymbol{M}^{(t+1)}\end{bmatrix}=\begin{bmatrix}\boldsymbol{J}_{11}\\ \boldsymbol{J}_{31}\end{bmatrix}^{-1}\begin{bmatrix}\boldsymbol{J}_{21}\\ \boldsymbol{0}_{31}\end{bmatrix}\begin{bmatrix}\boldsymbol{\rho}^{(t)}\\ \boldsymbol{M}^{(t)}\end{bmatrix}+\begin{bmatrix}\boldsymbol{J}_{11}\\ \boldsymbol{J}_{31}\end{bmatrix}^{-1}\left(\begin{bmatrix}\boldsymbol{J}_{22} & -\boldsymbol{J}_{12}\\ \boldsymbol{0}_{32} & -\boldsymbol{J}_{32}\end{bmatrix}\begin{bmatrix}\boldsymbol{\rho}_{N_s}^{(t)}\\ \boldsymbol{M}_{N_\mathrm{L2}}^{(t)}\\ \boldsymbol{\rho}_{N_s}^{(t+1)}\\ \boldsymbol{M}_{N_\mathrm{L2}}^{(t+1)}\end{bmatrix}+\begin{bmatrix}\boldsymbol{0}_4\\ \boldsymbol{C}\end{bmatrix}\right) \tag{4-19}$$

式中：n 维向量的空间集标注为 R^n；$m\times n$ 的矩阵对应的空间集标注为 $R^{m\times n}$。

4.3 基于扩展卡尔曼滤波的动态状态估计

4.3.1 构建动态状态估计模型的关键点

电—气 IES 动态状态估计示意图如图 4-2 所示。根据上述分析，建立电—气 IES 动态状态估计模型的关键步骤包括以下三步：

(1) 建立天然气系统的标准化状态转移方程。同时，由于气体系统中测量装置的采样是不连续的，状态转移方程需要离散化。

(2) 考虑电力系统和天然气系统不同的采样周期。如图 4-2 所示，一般认为 $T_g = nT_e$ $(n>1)$。

(3) 建立适用于电—气 IES 的 DSE 模型，既保证了估计精度，又保证了计算效率。本节建立了基于卡尔曼滤波的电—气 IES 的 DSE 模型。

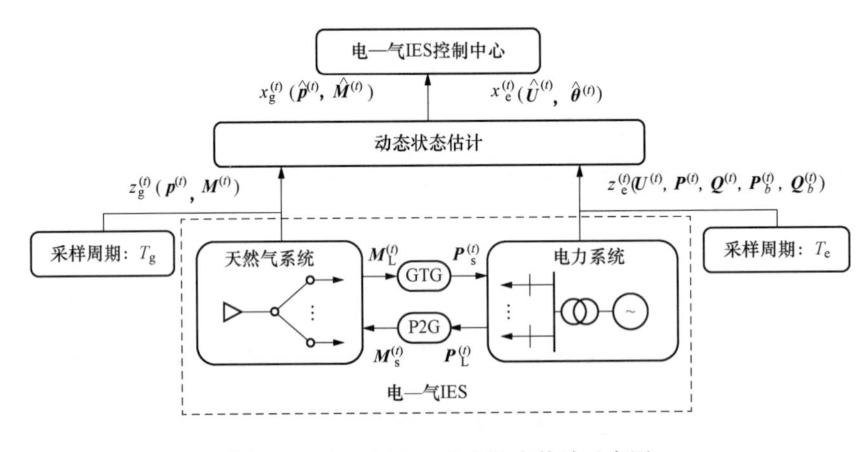

图 4-2 电—气 IES 动态状态估计示意图

4.3.2 基于扩展卡尔曼滤波的动态状态估计建模

1. 天然气系统的量测方程与状态转移方程

如 4.3.1 节所述，天然气系统的状态变量包括节点密度（源节点密度除外）和支路质量流量 $\underline{M}_{ij}$、$\overline{M}_{ij}$（除了与Ⅱ类负荷节点相连的支路末端的质量流量），量测量包括真实节点的密度量测与真实支路的质量流量量测，表示为：

$$\begin{cases} \boldsymbol{x}_g^{(t)} = [(\boldsymbol{\rho}^{(t)})^T, (\boldsymbol{M}^{(t)})^T]^T \\ \boldsymbol{z}_g^{(t)} = [(\boldsymbol{\rho}_z^{(t)})^T, (\boldsymbol{M}_z^{(t)})^T]^T \end{cases} \tag{4-20}$$

因此，相应的状态转移方程与量测方程表示为：

$$\begin{cases} \boldsymbol{x}_{\mathrm{g}}^{(t)} = \boldsymbol{F}_{\mathrm{g}}^{(t-1)} \boldsymbol{x}_{\mathrm{g}}^{(t-1)} + \boldsymbol{G}_{\mathrm{g}}^{(t-1)} \boldsymbol{u}_{\mathrm{g}}^{(t-1)} + \boldsymbol{v}_{\mathrm{g}}^{(t-1)} \\ \boldsymbol{z}_{\mathrm{g}}^{(t)} = \boldsymbol{H}_{\mathrm{g}}^{(t)} \boldsymbol{x}_{\mathrm{g}}^{(t)} + \boldsymbol{r}_{\mathrm{g}}^{(t)} \end{cases} \tag{4-21}$$

$$\boldsymbol{F}_{\mathrm{g}}^{(t-1)} = ([\boldsymbol{J}_{11} \quad \boldsymbol{J}_{31}]^{\mathrm{T}})^{-1} [\boldsymbol{J}_{21} \quad \boldsymbol{0}_{31}]^{\mathrm{T}} \tag{4-22}$$

$$\boldsymbol{G}_{\mathrm{g}}^{(t-1)} = ([\boldsymbol{J}_{11} \boldsymbol{J}_{31}]^{\mathrm{T}})^{-1} \tag{4-23}$$

$$\boldsymbol{u}_{\mathrm{g}}^{(t-1)} = \begin{bmatrix} \boldsymbol{J}_{22} & -\boldsymbol{J}_{12} \\ \boldsymbol{0}_{32} & -\boldsymbol{J}_{32} \end{bmatrix} \begin{bmatrix} \boldsymbol{\rho}_{N_{\mathrm{s}}}^{(t-1)} \\ \boldsymbol{M}_{N_{\mathrm{L2}}}^{(t-1)} \\ \boldsymbol{\rho}_{N_{\mathrm{s}}}^{(t)} \\ \boldsymbol{M}_{N_{\mathrm{L2}}}^{(t)} \end{bmatrix} + \begin{bmatrix} \boldsymbol{0}_{4} \\ \boldsymbol{C} \end{bmatrix} \tag{4-24}$$

式中：天然气系统的过程噪声 $\boldsymbol{v}_{\mathrm{g}}^{(t)}$ 和量测噪声 $\boldsymbol{r}_{\mathrm{g}}^{(t)}$ 均为高斯白噪声；$\boldsymbol{H}_{\mathrm{g}}^{(t)}$ 为元素仅有 0 或 1 的常系数量测矩阵。

2. 电力系统的量测方程与状态转移方程

与天然气系统不同，电力系统的动态状态估计模型是非线性的。因此，本节选择 EKF 对电力系统进行动态状态估计建模。电力系统中的状态变量和量测量分别表示为：

$$\begin{cases} \boldsymbol{x}_{\mathrm{e}}^{(t)} = [(\boldsymbol{U}_{\mathrm{N}}^{(t)})^{\mathrm{T}}, (\boldsymbol{\theta}_{\mathrm{N}}^{(t)})^{\mathrm{T}}]^{\mathrm{T}} \\ \boldsymbol{z}_{\mathrm{e}}^{(t)} = [(\boldsymbol{U}_{\mathrm{N}}^{(t)})^{\mathrm{T}}, (\boldsymbol{P}_{\mathrm{L}}^{(t)})^{\mathrm{T}}, (\boldsymbol{Q}_{\mathrm{L}}^{(t)})^{\mathrm{T}}, (\boldsymbol{P}_{\mathrm{N}}^{(t)})^{\mathrm{T}}, (\boldsymbol{Q}_{\mathrm{N}}^{(t)})^{\mathrm{T}}]^{\mathrm{T}} \end{cases} \tag{4-25}$$

式中：$\boldsymbol{U}_{\mathrm{N}}^{(t)}$ 和 $\boldsymbol{\theta}_{\mathrm{N}}^{(t)}$ 分别为节点电压幅值与相角（除参考节点相角外）；$\boldsymbol{P}_{\mathrm{L}}^{(t)}$ 和 $\boldsymbol{Q}_{\mathrm{L}}^{(t)}$ 分别为支路有功功率与无功功率；$\boldsymbol{P}_{\mathrm{N}}^{(t)}$ 与 $\boldsymbol{Q}_{\mathrm{N}}^{(t)}$ 分别为节点注入有功功率与无功功率。

电力系统动态状态估计的状态转移方程与量测方程表示为：

$$\begin{cases} \boldsymbol{x}_{\mathrm{e}}^{(t)} = \boldsymbol{F}_{\mathrm{e}}^{(t-1)} \boldsymbol{x}_{\mathrm{e}}^{(t-1)} + \boldsymbol{G}_{\mathrm{e}}^{(t-1)} + \boldsymbol{v}_{\mathrm{e}}^{(t-1)} \\ \boldsymbol{z}_{\mathrm{e}}^{(t)} = \boldsymbol{H}_{\mathrm{e}}^{(t)} \boldsymbol{x}_{\mathrm{e}}^{(t)} + \boldsymbol{r}_{\mathrm{e}}^{(t)} \end{cases} \tag{4-26}$$

式中：$\boldsymbol{H}_{\mathrm{e}}^{(t)} = \dfrac{\partial \boldsymbol{h}(\boldsymbol{x}_{\mathrm{e}}^{(t)})}{\partial \boldsymbol{x}_{\mathrm{e}}^{(t)}}$；$\boldsymbol{h}(\boldsymbol{x}_{\mathrm{e}}^{(t)})$ 为非线性量测函数；$\boldsymbol{F}_{\mathrm{e}}^{(t-1)}$ 和 $\boldsymbol{G}_{\mathrm{e}}^{(t-1)}$ 则采用 Holt's 两参数平滑法计算得到[35]。

Holt's 两参数线性指数平滑法是相对简单的短期负荷预测方法，它利用前一时刻状态变量的真值和估计值，通过对常参数 a、b 进行适当的分配，进行下一时刻状态变量的预测。此法计算速度快，很适用于在线动态估计。在 t 时刻，假设系统状态的一步预测值为 $x^{(t)}$，估计值为 $\hat{x}^{(t)}$，则采用该法系统在 $t+1$ 时刻得到的预测值为：

$$\widetilde{x}^{(t+1)} = a^{(t)} + b^{(t)} \tag{4-27}$$

$$a^{(t)} = \alpha \hat{x}^{(t)} + (1-\alpha)\, \widetilde{x}^{(t)} \tag{4-28}$$

$$b^{(t)} = \beta(a^{(t)} - a^{(t-1)}) + (1-\beta) b^{(t-1)} \tag{4-29}$$

比较式（4-26）和式（4-27）～式（4-29），得：

$$F^{(t)} = \alpha(1+\beta) \tag{4-30}$$

$$G^{(t)} = (1+\beta)(1-\alpha)\widetilde{x}^{(t)} - \beta a^{(t-1)} + (1-\beta)b^{(t-1)} \tag{4-31}$$

式中：a 为水平分量；b 为倾斜分量；α 和 β 为平滑参数，其值介于 0～1 之间。

按照式（4-30）和式（4-31），容易得到式（4-26）中 $\boldsymbol{F}_{\mathrm{e}}^{(t-1)}$ 和 $\boldsymbol{G}_{\mathrm{e}}^{(t-1)}$ 的取值方法。

3. 两种时间尺度量测量的处理

电—气 IES 的控制中心从两个系统捕获测量值，这两个系统的捕获率不同。在电力系统中，SCADA 的捕获率范围从几秒钟到一分钟。但是，在仿真中，天然气系统的捕获率通常需要几分钟，低于电力系统的捕获率。为了将量测量的时间对齐，可采用两种策略，即线性外推法和内插法，以生成中间的伪测量作为采样数据，以使两个系统的捕获率保持一致。具体策略讨论如下。

（1）线性外推法。如图 4-3 所示，伪量测量 $z_{i,p}$ 和 $z_{j,p}$ 可表示为：

$$\begin{cases} z_{i,p} = z_1 + \dfrac{t_i - t_1}{T_p}(z_1 - z_0) \\ z_{j,p} = z_2 + \dfrac{t_j - t_2}{T_p}(z_2 - z_1) \end{cases} \tag{4-32}$$

式中：T_p 为量测量的采样周期。

（2）线性内插法。线性内插法的原理如图 4-4 所示。其中，伪量测量 $z_{i,p}$ 和 $z_{j,p}$ 可表示为：

$$\begin{cases} z_{i,p} = z_1 + \dfrac{t_i - t_1}{T_p}(z_2 - z_1) \\ z_{j,p} = z_2 + \dfrac{t_j - t_2}{T_p}(z_3 - z_2) \end{cases} \tag{4-33}$$

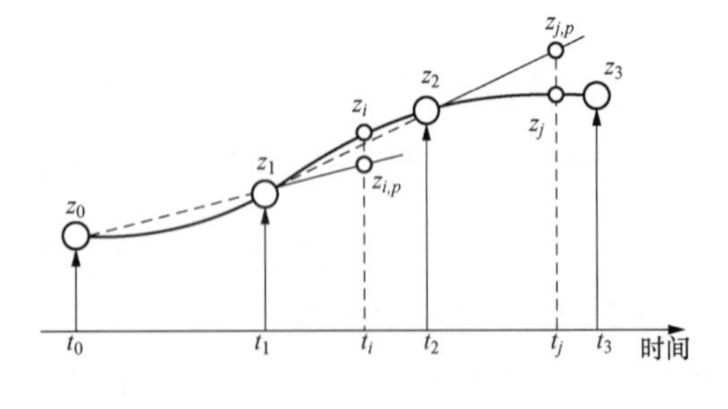

图 4-3　线性外推法的原理

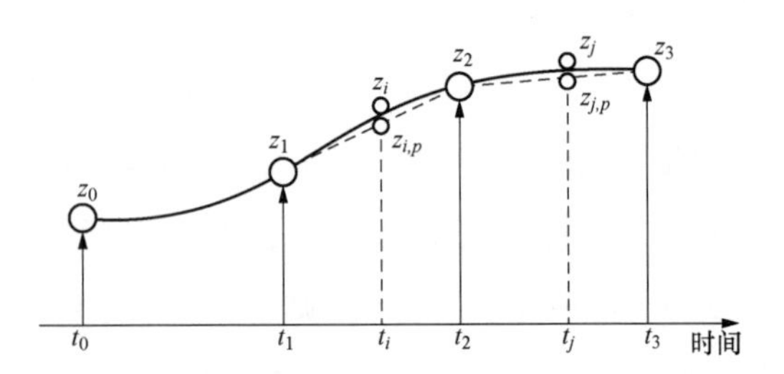

图 4-4　线性内插法的原理

值得注意的是，当天然气系统的气体密度或压强的变化趋势发生改变时，线性外插

法则会产生较大的误差。因此，在本章的研究中，选择线性内插法作为两系统量测数据时间尺度对齐的手段。此外，应用线性内插法的基础在于能够精准地获得未来时刻的量测数据。在实际应用中，天然气系统的未来量测信息，即源节点处的质量流量和负荷节点处的质量流量，一般能够在一定的误差范围内预测得到，这也为线性内插法的应用提供了依据。

4. 耦合量测的应用

电—气综合能源系统的耦合元件主要包括燃气轮机（GT）和 P2G 等。对于这两类耦合元件，有功功率与质量流量的能量转化关系为：

$$\begin{cases} P_{\mathrm{L},i}^{(t)} = \eta_{ij,\mathrm{GT}}^{(t)} M_{\mathrm{s},j}^{(t)}(\mathrm{GT}) \\ M_{\mathrm{L},i}^{(t)} = \eta_{ij,\mathrm{P2G}}^{(t)} P_{\mathrm{s},j}^{(t)}(\mathrm{P2G}) \end{cases} \tag{4-34}$$

式中：下标 L 与 s 分别表示两系统内的负荷节点与源节点；$\eta_{ij,\mathrm{GT}}^{(t)}$（MW・s/kg）与 $\eta_{ij,\mathrm{P2G}}^{(t)}$［kg/(MW・s)］分别为 GT、P2G 元件的能量转换效率。

从能量转化角度来看，GT 与 P2G 分别被视为天然气系统中质量流量注入为负和注入为正的负荷节点。同时，耦合量测也需要考虑两种时间尺度数据融合的问题。因此，电力系统中耦合部分的实时量测通过式（4 - 34）产生天然气系统耦合部分 $M_{\mathrm{s},j}^{(t)}$ 和 $M_{\mathrm{L},i}^{(t)}$ 的伪量测。则耦合部分 $M_{\mathrm{s},j}^{(t),p}$ 和 $M_{\mathrm{L},i}^{(t),p}$ 的伪量测表示为：

$$\begin{cases} M_{\mathrm{s},j}^{(t),p} = \alpha M_{\mathrm{s},j}^{(t),p_1} + (1-\alpha) M_{\mathrm{s},j}^{(t),p_2} \\ M_{\mathrm{L},i}^{(t),p} = \beta M_{\mathrm{L},i}^{(t),p_1} + (1-\beta) M_{\mathrm{L},i}^{(t),p_2} \end{cases} \tag{4-35}$$

式中：$M_{\mathrm{s},j}^{(t),p_1}$ 和 $M_{\mathrm{L},i}^{(t),p_1}$ 分别为通过线性内插法计算得到的伪量测量；$M_{\mathrm{s},j}^{(t),p_2}$ 和 $M_{\mathrm{L},i}^{(t),p_2}$ 分别为通过 $P_{\mathrm{L},i}^{(t)}$ 和 $P_{\mathrm{s},j}^{(t)}$ 计算得到的伪量测量；α 和 β 为权重系数（$0<\alpha$，$\beta<1$）。

在状态估计建模中，两类耦合元件的伪量测量产生的步骤是相同的。因此，在下述的算例分析中，仅考虑 GT 耦合元件。

4.3.3　基于扩展卡尔曼滤波的动态状态估计计算流程

整个电—气综合能源系统的动态估计算流程共包括以下四个阶段。

1. 初始化

本节采用下标 g、e 和 IEGS 分别代表天然气系统、电力系统与电—气 IES 中的变量。令 $\hat{\boldsymbol{x}}_{\mathrm{g}-}^{(t)}$、$\hat{\boldsymbol{x}}_{\mathrm{e}-}^{(t)}$ 分别代表 $\boldsymbol{x}_{\mathrm{g}}^{(t)}$ 与 $\boldsymbol{x}_{\mathrm{e}}^{(t)}$ 的先验估计值，$\hat{\boldsymbol{x}}_{\mathrm{g}+}^{(t)}$、$\hat{\boldsymbol{x}}_{\mathrm{e}+}^{(t)}$ 分别代表 $\boldsymbol{x}_{\mathrm{g}}^{(t)}$ 与 $\boldsymbol{x}_{\mathrm{e}}^{(t)}$ 的后验估计值。令 $\boldsymbol{P}_{\mathrm{g}-}^{(t)}$、$\boldsymbol{P}_{\mathrm{e}-}^{(t)}$ 分别代表 $\hat{\boldsymbol{x}}_{\mathrm{g}-}^{(t)}$、$\hat{\boldsymbol{x}}_{\mathrm{e}-}^{(t)}$ 的估计误差的协方差矩阵，$\boldsymbol{P}_{\mathrm{g}+}^{(t)}$、$\boldsymbol{P}_{\mathrm{e}+}^{(t)}$ 代表 $\hat{\boldsymbol{x}}_{\mathrm{g}+}^{(t)}$、$\hat{\boldsymbol{x}}_{\mathrm{e}+}^{(t)}$ 的估计误差的协方差矩阵。两系统对应的卡尔曼滤波的初始化包括：

$$\begin{cases}\hat{\boldsymbol{x}}_{g+}^{(0)}=E(\boldsymbol{x}_{g}^{(0)}),\hat{\boldsymbol{x}}_{e+}^{(0)}=E(\boldsymbol{x}_{e}^{(0)})\\ \boldsymbol{P}_{g+}^{(0)}=E[(\boldsymbol{x}_{g}^{(0)}-\boldsymbol{x}_{g+}^{(0)})(\boldsymbol{x}_{g}^{(0)}-\boldsymbol{x}_{g+}^{(0)})^{\mathrm{T}}]\\ \boldsymbol{P}_{e+}^{(0)}=E[(\boldsymbol{x}_{e}^{(0)}-\boldsymbol{x}_{e+}^{(0)})(\boldsymbol{x}_{e}^{(0)}-\boldsymbol{x}_{e+}^{(0)})^{\mathrm{T}}]\end{cases}\tag{4-36}$$

2. 伪量测量的产生

令电力系统与天然气系统的采样时刻分别表示为：$t_{e}=t_{e}^{(1)}$，$t_{e}^{(2)}$，…，$t_{e}^{(N_{e})}$ 与 $t_{g}=t_{g}^{(1)}$，$t_{g}^{(2)}$，…，$t_{g}^{(N_{g})}$。N_{e} 与 N_{g} 分别为电力系统与天然气系统的总采样时刻数。相应的采样周期表示为：

$$\begin{cases}T_{e}=t_{e}^{(i)}-t_{e}^{(i-1)},T_{g}=t_{g}^{(i)}-t_{g}^{(i-1)}\\ T_{g}=n_{s}T_{e}(n_{s}>1)\end{cases}\tag{4-37}$$

如前文所述，电—气 IES 的采样频率应与电力系统保持一致，即 $T_{\mathrm{IEGS}}=T_{e}$。接着，在时刻 $t_{g}^{(i-1)}$ 与 $t_{g}^{(i)}$ 间的 $n-1$ 个伪量测由式（4 - 33）和式（4 - 35）得到。$\boldsymbol{z}_{g}^{(t)}$ 代表在时刻 t 时天然气系统的真实量测值或伪量测值。

3. 预测步

对于每一个采样时刻 $t=t_{\mathrm{IEGS}}^{(1)}$，$t_{\mathrm{IEGS}}^{(2)}$，…，$t_{\mathrm{IEGS}}^{(N_{\mathrm{IEGS}})}$，EKF 的预测步表示为：

$$\begin{cases}\boldsymbol{P}_{g-}^{(t)}=\boldsymbol{F}_{g}^{(t-1)}\boldsymbol{P}_{g+}^{(t-1)}(\boldsymbol{F}_{g}^{(t-1)})^{\mathrm{T}}+\boldsymbol{Q}_{g}^{(t-1)}\\ \boldsymbol{K}_{g}^{(t)}=\boldsymbol{P}_{g-}^{(t)}(\boldsymbol{H}_{g}^{(t)})^{\mathrm{T}}[\boldsymbol{H}_{g}^{(t)}\boldsymbol{P}_{g-}^{(t)}(\boldsymbol{H}_{g}^{(t)})^{\mathrm{T}}+\boldsymbol{R}_{g}^{(t)}]^{-1}\\ \hat{\boldsymbol{x}}_{g-}^{(t)}=\boldsymbol{F}_{g}^{(t-1)}\hat{\boldsymbol{x}}_{g+}^{(t-1)}+\boldsymbol{G}_{g}^{(t-1)}\boldsymbol{u}_{g}^{(t-1)}\end{cases}\tag{4-38}$$

$$\begin{cases}\boldsymbol{P}_{e-}^{(t)}=\boldsymbol{F}_{e}^{(t-1)}\boldsymbol{P}_{e+}^{(t-1)}(\boldsymbol{F}_{e}^{(t-1)})^{\mathrm{T}}+\boldsymbol{Q}_{e}^{(t-1)}\\ \boldsymbol{K}_{e}^{(t)}=\boldsymbol{P}_{e-}^{(t)}\boldsymbol{H}(\hat{\boldsymbol{x}}_{e-}^{(t)})^{\mathrm{T}}[\boldsymbol{H}(\hat{\boldsymbol{x}}_{e-}^{(t)})\boldsymbol{P}_{e-}^{(t)}\boldsymbol{H}(\hat{\boldsymbol{x}}_{e-}^{(t)})^{\mathrm{T}}+\boldsymbol{R}_{e}^{(t)}]^{-1}\\ \hat{\boldsymbol{x}}_{e-}^{(t)}=\boldsymbol{F}_{e}^{(t-1)}\hat{\boldsymbol{x}}_{e+}^{(t-1)}+\boldsymbol{G}_{e}^{(t-1)}\boldsymbol{u}_{e}^{(t-1)}\end{cases}\tag{4-39}$$

式中：$\boldsymbol{H}(\hat{\boldsymbol{x}}_{e-}^{(t)})=[\partial\boldsymbol{h}(\boldsymbol{x}_{e}^{(t)})/\partial\boldsymbol{x}_{e}^{(t)}]_{\boldsymbol{x}_{e}^{(t)}=\hat{\boldsymbol{x}}_{e-}^{(t)}}$；$\boldsymbol{Q}_{g}^{(t)}$ 和 $\boldsymbol{Q}_{e}^{(t)}$ 为 $\boldsymbol{v}_{g}^{(t)}$ 和 $\boldsymbol{v}_{e}^{(t)}$ 的协方差矩阵；$\boldsymbol{N}_{\mathrm{IEGS}}$ 为电—气 IES 的总采样时刻数；$\boldsymbol{R}_{g}^{(t)}$ 和 $\boldsymbol{R}_{e}^{(t)}$ 分别为 $\boldsymbol{r}_{g}^{(t)}$ 和 $\boldsymbol{r}_{e}^{(t)}$ 的协方差矩阵。

4. 滤波步

对于每一个采样时刻 $t=t_{\mathrm{IEGS}}^{(1)}$，$t_{\mathrm{IEGS}}^{(2)}$，…，$t_{\mathrm{IEGS}}^{(N_{\mathrm{IEGS}})}$，EKF 的滤波步可表示为：

$$\begin{cases}\hat{\boldsymbol{x}}_{g+}^{(t)}=\hat{\boldsymbol{x}}_{g-}^{(t)}+\boldsymbol{K}_{g}^{(t)}(\boldsymbol{z}_{g}^{(t)}-\boldsymbol{H}_{g}^{(t)}\hat{\boldsymbol{x}}_{g-}^{(t)})\\ \boldsymbol{P}_{g+}^{(t)}=(\boldsymbol{I}-\boldsymbol{K}_{g}^{(t)}\boldsymbol{H}_{g}^{(t)})\boldsymbol{P}_{g-}^{(t)}\end{cases}\tag{4-40}$$

$$\begin{cases}\hat{\boldsymbol{x}}_{e+}^{(t)}=\hat{\boldsymbol{x}}_{e-}^{(t)}+\boldsymbol{K}_{e}^{(t)}[\boldsymbol{z}_{e}^{(t)}-\boldsymbol{H}(\hat{\boldsymbol{x}}_{e-}^{(t)})\hat{\boldsymbol{x}}_{e-}^{(t)}]\\ \boldsymbol{P}_{e+}^{(t)}=[\boldsymbol{I}-\boldsymbol{K}_{e}^{(t)}\boldsymbol{H}(\hat{\boldsymbol{x}}_{e-}^{(t)})]\boldsymbol{P}_{e-}^{(t)}\end{cases}\tag{4-41}$$

式中：$\boldsymbol{I}$ 为单位矩阵。

综上所述，基于卡尔曼滤波的电—气综合能源系统动态状态估计的算法流程如图4-5所示。

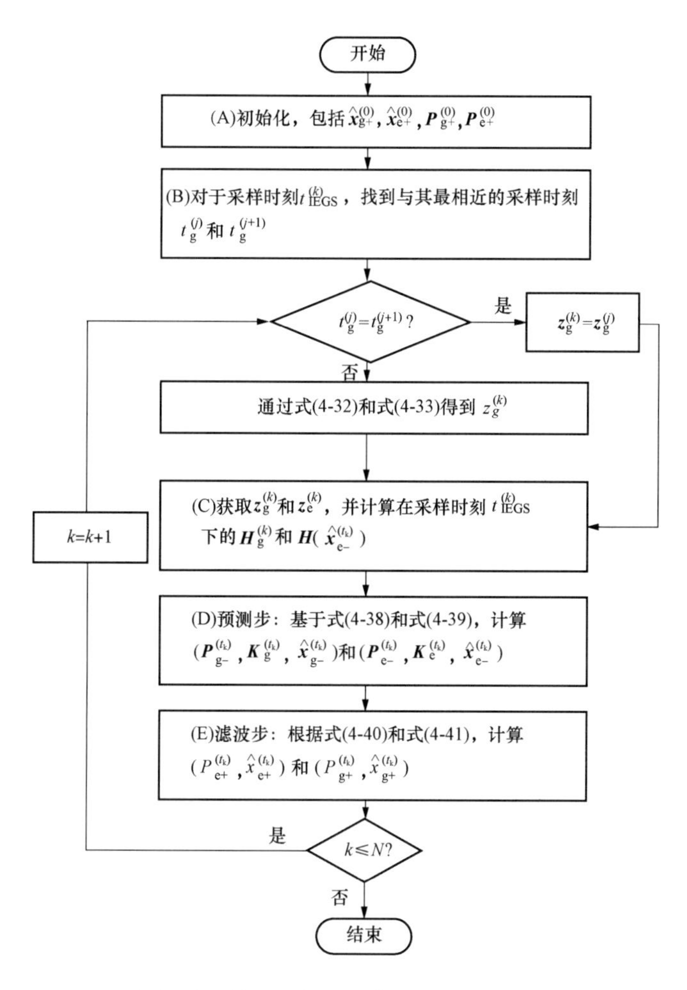

图4-5　基于卡尔曼滤波的电—气综合能源系统的动态状态估计求解流程

4.3.4　算例分析

1. 算例描述

本节算例由18节点的Belgium天然气系统[36]和IEEE 39节点电力系统组成，其拓扑结构如图4-6所示。在IEEE 39节点电力系统中，有10台发电机，其中G1与G2为燃气机组，其余均为火电机组。在天然气系统中，存在两个气源节点（节点1与节点15）以及8个负荷节点。其中，节点1与节点15的压强设置为3×10^7Pa。同时，天然气系统中的负荷节点7与节点10分别为电力系统算例中的G1与G2提供燃气，其余负荷节点均为天然气负荷节点。$\eta_{ij,GT}$取值为1.8(MW·s/kg)。

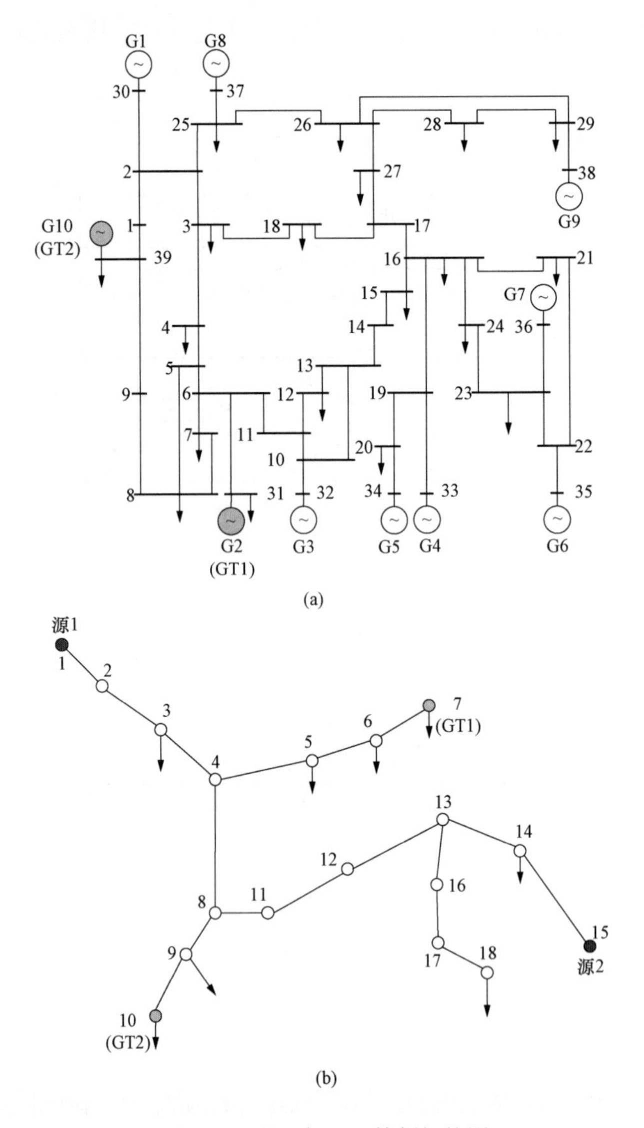

图 4-6　电—气 IES 算例拓扑图

（a）IEEE 39 节点电力系统拓扑结构；（b）18 节点 Belgium 天然气系统拓扑

根据表 4-1 中的天然气系统节点分类规则，该算例中的节点分类见表 4-2。

表 4-2　天然气系统中的节点类型

类型	节点	个数
源节点	1，15	2
中间节点	2，4，8，11，12	5
Ⅰ类负荷节点	3，5，6，9，14	5
Ⅱ类负荷节点	7，10，18	3

电—气 IES 日负荷变化如图 4-7 所示，图中描述了电力负荷与天然气负荷一天内的变化曲线。本节的算例分析主要考虑电力系统中有功功率的变化，而无功功率的变化在一天内的变化被视为很小，故不予考虑。

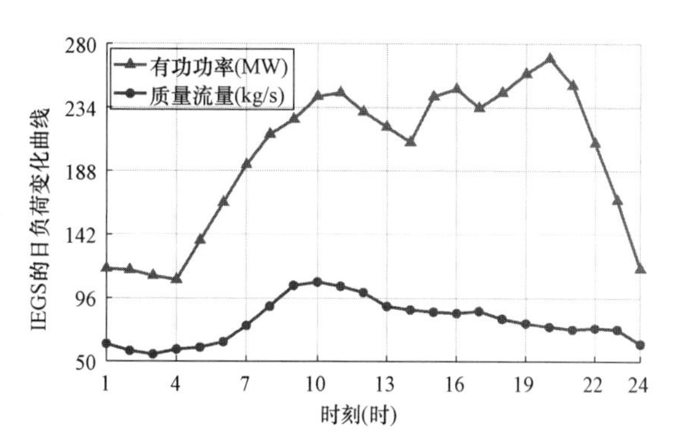

图 4-7　电—气 IES 的日负荷变化

2. 仿真结果分析

（1）性能指标。状态变量和量测量的估计值的均方根误差（root mean square error，RMSE）被用于评估所提出的 DSE 模型性能的指标，定义为：

$$R_{\mathrm{MSE}}^{t}(x)=\sqrt{\frac{1}{n}\sum_{i=1}^{n}(\hat{x}_{+}^{(t)}-x^{(t)})^{2}} \tag{4-42}$$

$$R_{\mathrm{MSE}}^{t}(z)=\sqrt{\frac{1}{m}\sum_{i=1}^{m}(\hat{z}_{+}^{(t)}-z^{(t)})^{2}} \tag{4-43}$$

式中：$\hat{x}_{+}^{(t)}$ 与 $x^{(t)}$ 分别为状态变量的后验估计值与真实值；$\hat{z}_{+}^{(t)}$ 与 $z^{(t)}$ 分别为量测量的后验估计值与真实值。

（2）差分间隔与量测配置。电力系统与天然气系统的采样间隔分别设置为 60s 与 360s。如前文所述，电—气 IES 的采样间隔应与电力系统保持一致。因此，对于天然气系统，其差分时的时间间隔 Δt 取 60s，空间间隔 ΔL 取 5km。天然气系统中的节点个数与支路个数（包括虚拟节点与虚拟支路）分别变为 98 与 97，对应状态变量的个数变为 287。

本节算例中的量测配置包括：①电力系统，各节点电压幅值、各节点注入功率和各支路一端的有功功率；②天然气系统，除控制变量（即源节点 1 与 15 的节点密度和节点 7、10 和 18 处的质量流量）外，节点 2、4、8 和 13 处的节点密度和与源节点 1 和 15 相连支路的质量流量。此外，两系统的过程噪声和量测噪声的标准差均设置为 10^{-3}。

（3）状态变量估计值的 RMSE 的对比。根据天然气系统中伪量测量的生成方式，本节考虑三种情形，即采用外插法、采用内插法与原始情形。其中原始情形是指假设天然气系统的采样频率与电力系统的采样频率相同，即不需要生成伪量测以对齐采样间隔。此外，通过在真实运行值的基础上添加量测噪声形成量测值。

为了进一步对比提出的 DSE 模型的估计性能，考虑第四种情形，即采用静态状态估计（SSE）方法对电—气 IES 进行状态估计。SSE 忽略了天然气管道的动态特性，采用电力系统与天然气系统稳态下的量测方程，并基于 WLS 构建状态估计模型[37]。在 SSE

中，天然气系统的伪量测通过内插法生成。因此，本节的状态变量估计值的 RMSE 的对比共包含四种情形，仿真结果如图 4-8～图 4-11 所示。

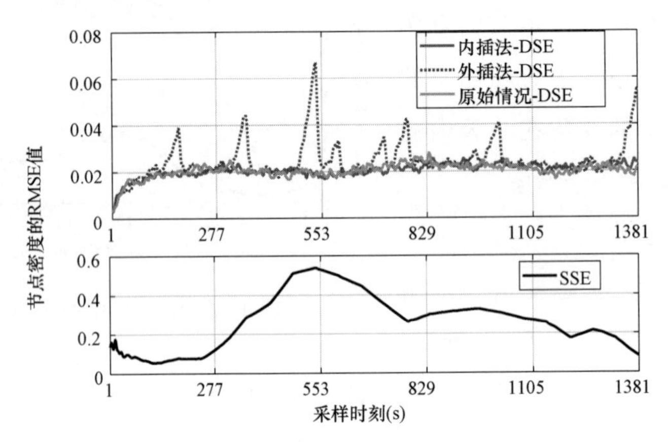

图 4-8　节点密度的 RMSE 数值对比

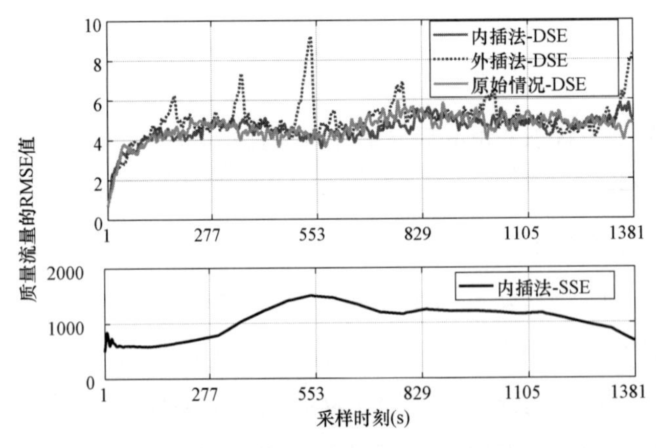

图 4-9　质量流量的 RMSE 数值对比

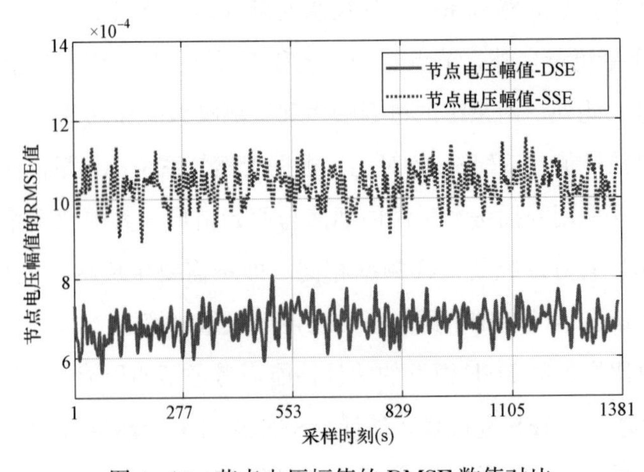

图 4-10　节点电压幅值的 RMSE 数值对比

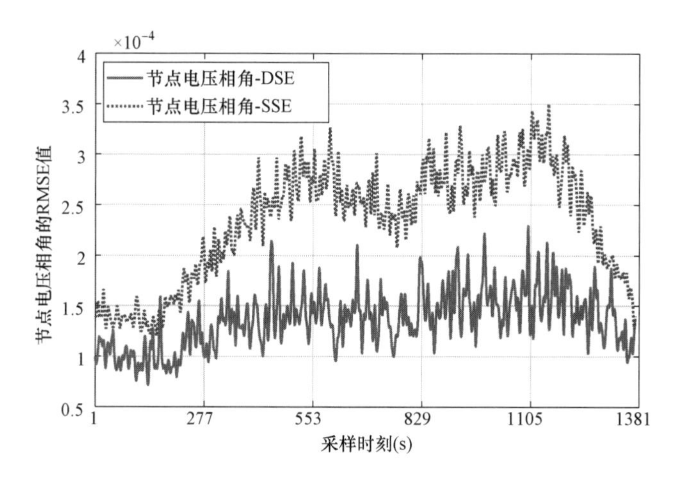

图 4 - 11　节点电压相角的 RMSE 数值对比

图 4 - 8 给出了节点密度在四种情形下的 RMSE 值，图 4 - 9 给出了质量流量在四种情形下的 RMSE 值。在进行状态估计计算时，SSE 假设每段管道的各处质量流量均相同。但实际上，当天然气系统处于暂态时，每段管道不同位置的质量流量是不相同的。因此，对于质量流量，SSE 计算得到的 RMSE 值较大，这证明了 SSE 得到的估计结果与实际运行结果偏差较大。对于节点密度，由 SSE 得到的状态变量的 RMSE 值仍大于 DSE 得到的 RMSE 值。这证明由 SSE 得到的状态变量的估计值存在较大的误差。

因此，对于 DSE，可得出以下三点结论：

1）通过 DSE 计算得到的天然气的状态变量的 RMSE 值，在三种情形下（即线性外插、线性内插和原始情形）均非常小，这意味着 DSE 得到的状态变量的估计值与其真实值很接近。其中，由于原始情形避免了通过内插法与外插法生成伪量测引入的误差，得到的 RMSE 值最小。

2）相较线性外插法，在线性内插法情形下计算得到的估计结果更好，更接近于原始情形下的估计结果。对于线性外插法，当量测量的趋势发生变化时，会产生较大的 RMSE 值。

3）质量流量的 RMSE 值相较节点密度的 RMSE 值更大。考虑质量流量的量测数据的数量级在 10^2 左右，因此对于质量流量仿真结果也是相对精确的。

由 DSE 与 SSE 计算得到的节点电压幅值的 RMSE 值对比如图 4 - 10 所示，节点电压相角的 RMSE 值对比如图 4 - 11 所示。可以看到，由于 DSE 和 SSE 均假设电力系统处于稳态，两者得到的状态变量的 RMSE 值的差别不大，即两者得到的状态变量的估计值均接近于真实值。

表 4 - 3 展示了 DSE 和 SSE 计算得到的状态变量的平均 RMSE 值。

表 4 - 3　　DSE 与 SSE 计算得到的状态变量的平均 RMSE 值

RMSE 的平均值	场景			
	SSE	DSE		
		内插法	外插法	原始情况
节点密度	0.270	0.021	0.025	0.020
质量流量	1063.591	4.540	4.971	4.592
节点电压幅值	1.030×10^{-3}	—	0.950×10^{-3}	—
节点电压相角	2.348×10^{-4}	—	2.260×10^{-4}	—

由表 4 - 3 可以看出：

1）对于天然气系统，SSE 产生了较大的估计误差，而 DSE 则得到了精确的估计结果。

2）对于 DSE，采用线性内插法得到的估计结果要优于采用线性外插法得到的估计结果。而外插法得到的估计结果也在可接受的范围内。这意味着在实际运行中，当未来时刻的某些采样点数据无法得到时，可以采用外插法替代内插法进行部分伪量测的生成。

3）对于电力系统，DSE 的估计结果仍要优于 SSE 的估计结果。

由 DSE 和 SSE 计算得到的单次状态估计的计算时间见表 4 - 4。由表 4 - 4 可以看到，DSE 的单次状态估计时间仅需 0.009s，远小于 SSE 的运行时间。在实际应用中，一般先运行 SSE，为 DSE 提供一个初值，然后再运行 DSE。

表 4 - 4　　DSE 与 SSE 的单次状态估计运行时间

状态估计方法	DSE	SSE
单次状态估计的计算时间（s）	0.009	0.023

（4）状态变量的估计值的比较。为了进一步证明 DSE 的估计精度，图 4 - 12 展示了由 DSE 计算得到的天然气系统节点 8 的质量流量、节点、密度，图 4 - 13 给出了电力系统节点 32 的节点电压幅值、相角，并且与由 SSE 计算得到的估计值和相应的真实值进行了对比。

由图 4 - 12（a）与图 4 - 12（b）可以看出，对于天然气系统中的节点 8，由 DSE 得到的状态变量的估计值与真实值接近，而由 SSE 得到的状态变量的估计值则产生了较大的误差。

在图 4 - 13（a）和图 4 - 13（b）中，由 DSE 和 SSE 计算得到的节点 32 的状态变量的估计值均与真实值接近。

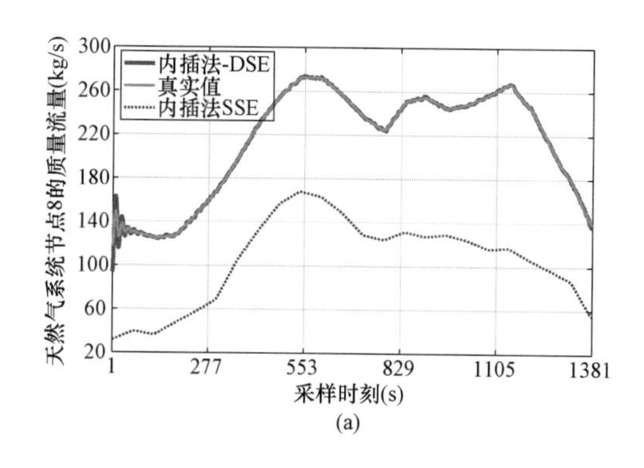

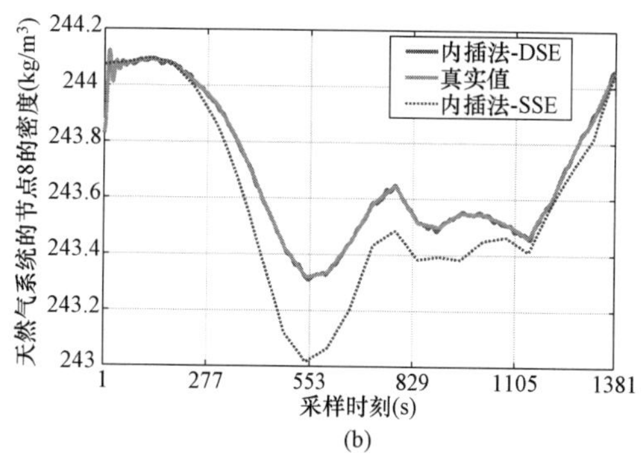

图 4-12　天然气系统节点 8 的质量流量、节点密度对比

(a) 节点 8 的质量流量；(b) 节点 8 的密度

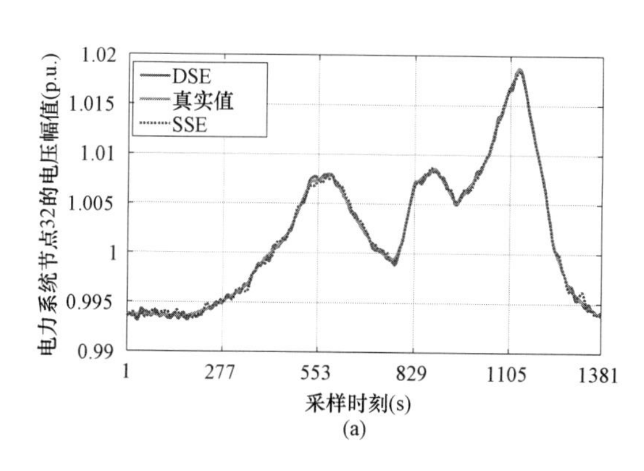

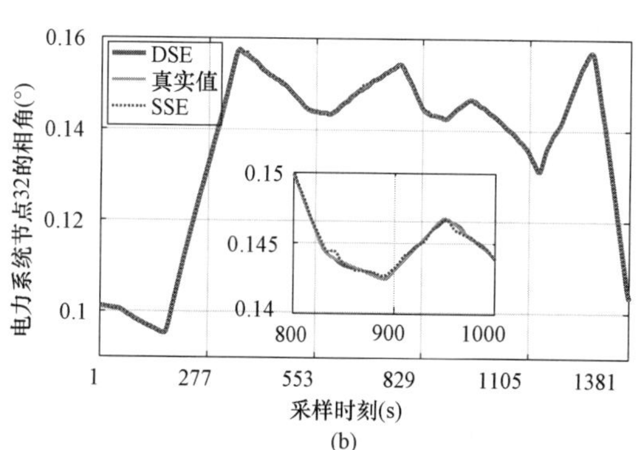

图 4-13　电力系统节点 32 的节点电压幅值、相角对比

(a) 节点 32 的电压幅值；(b) 节点 32 的相角

（5）量测量的 RMSE 值的对比。为了证明 DSE 具有滤波的功能，对比了 DSE 得到的量测估计值的 RMSE 值与生量测的 RMSE 值，其中，天然气系统的伪量测是通过线性内插法计算得到的。经过计算，天然气系统量测量 RMSE 数值对比如图 4-14 所示，电力系统量测 RMSE 数值对比如图 4-15 所示。

由图 4-14 和图 4-15 可以看到：

1）DSE 得到的量测估计值的 RMSE 值在整个采样周期内处于较低的水平，这证明了所提方法的精确性；

2）DSE 得到的量测估计值的 RMSE 值在整个采样周期内均小于生数据的 RMSE 值，这证明了 DSE 的滤波功能。

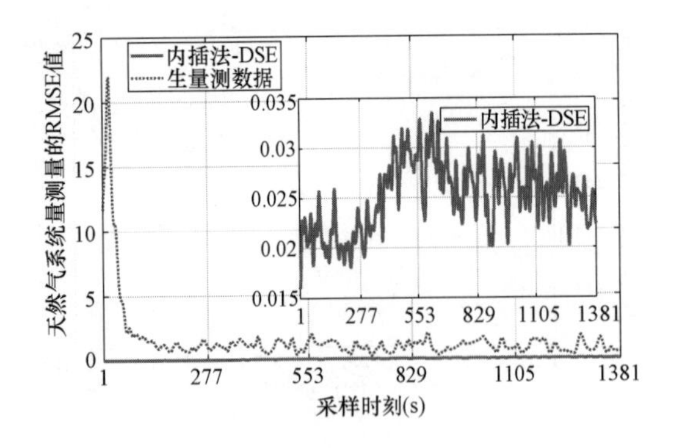

图 4-14　天然气系统量测量 RMSE 数值对比

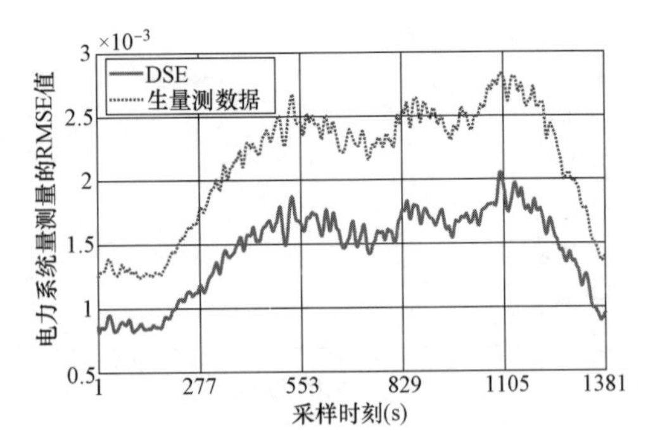

图 4-15　电力系统量测量 RMSE 数值对比

综上所述，本章提出了一种考虑天然气系统暂态特性的电—气 IES 动态状态估计方法。首先，建立适用于辐射状天然气系统和环状天然气系统的标准化状态转移方程，为电—气 IES 的动态状态估计建模奠定了基础；其次，利用插值方法对不同采样周期的电力系统和天然气系统的量测量进行融合，以保证动态状态估计的可观测性；最后，介绍了一种基于卡尔曼滤波的电—气 IES 动态状态估计模型，此模型考虑了天然气的动态特性，能较准确地估计天然气系统和电力系统的运行状态。

需要指出的是，本章介绍的基于卡尔曼滤波的电—气 IES 动态状态估计模型尚不具备抗差性，下一步还需要研究基于抗差性的 IES 动态状态估计模型。

参考文献

[1] 张义斌．天然气-电力混合系统分析方法研究［D］．北京：中国电力科学研究院，2005.

[2] 孙宏斌，潘昭光，郭庆来．多能流能量管理研究：挑战与展望［J］．电力系统自动化，2016，40（15）：1-8，16.

[3] Liu W，Li P，Yang W，et al. Optimal energy flow for integrated energy systems considering gas transients ［J］. IEEE Transactions on Power Systems，2019，34（6）：5076-5079.

[4] 陈艳波，高瑜珑，赵俊博，等．综合能源系统状态估计研究综述［J］．高电压技术，2021，47（7）：2281-2292.

[5] Chen Y，Yao Y，Lin Y，et al. Dynamic state estimation for integrated electricity-gas systems based on Kalman filter ［J］. CSEE Journal of Power and Energy Systems，2020，doi：10.17775/CSEEJPES.2020.02050.

[6] Sundar K，Zlotnik A. State and parameter estimation for natural gas pipeline networks using transient state data ［J］. IEEE Transactions on Control Systems Technology，2019，27（5）：2110-2124.

[7] Yang J，Zhang N，Botterud A，et al. On an equivalent representation of the dynamics in district heating networks for combined electricity-heat operation ［J］. IEEE Transactions on Power Systems，

2020，35（1）：560 - 570.

[8] 李昊飞，瞿凯平，余涛．低碳动态电—气最优能流的加速凸分散优化求解 [J]．电力系统自动化，2019，43（12）：85 - 93，103.

[9] Badakhshan S，Ehsan M，Shahidehpour M，et al. Security - constrained unit commitment with natural gas pipeline transient constraints [J]. IEEE Transactions on Smart Grid，2020，11（1）：118 - 128.

[10] Yang J，Zhang N，Kang C，et al. Effect of natural gas flow dynamics in robust generation scheduling under wind uncertainty [J]. IEEE Transactions on Power Systems，2018，33（2）：2087 - 2097.

[11] Fang J，Zeng Q，Ai X，et al. Dynamic optimal energy flow in the integrated natural gas and electrical power systems [J]. IEEE Transactions on Sustainable Energy，2018，9（1）：188 - 198.

[12] Manson J，Wallis S. An accurate numerical algorithm for advective transport [J]. Communications in numerical methods in engineering，1995，11（12）：1039 - 1045.

[13] Idelsohn S，Heinrich J，Onate E. Petrov - galerkin methods for the transient advective - diffusive equation with sharp gradients [J]. International Journal for Numerical Methods in Engineering，1996，39（9）：1455 - 1473.

[14] Benonysson A，Bøhm B，Ravn H. Operational optimization in a district heating system [J]. Energy Conversion and Management，1995，36（5）：297 - 314.

[15] Reddy H，Narasimhan S，Bhallamudi S. Simulation and State Estimation of Transient Flow in Gas Pipeline Networks Using a Transfer Function Model [J]. Industrial & Engineering Chemistry Research，2006，45（11）：3853 - 3863.

[16] 陈彬彬，孙宏斌，陈瑜玮，等．综合能源系统分析的统一能路理论（一）：气路 [J]．中国电机工程学报，2020，40（02）：436 - 444.

[17] 陈彬彬，孙宏斌，尹冠雄，等．综合能源系统分析的统一能路理论（二）：水路与热路 [J]．中国电机工程学报，2020，40（07）：2133 - 2142，2393.

[18] Zhang T，Li Z，Wu Q，et al. Decentralized state estimation of combined heat and power systems using the asynchronous alternating direction method of multipliers [J]. Applied Energy，2019，248：600 - 613.

[19] Sheng T，Yin G，Guo Q，et al. A Hybrid State Estimation Approach for Integrated Heat and Electricity Networks Considering Time - scale Characteristics [J]. Journal of Modern Power Systems and Clean Energy，2020，8（4）：636 - 645.

[20] 董雷，王春斐，李烨，等．多时间断面电—气综合能源系统状态估计 [J]．电网技术，2020，44（09）：3458 - 3465.

[21] 尹冠雄，陈彬彬，孙宏斌，等．综合能源系统分析的统一能路理论（四）：天然气网动态状态估计 [J]．中国电机工程学报，2020，40（18）：5827 - 5837.

[22] Siouris G, Chen G, Wang J. Tracking an incoming ballistic missile using an extended interval Kalman filter [J]. IEEE Transactions on Aerospace and Electronic Systems, 1997, 33 (1): 232-240.

[23] Song T. Target adaptive guidance for passive homing missiles [J]. IEEE Transactions on Aerospace and Electronic Systems, 1997, 33 (1): 312-316.

[24] Singer R. Estimating Optimal Tracking Filter Performance for Manned Maneuvering Target [J]. IEEE Transactions on Aerospace and Electronic Systems, 1970, 6 (4): 473-483.

[25] Debs A, Larson R. A Dynamic Estimator for Tracking the State of a Power System [J]. IEEE Transactions on Power Apparatus and Systems, 1970, 89 (7): 1670-1678.

[26] Valverde G, Terzija V. Unscented kalman filter for power system dynamic state estimation [J]. IET Generation Transmission & Distribution, 2011, 5 (1): 29-37.

[27] 李大路，李蕊，孙元章．混合量测下基于UKF的电力系统动态状态估计 [J]．电力系统自动化，2010，34 (17)：17-21，92.

[28] 卫志农，孙国强，庞博．无迹卡尔曼滤波及其平方根形式在电力系统动态状态估计中的应用 [J]. 中国电机工程学报，2011，31 (16)：74-80.

[29] 陈亮，毕天姝，李劲松，等．基于容积卡尔曼滤波的发电机动态状态估计 [J]．中国电机工程学报，2014，34 (16)：2706-2713.

[30] 毕天姝，陈亮，薛安成，等．基于鲁棒容积卡尔曼滤波器的发电机动态状态估计 [J]．电工技术学报，2016，31 (04)：163-169.

[31] Zhao J, Netto M, Mili L. A Robust Iterated Extended Kalman Filter for Power System Dynamic State Estimation [J]. IEEE Transactions on Power Systems, 2017, 32 (4): 3205-3216.

[32] Zhao J, Expósito A, Netto M, et al. Power System Dynamic State Estimation: Motivations, Definitions, Methodologies, and Future Work [J]. IEEE Transactions on Power Systems, 2019, 34 (4): 3188-3198.

[33] Durgut I, Leblebicio ǧ lu M. State estimation of transient flow in gas pipelines by a Kalman filter-based estimator [J]. Industrial & Engineering Chemistry Research, 2016, 35: 189-196.

[34] Expósito A, Quiles C, Džafi ć I. State estimation in two time scales for smart distribution systems [J]. IEEE Transactions on Smart Grid, 2015, 6 (1): 421-430.

[35] Silva A, Filho M, Queiroz J. State forecasting in electric power systems [J]. IEE Proceedings-Generation Transmission and Distribution, 1983, 130 (5): 237-244.

[36] D De Wolf, Smeers Y. The gas transmission problem solved by an extension of the simplex algorithm [J]. CORE Discussion Papers RP, 2000.

[37] 董今妮，孙宏斌，郭庆来，等．面向能源互联网的电—气耦合网络状态估计技术 [J]．电网技术，2018，42 (02)：400-408.

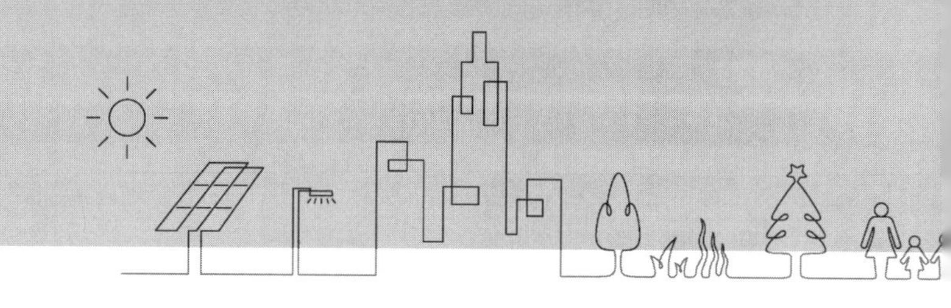

第 5 章　综合能源系统分布式状态估计

5.1　概述

第 2 章至第 4 章均为集中式状态估计方法，对于具有集中数据能量管理中心的园区式 IES 具有良好的适用性。但在工程实际中，除了园区 IES 之外，还存在不少分布地域较广的 IES，这些 IES 的各子系统分属不同的管理主体，因此存在信息隐私、操作差异和目标差异等行业壁垒问题[1]，导致 IES 不具备集中数据能量管理中心。上述原因使得集中式状态估计方法适用面较小，为保证 IES 经济、安全、稳定运行，需提出面向 IES 的分布式状态估计方法[2]。

与集中式状态估计方法不同，分布式状态估计需要 IES 每个子系统独自进行状态估计，仅可在耦合元件处进行信息交流，最终获取全系统状态变量估计值。这就要求在进行 IES - SE 时，IES 各子系统的信息需进行有效协调。目前，国内外学者对 IES 分布式状态估计方法进行了初步研究。Du Yaxin、Zhang Wen 等[3]提出了基于交替方向乘子法（alternating direction method of multipliers，ADMM）的分布式电—热—气 IES - SE，该模型采用双线性变换将非线性量测方程线性化，然后通过 ADMM 算法将基于 WLS 的 IES - SE 转化成分布式 SE。Zhang Tong、Li Zhigang 等[4]提出了一种基于 WLS 的分布式电—热 IES 动态状态估计模型，并提出采用异步 ADMM 算法对模型进行求解，具有较高的计算效率。Zhang Tingting、Zhang Wen 等[5]提出了一种基于容积卡尔曼滤波的异步分布式电—热 IES 的动态状态估计方法。刘鑫蕊、孙秋野等[6]提出了一种基于无迹卡尔曼滤波的电—热—气 IES 分布式动态状态估计方法。

上述研究工作推动了 IES 分布式状态估计的研究，在正常量测的情况下均可得到较高的估计精度，但尚存以下两方面缺点：①上述分布式状态估计方法均不具备抗差性，在工程实际中常常会出现坏数据的情况，此时若采取上述方法进行状态估计，无法保证估计结果的可靠性和精度，不利于对 IES 的管理与调度；②分布式动态状态估计对初值比较敏感，估计精度有待进一步提高。

本章首先介绍基于 WLS 的电—热 IES 分布式状态估计方法，由于 WLS 本身不具备抗差性，通常在 WLS 运行之后利用 LNR 对不良数据进行辨识，但是 WLS+LNR 对强相关性的不良数据辨识能力有限。为此本章进一步介绍基于 WLAV 的电—热 IES 分布式抗差状态估计方法，此方法具有以下优势：①在进行电—热 IES 分布式状态估计计算时，电力系统与热力系统间无须进行完全的信息共享，仅需对耦合元件的数据进行交互，从而在确保状态估计得到高精度结果的同时，保证了信息的隐私性与安全性；②所提方法具有良好的抗差性，可以辨识强相关的不良数据。

5.2 基于 WLS 的电—热综合能源系统分布式状态估计

5.2.1 基于 WLS 的电—热 IES 分布式状态估计建模和求解

为更清晰展示电—热 IES 分布式状态估计模型，首先将电—热按照热力系统与电力系统进行划分，两子系统通过 CHP 单元进行耦合，分区情况如图 5-1 所示。

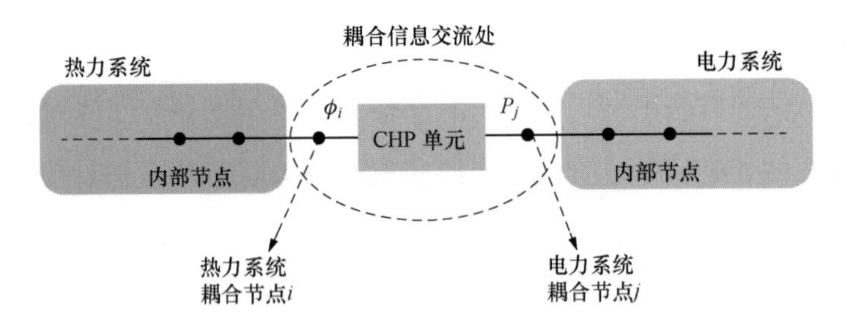

图 5-1 电—热 IES 分区图

根据 3.2 节提出的量测模型、3.3 节提出的基于 WLS 的电—热 IES-SE 模型以及图 5-1 的分区形式，将式（3-26）所示的 WLS 模型分为电网和热网两部分，则可得到基于 WLS 的电—热 IES 分布式状态估计模型为[3]：

$$\begin{aligned}&\min[\boldsymbol{z}_{\mathrm{e}}-\boldsymbol{h}_{\mathrm{e}}(\boldsymbol{x}_{\mathrm{e}})]^{\mathrm{T}}\boldsymbol{w}_{\mathrm{e}}[\boldsymbol{z}_{\mathrm{e}}-\boldsymbol{h}_{\mathrm{e}}(\boldsymbol{x}_{\mathrm{e}})]+[\boldsymbol{z}_{\mathrm{h}}-\boldsymbol{h}_{\mathrm{h}}(\boldsymbol{x}_{\mathrm{h}})]^{\mathrm{T}}\boldsymbol{w}_{\mathrm{h}}[\boldsymbol{z}_{\mathrm{h}}-\boldsymbol{h}_{\mathrm{h}}(\boldsymbol{x}_{\mathrm{h}})]\\&\mathrm{s.t.}\ \boldsymbol{0}=\boldsymbol{H}_{\mathrm{h}}^{c}\boldsymbol{x}_{\mathrm{h}}+\boldsymbol{H}_{\mathrm{e}}^{c}\boldsymbol{x}_{\mathrm{e}}\end{aligned} \tag{5-1}$$

式中：下标 e 和 h 分别代表电力系统与热力系统；$\boldsymbol{H}_{\mathrm{e}}^{c}$ 与 $\boldsymbol{H}_{\mathrm{h}}^{c}$ 分别为耦合元件约束与零注入功率约束中对应电力系统与热力系统状态变量的系数矩阵。

为求解式（5-1），构造增广拉格朗日函数：

$$\begin{aligned}L_{\rho}(\boldsymbol{x}_{\mathrm{e}}、\boldsymbol{x}_{\mathrm{h}}、\boldsymbol{\lambda}_1)=&[\boldsymbol{z}_{\mathrm{e}}-\boldsymbol{h}_{\mathrm{e}}(\boldsymbol{x}_{\mathrm{e}})]^{\mathrm{T}}\boldsymbol{w}_{\mathrm{e}}[\boldsymbol{z}_{\mathrm{e}}-\boldsymbol{h}_{\mathrm{e}}(\boldsymbol{x}_{\mathrm{e}})]+[\boldsymbol{z}_{\mathrm{h}}-\boldsymbol{h}_{\mathrm{h}}(\boldsymbol{x}_{\mathrm{h}})]^{\mathrm{T}}\boldsymbol{w}_{\mathrm{h}}[\boldsymbol{z}_{\mathrm{h}}-\boldsymbol{h}_{\mathrm{h}}(\boldsymbol{x}_{\mathrm{h}})]\\&+\boldsymbol{\lambda}_1^{\mathrm{T}}(\boldsymbol{H}_{\mathrm{h}}^{c}\boldsymbol{x}_{\mathrm{h}}+\boldsymbol{H}_{\mathrm{e}}^{c}\boldsymbol{x}_{\mathrm{e}})+\frac{\rho}{2}\|\boldsymbol{H}_{\mathrm{h}}^{c}\boldsymbol{x}_{\mathrm{h}}+\boldsymbol{H}_{\mathrm{e}}^{c}\boldsymbol{x}_{\mathrm{e}}\|_2^2\end{aligned} \tag{5-2}$$

式中：λ_1 为拉格朗日乘子向量，是构造拉格朗日函数过程中的对偶变量；ρ 为惩罚因子，

为非负项。

采用 ADMM 算法对式（5 - 2）进行交替求解，则第 $k+1$ 次状态变量、拉格朗日乘子迭代形式可以写为：

$$\begin{cases} \boldsymbol{x}_{\mathrm{e}}^{(k+1)} = \operatorname{argmin} L_{\rho}(\boldsymbol{x}_{\mathrm{e}}, \boldsymbol{x}_{\mathrm{h}}^{(k)}, \boldsymbol{\lambda}_{1}^{(k)}) \\ \boldsymbol{x}_{\mathrm{h}}^{(k+1)} = \operatorname{argmin} L_{\rho}(\boldsymbol{x}_{\mathrm{e}}^{(k+1)}, \boldsymbol{x}_{\mathrm{h}}, \boldsymbol{\lambda}_{1}^{(k)}) \\ \boldsymbol{\lambda}_{1}^{(k+1)} = \boldsymbol{\lambda}_{1}^{(k)} + \rho(\boldsymbol{H}_{\mathrm{h}}^{c} \boldsymbol{x}_{\mathrm{h}}^{(k+1)} + \boldsymbol{H}_{\mathrm{e}}^{c} \boldsymbol{x}_{\mathrm{e}}^{(k+1)}) \end{cases} \tag{5 - 3}$$

式中：k 为迭代计数次数。

在式（5 - 3）中，首先对电力系统子系统进行更新迭代。更新电力系统时，$\boldsymbol{x}_{\mathrm{h}}$、$\boldsymbol{\lambda}_{1}$ 均取第 k 次迭代结果；随后进行热力系统子系统更新，此时，$\boldsymbol{x}_{\mathrm{e}}$ 取第 $k+1$ 次的迭代更新值，$\boldsymbol{\lambda}_{1}$ 取第 k 次迭代结果；最终更新拉格朗日乘子的值，此时，$\boldsymbol{x}_{\mathrm{e}}$、$\boldsymbol{x}_{\mathrm{h}}$ 均取第 $k+1$ 次更新值；当满足式（5 - 4）时，迭代更新终止。

$$\begin{cases} \| r^{(k+1)} \|_{\infty} = \| \boldsymbol{H}_{\mathrm{e}}^{c} \boldsymbol{x}_{\mathrm{e}}^{(k+1)} + \boldsymbol{H}_{\mathrm{h}}^{c} \boldsymbol{x}_{\mathrm{h}}^{(k+1)} \|_{\infty} \leqslant \varepsilon_{\mathrm{pri}} \\ \| s^{(k+1)} \|_{\infty} = \left\| \begin{matrix} \boldsymbol{x}_{\mathrm{e}}^{(k+1)} - \boldsymbol{x}_{\mathrm{e}}^{(k)} \\ \boldsymbol{x}_{\mathrm{h}}^{(k+1)} - \boldsymbol{x}_{\mathrm{h}}^{(k)} \end{matrix} \right\|_{\infty} \leqslant \varepsilon_{\mathrm{dual}} \end{cases} \tag{5 - 4}$$

式中：$r^{(k+1)}$ 为第 $k+1$ 次迭代的原始残差；$s^{(k+1)}$ 为第 $k+1$ 次迭代的对偶残差；$\varepsilon_{\mathrm{pri}}$ 与 $\varepsilon_{\mathrm{dual}}$ 分别为原始残差与对偶残差的收敛阈值。

5.2.2　算例分析

本节采用修改后的 IEEE 14 节点电力系统与巴厘岛 32 节点热力系统[7]耦合的电—热综合能源系统作为仿真对象。程序平台采用 MATLAB2018b。CPU 为 Intel（R）Core（TM）i7 - 6700HQ，主频为 2.59GHz，内存为 8GB。其中，修改后的 IEEE 14 节点电力系统中的松弛节点 1 与巴厘岛 32 节点热力系统中的热源节点 31 通过一台燃气轮机相联系，比例系数 $c_{\mathrm{m1}}=1.3$；电力系统中的 PV 节点 8 与热力系统中的松弛节点 1 通过一台汽轮机相联系，其中 $Z=8.1$，$P_{\mathrm{con}}=0.2$（标幺值）；电力系统中的 PV 节点 6 与热力系统中的热源节点 32 通过一台内燃机相联系，比例系数 $c_{\mathrm{m2}}=1.266$。电—热 IES 拓扑结构如图 5 - 2 所示，耦合元件的布置见表 5 - 1，热力系统的具体参数参考文献［9］。

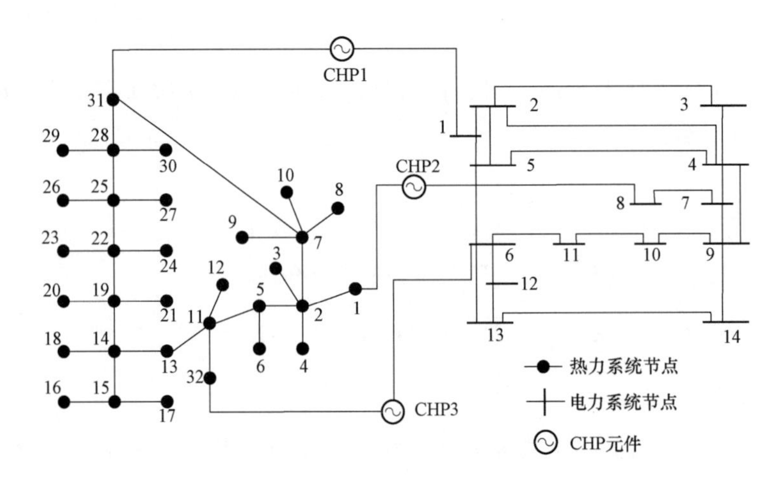

图 5-2　电—热 IES 拓扑结构图

表 5-1　　电—热综合能源系统的耦合元件

序号	CHP 机组类型	电网联系节点	热网联系节点
1	燃气轮机	1（松弛节点）	31
2	汽轮机	8	1（松弛节点）
3	内燃机	6	32

本节选取状态变量的最大估计误差 $\boldsymbol{S}_{\max}$ 作为状态估计性能分析的指标，其表达式为：

$$\boldsymbol{S}_{\max}=\frac{1}{T}\sum_{j=1}^{T}\max|(\boldsymbol{x}_{\text{true}}-\hat{\boldsymbol{x}})/\boldsymbol{x}_{\text{true}}| \tag{5-5}$$

式中：$\boldsymbol{x}_{\text{true}}$ 和 $\hat{\boldsymbol{x}}$ 分别为状态变量的真实值与估计值；T 为进行蒙特卡洛仿真实验的次数，本节进行 1000 次的蒙特卡洛仿真实验。

表 5-2 中展示了在正常量测下基于 WLS 的分布式状态估计的状态变量最大误差 $\boldsymbol{S}_{\max}$ 情况。

表 5-2　　状态变量的最大估计误差

状态估计方法	状态变量的最大估计误差				
	$\boldsymbol{x}_{\text{e}}$		$\boldsymbol{x}_{\text{h}}$		
	$\boldsymbol{U}$	$\boldsymbol{\theta}$	$\boldsymbol{p}$	$\boldsymbol{T}_{\text{r}}$	$\boldsymbol{T}_{\text{s}}$
基于 WLS 的分布式状态估计	1.00×10^{-3}	1.97×10^{-2}	1.14×10^{-4}	5.05×10^{-5}	2.79×10^{-5}

由表 5-2 可以看出在正常量测配置下，本节所介绍的基于 WLS 的电—热 IES 分布

式状态估计方法可以得到较高的状态变量估计精度，满足工程实际应用。在非正常量测配置（即存在不良数据）情况下的性能测试见 5.3.2 节。

5.3　基于 WLAV 的电—热综合能源系统分布式状态估计

5.3.1　基于 WLAV 的电—热 IES 分布式状态估计模型建立和求解

根据 3.2 节提出的量测模型以及 3.4 节提出的集中式双线性抗差电—热 IES - SE 模型，将式（3 - 38）描述的 WLAV 模型分为电网和热网两部分，则可得到基于 WLAV 的电—热 IES 分布式状态估计模型为：

$$
\begin{aligned}
&\min\ \boldsymbol{w}_{\mathrm{e}}(\boldsymbol{u}_{\mathrm{e}}+\boldsymbol{v}_{\mathrm{e}})+\boldsymbol{w}_{\mathrm{h}}(\boldsymbol{u}_{\mathrm{h}}+\boldsymbol{v}_{\mathrm{h}})\\
&\text{s. t.}\begin{cases}
\boldsymbol{z}_{\mathrm{e}}^{a}-\boldsymbol{H}_{\mathrm{e}}^{a}\boldsymbol{x}_{\mathrm{e}}^{a}=\boldsymbol{u}_{\mathrm{e}}-\boldsymbol{v}_{\mathrm{e}}\\
\boldsymbol{z}_{\mathrm{h}}^{a}-\boldsymbol{H}_{\mathrm{h}}^{a}\boldsymbol{x}_{\mathrm{h}}^{a}=\boldsymbol{u}_{\mathrm{h}}-\boldsymbol{v}_{\mathrm{h}}\\
\boldsymbol{0}=\boldsymbol{H}_{\mathrm{e}}^{c}\boldsymbol{x}_{\mathrm{e}}^{a}+\boldsymbol{H}_{\mathrm{h}}^{c}\boldsymbol{x}_{\mathrm{h}}^{a}\\
\boldsymbol{u}_{\mathrm{e}},\boldsymbol{v}_{\mathrm{e}},\boldsymbol{u}_{\mathrm{e}},\boldsymbol{v}_{\mathrm{e}}\geqslant\boldsymbol{0}
\end{cases}
\end{aligned}
\tag{5 - 6}
$$

式中：$\boldsymbol{u}_{\mathrm{e}}$、$\boldsymbol{v}_{\mathrm{e}}$、$\boldsymbol{u}_{\mathrm{e}}$、$\boldsymbol{v}_{\mathrm{e}}$ 为引入的非负辅助变量；$\boldsymbol{z}_{\mathrm{e}}^{a}$、$\boldsymbol{z}_{\mathrm{h}}^{a}$ 分别为电力系统与热力系统量测向量；$\boldsymbol{x}_{\mathrm{e}}^{a}$、$\boldsymbol{x}_{\mathrm{h}}^{a}$ 分别为电力系统与热力系统中间状态变量向量；$\boldsymbol{H}_{\mathrm{e}}^{c}$ 与 $\boldsymbol{H}_{\mathrm{h}}^{c}$ 分别为耦合元件约束与零注入功率约束中电力系统与热力系统状态变量的系数矩阵。

为求解式（5 - 6），构造增广拉格朗日函数：

$$
\begin{aligned}
L_{\rho}(\boldsymbol{u}_{\mathrm{e}},\boldsymbol{v}_{\mathrm{e}},\boldsymbol{x}_{\mathrm{e}}^{a},\boldsymbol{x}_{\mathrm{h}}^{a},\boldsymbol{u}_{\mathrm{h}},\boldsymbol{v}_{\mathrm{h}},\boldsymbol{\lambda})=&\boldsymbol{w}_{\mathrm{e}}(\boldsymbol{u}_{\mathrm{e}}+\boldsymbol{v}_{\mathrm{e}})+\boldsymbol{w}_{\mathrm{h}}(\boldsymbol{u}_{\mathrm{h}}+\boldsymbol{v}_{\mathrm{h}})+\lambda_{1}^{\mathrm{T}}(\boldsymbol{z}_{\mathrm{e}}^{a}-\boldsymbol{H}_{\mathrm{e}}^{a}\boldsymbol{x}_{\mathrm{e}}^{a}-\boldsymbol{u}_{\mathrm{e}}+\boldsymbol{v}_{\mathrm{e}})\\
&+\lambda_{2}^{\mathrm{T}}(\boldsymbol{z}_{\mathrm{h}}^{a}-\boldsymbol{H}_{\mathrm{h}}^{a}\boldsymbol{x}_{\mathrm{h}}^{a}-\boldsymbol{u}_{\mathrm{h}}+\boldsymbol{v}_{\mathrm{h}})+\lambda_{3}^{\mathrm{T}}(\boldsymbol{H}_{\mathrm{e}}^{c}\boldsymbol{x}_{\mathrm{e}}^{a}+\boldsymbol{H}_{\mathrm{h}}^{c}\boldsymbol{x}_{\mathrm{h}}^{a})\\
&+\frac{\rho}{2}(\|\boldsymbol{z}_{\mathrm{e}}^{a}-\boldsymbol{H}_{\mathrm{e}}^{a}\boldsymbol{x}_{\mathrm{e}}^{a}-\boldsymbol{u}_{\mathrm{e}}+\boldsymbol{v}_{\mathrm{e}}\|_{2}^{2}\\
&+\|\boldsymbol{z}_{\mathrm{h}}^{a}-\boldsymbol{H}_{\mathrm{h}}^{a}\boldsymbol{x}_{\mathrm{h}}^{a}-\boldsymbol{u}_{\mathrm{h}}+\boldsymbol{v}_{\mathrm{h}}\|_{2}^{2}+\|\boldsymbol{H}_{\mathrm{e}}^{c}\boldsymbol{x}_{\mathrm{e}}^{a}+\boldsymbol{H}_{\mathrm{h}}^{c}\boldsymbol{x}_{\mathrm{h}}^{a}\|_{2}^{2})
\end{aligned}
\tag{5 - 7}
$$

式中：λ_1、λ_2、λ_3 为拉格朗日乘子，是构造拉格朗日函数过程中的对偶变量；ρ 为惩罚因子，为非负项。

根据 ADMM 的解法，对子系统的中间状态变量、非负辅助变量和拉格朗日乘子进行交替迭代更新。第 $k+1$ 次迭代形式可以写为：

$$\begin{cases} \boldsymbol{u}_{\mathrm{e}}^{(k+1)},\boldsymbol{v}_{\mathrm{e}}^{(k+1)} = \arg[\min L_{\rho}(\boldsymbol{u}_{\mathrm{e}},\boldsymbol{v}_{\mathrm{e}},\boldsymbol{x}_{\mathrm{e}}^{a,(k)},\boldsymbol{u}_{\mathrm{h}}^{(k)},\boldsymbol{v}_{\mathrm{h}}^{(k)},\boldsymbol{x}_{\mathrm{h}}^{a,(k)},\boldsymbol{\lambda}_{i}^{(k)})] \\ \boldsymbol{x}_{\mathrm{e}}^{a,(k+1)} = \arg[\min L_{\rho}(\boldsymbol{u}_{\mathrm{e}}^{(k+1)},\boldsymbol{v}_{\mathrm{e}}^{(k+1)},\boldsymbol{x}_{\mathrm{e}}^{a},\boldsymbol{u}_{\mathrm{h}}^{(k)},\boldsymbol{v}_{\mathrm{h}}^{(k)},\boldsymbol{x}_{\mathrm{h}}^{a,(k)},\boldsymbol{\lambda}_{i}^{(k)})] \\ \boldsymbol{u}_{\mathrm{h}}^{(k+1)},\boldsymbol{v}_{\mathrm{h}}^{(k+1)} = \arg[\min L_{\rho}(\boldsymbol{u}_{\mathrm{e}}^{(k+1)},\boldsymbol{v}_{\mathrm{e}}^{(k+1)},\boldsymbol{x}_{\mathrm{e}}^{a,(k+1)},\boldsymbol{u}_{\mathrm{h}},\boldsymbol{v}_{\mathrm{h}},\boldsymbol{x}_{\mathrm{h}}^{a,(k)},\boldsymbol{\lambda}_{i}^{(k)})] \\ \boldsymbol{x}_{\mathrm{h}}^{a,(k+1)} = \arg[\min L_{\rho}(\boldsymbol{u}_{\mathrm{e}}^{(k+1)},\boldsymbol{v}_{\mathrm{e}}^{(k+1)},\boldsymbol{x}_{\mathrm{e}}^{a,(k+1)},\boldsymbol{u}_{\mathrm{h}}^{(k+1)},\boldsymbol{v}_{\mathrm{h}}^{(k+1)},\boldsymbol{x}_{\mathrm{h}}^{a},\boldsymbol{\lambda}_{i}^{(k)})] \\ \boldsymbol{\lambda}_{1}^{(k+1)} = \boldsymbol{\lambda}_{1}^{k} + \rho(\boldsymbol{z}_{\mathrm{e}}^{a} - \boldsymbol{H}_{\mathrm{e}}^{a}\boldsymbol{x}_{\mathrm{e}}^{a,(k+1)} - \boldsymbol{u}_{\mathrm{e}}^{(k+1)} + \boldsymbol{v}_{\mathrm{e}}^{(k+1)}) \\ \boldsymbol{\lambda}_{2}^{(k+1)} = \boldsymbol{\lambda}_{2}^{k} + \rho(\boldsymbol{z}_{\mathrm{h}}^{a} - \boldsymbol{H}_{\mathrm{h}}^{a}\boldsymbol{x}_{\mathrm{h}}^{a,(k+1)} - \boldsymbol{u}_{\mathrm{h}}^{(k+1)} + \boldsymbol{v}_{\mathrm{h}}^{(k+1)}) \\ \boldsymbol{\lambda}_{3}^{(k+1)} = \boldsymbol{\lambda}_{3}^{k} + \rho(\boldsymbol{H}_{\mathrm{e}}^{c}\boldsymbol{x}_{\mathrm{e}}^{a,(k+1)} + \boldsymbol{H}_{\mathrm{h}}^{c}\boldsymbol{x}_{\mathrm{h}}^{a,(k+1)}) \end{cases} \tag{5-8}$$

在式（5-8）中，首先对电力系统子系统进行更新迭代。更新电力系统时，首先更新非负变量 $\boldsymbol{u}_{\mathrm{e}}$、$\boldsymbol{v}_{\mathrm{e}}$，此时 $\boldsymbol{x}_{\mathrm{e}}^{a}$、$\boldsymbol{x}_{\mathrm{h}}^{a}$、$\boldsymbol{u}_{\mathrm{h}}$、$\boldsymbol{v}_{\mathrm{h}}$、$\boldsymbol{\lambda}$ 均采用第 k 次的迭代结果，$\boldsymbol{u}_{\mathrm{e}}$、$\boldsymbol{v}_{\mathrm{e}}$ 第 $k+1$ 次的更新值为拉格朗日函数 L_{ρ} 取最小值时二者的取值；随后进行 $\boldsymbol{x}_{\mathrm{e}}^{a}$ 更新时，$\boldsymbol{u}_{\mathrm{e}}$、$\boldsymbol{v}_{\mathrm{e}}$ 采用第 $k+1$ 次的迭代结果，$\boldsymbol{x}_{\mathrm{h}}^{a}$、$\boldsymbol{u}_{\mathrm{h}}$、$\boldsymbol{v}_{\mathrm{h}}$、$\boldsymbol{\lambda}$ 采用第 k 次的结果。热力系统迭代更新过程与电力系统同理。拉格朗日乘子 λ_{i} 的 $k+1$ 次更新迭代过程与其第 k 次迭代结果和其对应等式约束的第 k 次迭代结果有关。当满足式（5-9）时，迭代更新序列终止。

$$\| r^{(k+1)} \|_{\infty} \leqslant \varepsilon_{\mathrm{pri}},\ \| s^{(k+1)} \|_{\infty} \leqslant \varepsilon_{\mathrm{dual}} \tag{5-9}$$

式中：$r^{(k+1)}$ 为第 $k+1$ 次迭代的原始残差；$s^{(k+1)}$ 为第 k 次迭代的对偶残差。

$r^{(k+1)}$、$s^{(k+1)}$ 的具体表达式分别为：

$$\| r^{(k+1)} \|_{\infty} = \left\| \begin{matrix} \boldsymbol{z}_{\mathrm{e}}^{a} - \boldsymbol{H}_{\mathrm{e}}^{a}\boldsymbol{x}_{\mathrm{e}}^{a,(k+1)} - \boldsymbol{u}_{\mathrm{e}}^{(k+1)} + \boldsymbol{v}_{\mathrm{e}}^{(k+1)} \\ \boldsymbol{z}_{\mathrm{h}}^{a} - \boldsymbol{H}_{\mathrm{h}}^{a}\boldsymbol{x}_{\mathrm{h}}^{a,(k+1)} - \boldsymbol{u}_{\mathrm{h}}^{(k+1)} + \boldsymbol{v}_{\mathrm{h}}^{(k+1)} \\ \boldsymbol{H}_{\mathrm{e}}^{c}\boldsymbol{x}_{\mathrm{e}}^{a,(k+1)} + \boldsymbol{H}_{\mathrm{h}}^{c}\boldsymbol{x}_{\mathrm{h}}^{a,(k+1)} \end{matrix} \right\|_{\infty} \tag{5-10}$$

$$\| s^{(k+1)} \|_{\infty} = \left\| \begin{matrix} \boldsymbol{u}_{\mathrm{e}}^{(k+1)} - \boldsymbol{u}_{\mathrm{e}}^{(k)} \\ \boldsymbol{v}_{\mathrm{e}}^{(k+1)} - \boldsymbol{v}_{\mathrm{e}}^{(k)} \\ \boldsymbol{x}_{\mathrm{e}}^{(k+1)} - \boldsymbol{x}_{\mathrm{e}}^{(k)} \\ \boldsymbol{u}_{\mathrm{h}}^{(k+1)} - \boldsymbol{u}_{\mathrm{h}}^{(k)} \\ \boldsymbol{v}_{\mathrm{h}}^{(k+1)} - \boldsymbol{v}_{\mathrm{h}}^{(k)} \\ \boldsymbol{x}_{\mathrm{h}}^{(k+1)} - \boldsymbol{x}_{\mathrm{h}}^{(k)} \end{matrix} \right\|_{\infty} \tag{5-11}$$

5.3.2 自适应步长的 ADMM

ADMM 的收敛速度与惩罚因子 ρ 密切相关，若惩罚因子 ρ 的取值不当则会造成在迭代后期收敛速度明显下降。但选取一个合适的惩罚因子 ρ 是极为困难的。为此，本节采用一种自适应步长的 ADMM 算法，该算法在每次迭代中会根据迭代信息的更新而自我

调整惩罚因子的取值。

惩罚因子更新方式表示为：

$$\rho^{(k+1)}=\begin{cases}\rho^{(k)}\left[1+\lg\left(\dfrac{\|r^{(k)}\|_{\infty}}{\|s^{(k)}\|_{\infty}}\right)\right], & \text{if } \|r^{(k)}\|_{\infty}>\mu\|s^{(k)}\|_{\infty}\\ \rho^{(k)}/\left[1+\lg\left(\dfrac{\|s^{(k)}\|_{\infty}}{\|r^{(k)}\|_{\infty}}\right)\right], & \text{if } \|s^{(k)}\|_{\infty}>\mu\|r^{(k)}\|_{\infty}\\ \rho^{(k)}, \quad \text{if } \|s^{(k)}\|_{\infty}=\mu\|r^{(k)}\|_{\infty}\end{cases} \tag{5-12}$$

式中：参数 μ 的取值通常为 10[6]。

进行式（5-12）的惩罚因子更新根据为：当原始残差 $r^{(k)}$ 远大于对偶残差 $s^{(k)}$ 时，增加惩罚因子 ρ 的值以加速原始残差 $r^{(k)}$ 的收敛；而当对偶残差 $s^{(k)}$ 较大时，减小惩罚因子 ρ 的值，阻止对偶变量过快增长，避免目标函数发生震荡无法收敛。

ADMM 迭代求解流程如图 5-3 所示。

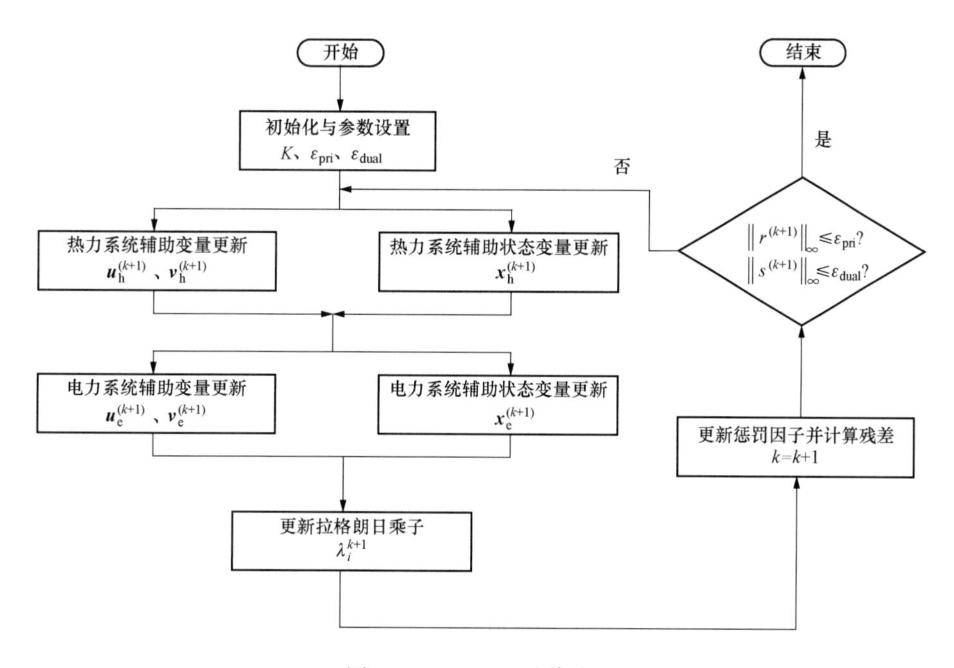

图 5-3　ADMM 迭代流程

通过上述 ADMM 迭代求解得到中间状态变量 $\boldsymbol{x}^{a}=[\boldsymbol{x}_{\mathrm{e}}^{a};\ \boldsymbol{x}_{\mathrm{h}}^{a}]$ 后，通过式（3-40）～式（3-47）的变换求出原始状态变量的估计值。

5.3.3　算例分析

本节采取的测试系统拓扑结构与参数设置均与 5.2.2 节相同。

1. 正常量测情况

本书中，IEHS 正常情况下的量测值由在潮流真值的基础上添加高斯噪声构成，电力系统与热力系统的量测噪声标准差均设置为 10^{-3}，其中，IEHS 的潮流真值采用文献[7] 中的解耦式电—热耦合系统潮流计算法求得。在本节中，提出的基于 ADMM 分布式抗差估计方法与集中式 WLS 方法、集中式 WLAV 估计方法进行对比。

选取状态变量的估计误差平均值 $\overline{x}_{i,\mathrm{error}}$、状态变量的最大估计误差 $\boldsymbol{S}_{\max}$作为状态估计性能分析的指标，分别表示为：

$$\overline{x}_{i,\mathrm{error}}=\frac{1}{T}\sum_{j=1}^{T}\left|(x_{i,\mathrm{true}}-\hat{x}_i)/x_{i,\mathrm{true}}\right| \tag{5-13}$$

$$\boldsymbol{S}_{\max}=\frac{1}{T}\sum_{j=1}^{T}\max\left|(\boldsymbol{x}_{\mathrm{true}}-\hat{\boldsymbol{x}})/\boldsymbol{x}_{\mathrm{true}}\right| \tag{5-14}$$

式中：$\boldsymbol{x}_{\mathrm{true}}$、$\hat{\boldsymbol{x}}$ 分别为状态变量的真实值与估计值；$x_{i,\mathrm{true}}$、$\hat{x}_i$ 分别为 $\boldsymbol{x}_{\mathrm{true}}$、$\hat{\boldsymbol{x}}$ 中的第 i 个状态变量的潮流计算真值与估计值；T 为进行蒙特卡洛仿真实验的次数，本节进行 1000 次的蒙特卡洛仿真实验。

表 5-3 展示了两种状态估计方法下状态变量的最大估计误差 $\boldsymbol{S}_{\max}$。对于电力系统的状态变量$\boldsymbol{U}$ 和$\boldsymbol{\theta}$，基于集中式 WLAV 的状态估计方法表现更好，而本节所提分布式状态估计方法在估计热网状态变量 $\boldsymbol{p}$、$\boldsymbol{T}_{\mathrm{r}}$ 和 $\boldsymbol{T}_{\mathrm{s}}$ 时，表现出了更高的估计精度。

表 5-3　状态变量的最大估计误差

状态估计方法	状态变量的最大估计误差				
	$\boldsymbol{x}_{\mathrm{e}}$		$\boldsymbol{x}_{\mathrm{h}}$		
	$\boldsymbol{U}$	$\boldsymbol{\theta}$	$\boldsymbol{p}$	$\boldsymbol{T}_{\mathrm{r}}$	$\boldsymbol{T}_{\mathrm{s}}$
集中式 WLAV	2.64×10^{-4}	4.21×10^{-3}	1.42×10^{-4}	2.38×10^{-5}	2.38×10^{-5}
分布式抗差状态估计	3.04×10^{-4}	7.70×10^{-3}	1.24×10^{-5}	2.35×10^{-5}	2.34×10^{-5}

对两种状态估计方法在电力系统中的估计误差平均值 $\overline{x}_{i,\mathrm{error}}$进行比较，节点电压幅值估计误差平均值如图 5-4 所示，节点电压相角的估计误差平均值如图 5-5 所示。在图 5-4 中，基于 ADMM 的分布式状态估计节点电压幅值估计误差平均值低于集中式 WLAV 的估计误差平均值。在图 5-5 中，所有集中式 WLAV 方法的节点电压相角估计误差平均值均小于基于 ADMM 的分布式状态估计的节点电压相角估计误差平均值。

对两种状态估计方法下的热力系统状态变量的估计误差平均值 $\overline{x}_{i,\mathrm{error}}$进行比较，热力系统节点压强的估计误差平均值如图 5-6 所示，节点回热温度的估计误差平均值如图 5-7 所示，节点供热温度的估计误差平均值如图 5-8 所示。

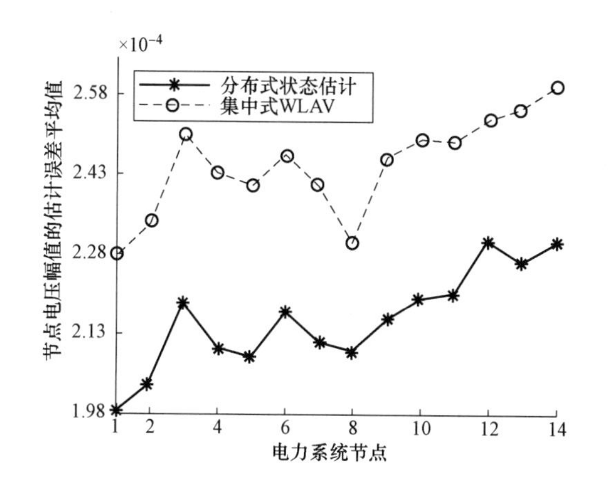

图5-4　电力系统节点电压幅值的估计误差平均值

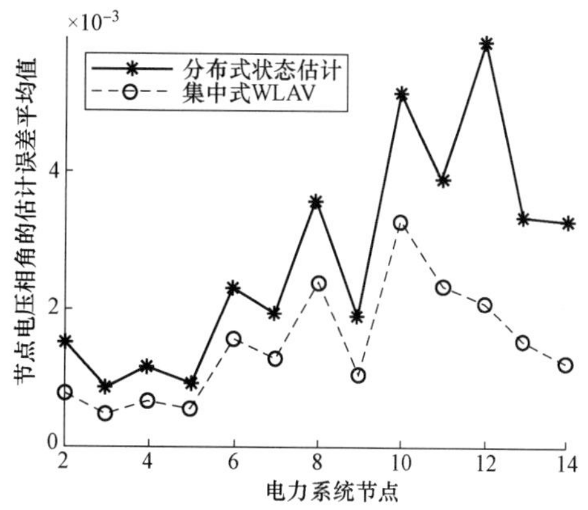

图5-5　电力系统节点电压相角的估计误差平均值

从图5-6～图5-8可以得到以下的结论：

(1) 在对热力系统进行状态估计时，两种方法的整体估计误差平均值相差无几。

(2) 在对热力系统节点压强进行状态估计时，两种状态估计方法都表现出了较高的估计精度。其中分布式状态估计方法的估计误差平均值更高，仅在节点6处误差较大。

(3) 在对热力系统节点温度进行状态估计时，两种方法对节点供热温度和回热温度进行估计的效果相差无几，部分节点集中式估计方法精度更高，部分节点分布式精度结果更高。

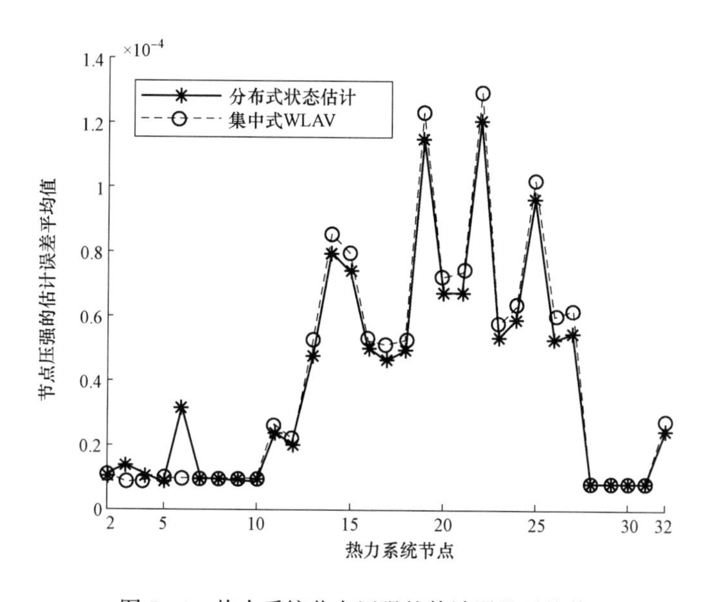

图5-6　热力系统节点压强的估计误差平均值

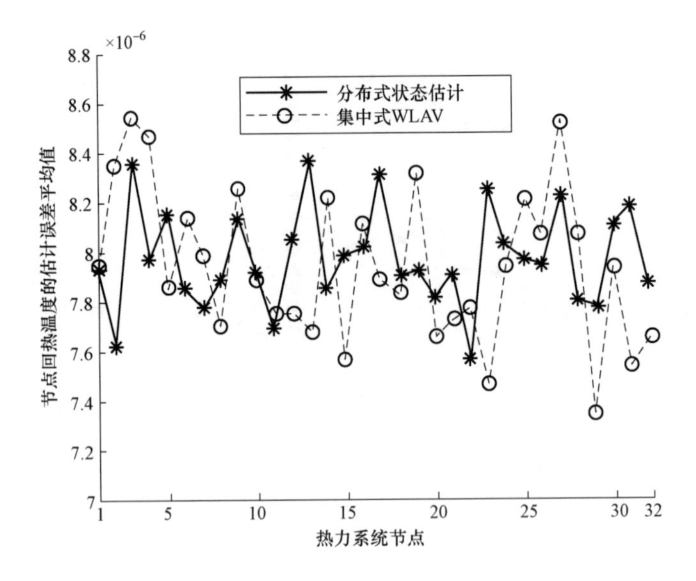

图 5-7　热力系统节点回热温度的估计误差平均值

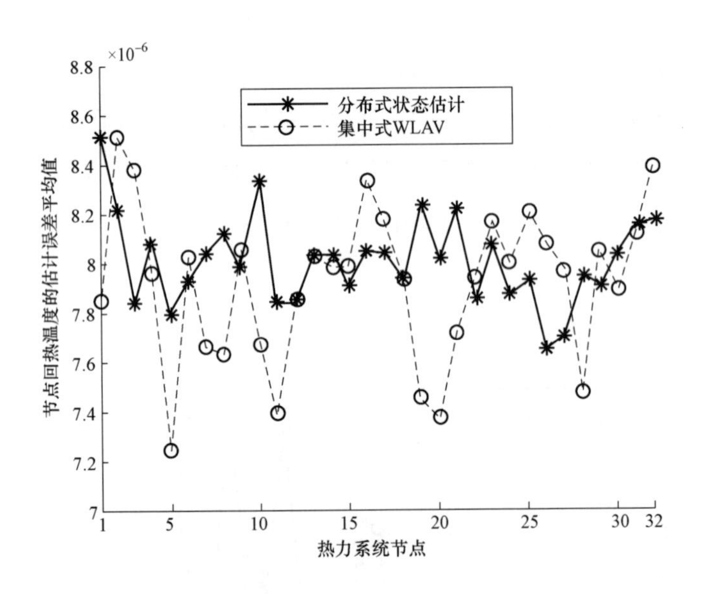

图 5-8　热力系统节点供热温度的估计误差平均值

2. 抗差性测试分析

本节的抗差性测试包括一般性不良数据的测试和强相关性不良数据的测试。由于WLS本身并无抗差性，因此在WLS后加入了LNR辨识环节，即WLS+LNR。将5.2节所提的基于WLS分布式状态估计方法（distributed state estimation，DSE）方法加入LNR环节与5.3节所提分布式抗差状态估计方法（distributed robust state estimation，DRSE）进行精度对比，验证5.3节所提DRSE方法的良好抗差性。

（1）一般性不良数据的抗差性测试。一般性不良数据包括：①无相互作用的不良数据，即残差灵敏度矩阵 $\boldsymbol{S}$ 中不良数据 i 与 j 对应元素 $S(i,\ j)\approx 0$；②有相互作用 $[S(i,\ j)$ 很大$]$，但彼此变化不一致的不良数据[7]。本节分别在电力系统与热力系统中设置了一般性不良数据进行测试分析。

对于电力系统，设置 10 个不良数据，三种状态估计方法的抗差性测试结果见表 5-4，其中（P_{14}，P_{9-14}）属于第二类一般性不良数据，表中阴影部分代表估计结果出现错误的情况。

表 5-4　　电力系统中三种状态估计方法的抗差性测试结果

量测量	U_5	U_7	U_{13}	P_3	Q_9
真实值	1.0267	1.0638	1.0502	0.1831	−0.0610
量测值	1.0259	1.0640	1.0478	0.1832	−0.0610
不良值	1.1470	1.1895	0.9074	0.1374	−0.0763
DSE+LNR	1.0264	1.0752	1.0507	0.2427	−0.0674
DRSE	1.0264	1.0636	1.0500	0.1836	−0.0611
量测量	P_{14}	P_{1-2}	Q_{6-13}	P_{12-13}	P_{9-14}
真实值	−0.0237	1.2255	−0.1877	−0.2885	0.2931
量测值	−0.0237	1.2250	−0.1879	−0.2886	0.2932
不良值	−0.0296	0.9188	−0.1407	−0.3608	0.3665
DSE+LNR	−0.0242	1.2230	−0.1879	−0.3606	0.3513
DRSE	−0.0237	1.2289	−0.1879	−0.2878	0.2923

通过表 5-4 可以发现，DRSE 方法所得的状态估计结果与真实值相差不大，误差很小。而 5.2 节所提方法虽然可以在部分不良数据节点处得到估计值，但在 P_3、P_{12-13}与P_{9-14}处估计误差较 DRSE 偏大。

DSE+LNR 对于电力系统中一般性不良数据的辨识过程见表 5-5，表中，Process 代表辨识过程，z_{ide}代表每次辨识得到的标准化残差 $r_{\mathrm{N,max}}$最大的量测量，在下一次 DSE 之前将其剔除。由表 5-5 可以看出：DSE+LNR 成功地通过前 10 次辨识将设置的 9 个一般性不良数据辨识，在第 6 次辨识时错误将 P_{14}当作不良数据进行剔除。

表 5-5　　DSE+LNR 对于电力系统中的一般性不良数据的辨识过程

Process	z_{ide}	$r_{\mathrm{N,max}}$	Process	z_{ide}	$r_{\mathrm{N,max}}$
1	U_{13}	295.13	6	P_9	41.99
2	P_{1-2}	270.72	7	Q_{6-13}	39.99
3	U_7	249.77	8	Q_9	19.34
4	U_5	252.59	9	P_{10}	14.66
5	P_3	60.79	10	P_{9-14}	9.94

对于热力系统，设置5个不良数据，两种状态估计方法的抗差性测试结果见表5-6。WLS+LNR对于热力系统中一般性不良数据的辨识过程见表5-7。

表5-6　热力系统中两种状态估计方法的抗差性测试结果

量测量	m_{2-5}	m_{28-25}	m_{31-7}	m_{q11}	m_{q17}
真实值	15.4580	6.6924	3.7744	0.8718	0.4879
量测值	15.4585	6.6923	3.7745	0.8717	0.4879
不良值	13.9126	5.6884	4.3407	0.7409	0.3903
DSE	15.4583	6.6922	3.7746	0.8733	0.4480
DRSE	15.4583	6.6923	3.7745	0.8717	0.4879

表5-7　WLS+LNR对于热力系统中的一般性不良数据的辨识过程

Process	1	2	3	4	5
z_{ide}	m_{2-5}	m_{28-25}	m_{31-7}	T_{r1}	m_{q11}
$r_{N,max}$	106.13	65.63	49.11	33.49	16.54

结合表5-6和表5-7可知：①对于DSE+LNR，在前5次辨识中，DSE+LNR在第4次时发生了辨识错误，将T_{r1}当作不良数据进行了剔除，因而，DSE+LNR得到的不良数据m_{q17}的量测估计值与其真实值产生了较大偏差；②对于上述设置的5个热力系统中的一般性不良数据，DRSE均得到了与真实值接近的量测估计值，证明了该方法的抗差性在三者中是最优的。

（2）强相关性一致不良数据的抗差性测试。强相关性一致不良数据是指有相互作用[$S(i, j)$很大]，且彼此变化一致的不良数据[7]。本节中将电力系统中的量测量P_1、P_{21}、P_{12}与P_{15}设置为不良数据，结果见表5-8。WLS+LNR对于强相关性一致不良数据的辨识过程见表5-9。

表5-8　两种状态估计方法得到的各类统计值

量测量	P_1	P_{1-2}	P_{2-1}	P_{1-5}
真实值	1.7941	1.2280	−0.4172	−0.1209
量测值	1.7943	1.2275	−0.4170	−0.1210
不良值	1.9738	1.3502	−0.5215	−0.1331
DSE+LNR	1.9188	1.3505	−0.4169	−0.1345
DRSE	1.8022	1.2358	−0.4176	−0.1213

表5-9　WLS+LNR对于强相关性一致不良数据的辨识过程

Process	1	2	3	4
z_{ide}	P_{2-3}	P_3	P_{2-1}	P_1
$r_{N,max}$	96.031	68.030	80.291	35.793

由表5-8和表5-9可知：①WLS+LNR在前4次的辨识中，仅在第2次、第4次辨识时将不良数据 P_{2-1} 与 P_1 辨识，其余辨识均发生了错误。相应地，对于两个强相关性的不良数据，WLS+LNR得到的估计值与真实值相差很大。这证明了WLS+LNR无法辨识强相关性的不良数据。②对于强相关性不良数据，DRSE具有良好的抗差能力，其不良数据估计值的估计精度更接近于相应的真实值。

两种方法在电力系统设置强相关不良数据时，状态变量估计的误差平均值见表5-10。由表5-10可以直观看出，在强相关性不良数据时DSE的状态变量估计误差平均值远高于DRSE的估计误差平均值。这进一步说明：本书所提DRSE方法所得结果精度很好，证实了5.3节所提方法的抗差性。

表5-10　两种状态估计方法得到的状态变量估计误差平均值

状态变量	θ_i	U_i	P_i	T_{si}	T_{ri}
DSE	0.0318	0.0015	0.0039	3.00×10^{-5}	5.59×10^{-5}
DRSE	0.0053	4.20×10^{-4}	0.0013	1.64×10^{-5}	2.68×10^{-5}

本章介绍了一种面向电—热IES基于ADMM的分布式抗差状态估计方法。此法首先进行线性变换，将非线性量测方程线性化，进而构造WLAV状态估计模型；其次，采用ADMM算法对WLAV模型进行分布式计算，得到中间状态变量的估计值。在计算过程中仅需对耦合节点的数据进行交换，保证了数据的隐私性；最后，采用非线性变换得到最终的状态变量估计值。仿真算例验证了本节提出的方法在各种不良数据情况下均能得到精度很高的估计精度。

然而，本章中由于采用ADMM算法，在构造拉格朗日函数时将目标函数引入二次项。相较于3.4节所提的集中式WLAV方法计算效率有所下降。未来将研究计算效率更高的分布式抗差状态估计方法，以及分布式抗差动态状态估计方法。

参考文献

[1] 孙宏斌，潘昭光，郭庆来．多能流能量管理研究：挑战与展望［J］．电力系统自动化，2016，40(15)：1-8，16.

[2] 陈艳波，高瑜珑，赵俊博，等．综合能源系统状态估计研究综述［J］．高电压技术，2021，47(7)：2281-2292.

[3] Du Y，Zhang W，Zhang T. ADMM based distributed state estimation for integrated energy system［J］. CSEE Journal of Power and Energy Systems，2019，5(2)：275-283.

[4] Zhang T，Li Z，Wu Q，et al. Decentralized state estimation of combined heat and power systems using the asynchronous alternating direction method of multipliers［J］. Applied Energy，2019，248：600-613.

[5] Zhang T, Zhang W, Zhao Q, et al. Distributed real - time state estimation for combined heat and power systems [J]. Modern Power Systems and Clean Energy, 2020, doi: 10.35833/MPCE.2020.000052.

[6] 刘鑫蕊，李垚，孙秋野，等．基于多时间尺度的电—气—热耦合网络动态状态估计［J］．电网技术，2021，45（02）：479-490.

[7] Liu X, Jenkins N, Wu J, et al. Combined analysis of electricity and heat networks [J]. Energy Procedia, 2014, 61: 155-159.

[8] Han Y, Chen L, Wang Z, et al. Distributed optimal power flow in direct current distribution network based on alternative direction method of multipliers with dynamic step size [J]. Transactions of China Electrotechnical Society, 2017, 32 (11): 26-37.

[9] Durgut S, Leblebiciolu M K. State estimation of transient flow in gas pipelines by a Kalman filter - based estimator [J]. Journal of Natural Gas Science & Engineering, 2016, 35: 189-196.

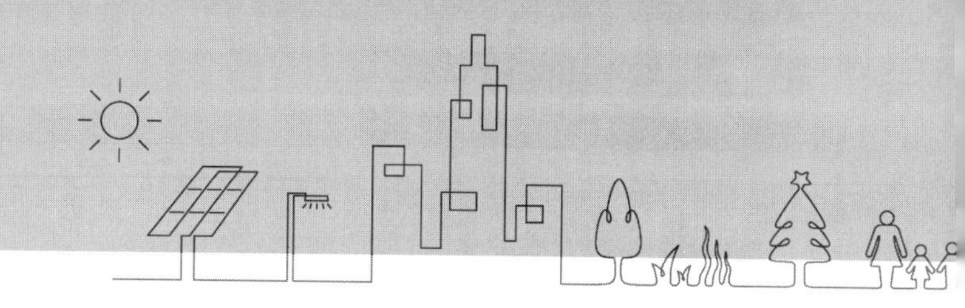

第6章　基于数据驱动的综合能源系统状态估计

6.1　概述

6.1.1　基于模型驱动的状态估计

从模型来看，本书前面5章介绍的电—气 IES - SE 方法都是首先基于量测数据、网络拓扑结构和网络参数形成量测方程和耦合方程（动态 IES - SE 还需要状态转移方程），然后依据某种准则构建一定的数学优化模型，并求解得到状态变量的最优估计值[1-10]。这些 IES - SE 建模方法属于 IES 分析与优化方法，本质上是传统的电力网络分析与优化方法在 IES 中的推广，其解决思路可概况为：首先基于电路基本定律、流体力学定律和热力学定律构建 IES 物理模型（model），如 IES - SE 模型；然后通过给定边界条件，如 IES - SE 的量测量和拓扑结构等；最后通过优化求解或数值计算得到 IES 运行数据（data），如状态变量等。这种从模型到数据（model to data，M2D）的方法被称为模型驱动的方法（model driven method，MDM）[11]，因此这些 IES - SE 方法被称为模型驱动的状态估计（model driven state estimation，MDSE）。在过去五十年中，适用于电力系统的 MDSE 在理论、模型和算法方面不断发展[12]，目前在国内外每一个大型的调度控制中心基本都安装了电力系统 MDSE，电力系统 MDSE 已成为 EMS 的基础和核心环节；而适用于 IES 的 MDSE 也在近年来不断得到发展和应用[1-10,13]。

6.1.2　基于模型驱动的状态估计面临的挑战

进一步深入分析表明，作为未来人类社会能源主要承载形式的综合能源系统具有以下特征，因此对适用于 IES 的 MDSE 提出了“六大挑战”，详细分析如下。

（1）在综合能源系统中，大量的历史数据不能被 MDSE 所利用，导致 MDSE 估计精度上没有理论保证。在综合能源系统中，虽然有大量历史数据可以使用，但 MDSE（如 WLS、WLAV 等）一般基于单一量测断面进行估计，其理论基础是传统统计学的大数定律，即当量测量的数目趋近于无穷大时，MDSE 的估计值以概率为1逼近于真值[14,15]；然而单一断面量测量的数目有限，此时 MDSE 的估计精度没有理论上的保证[15]，也无法给出估计值与真值的距离。这是长期困扰电力系统 MDSE 的难题，同样是困扰综合能源系统 MDSE 的难题。

（2）在综合能源系统中，相邻断面的状态变量相差较大，导致 MDSE 易收敛于局部最优解。在综合能源系统中的发电侧，可再生能源并网比例日益提高；而在用电侧，电动汽车、储能、分布式发电等设备的渗透率逐渐增加。由此导致在综合能源系统中，发电侧和用电侧均存在较强的随机性和不确定性[16,17]。此外，在综合能源系统中，拓扑结构变化更加频繁，运行方式日益复杂化。以上两个原因使得在综合能源系统中，相邻断面的状态向量相差较大。适用于 IES 的 MDSE（如 WLS）常采用上一断面（2 分钟之前）的状态向量作为初值来加速算法的收敛。但在综合能源系统中这种做法会存在一定的弊端，因为相邻断面的状态向量相差较大，采用上一断面的状态向量作为初值容易导致 MDSE 收敛于没有实际物理意义的局部最优解[18]。

（3）在综合能源系统中，不良数据和拓扑错误同时存在，影响 MDSE 的抗差能力和估计精度。除了传统的发输变配用环节，还将有大量的可再生能源、分布式发电、储能、电动汽车等接入综合能源系统中，从而使得综合能源系统控制复杂，干扰因素增多，由此导致在综合能源系统中，不良数据和拓扑错误将同时存在[13]。研究表明，当多个强相关的不良数据和拓扑错误同时存在时，MDSE 的辨识能力有限[3-5]，严重影响其估计精度。特别地，在极端天气条件下，大量量测量丢失，导致状态估计的量测冗余度更低，此时基于单一断面的 MDSE 常不满足可观性，更不具有抗差性。

（4）在综合能源系统中，调控中心数据库中的网络参数与实际参数可能存在误差，影响 MDSE 的估计精度。综合能源系统运行方式复杂，系统扩建频繁，调控中心数据库中的网络参数常常是规划参数或设计参数，它们与实际参数之间可能存在偏差，因此会影响 MDSE 的估计精度[19]；同时，MDSE 也无法计及由于天气原因等导致的网络参数变化对估计精度的影响。

（5）综合能源系统面临恶意注入数据攻击的风险进一步增大[20,21]，但 MDSE 对恶意注入数据攻击的辨识能力不强。综合能源系统中存在大量智能终端设备，与传统设备相比，智能终端设备遭受恶意攻击的风险更大；其次，为实现更加全面的信息采集，综合能源系统采用无线通信的比例更大，无线通信链路比有线通信链路遭受攻击的风险更大；最后，综合能源系统与用户的互动将更加频繁，故遭受恶意攻击的风险也随之增大。以上三方面原因使得综合能源系统面临恶意数据攻击的风险进一步增大。研究表

明，恶意攻击者通过精心设计注入数据攻击策略，可躲过现有的不良数据辨识环节，从而直接更改 MDSE 状态变量的估计值或影响基于 MDSE 的电力系统决策（如自动电压控制、电力市场等），即现有 MDSE 对恶意注入数据攻击的辨识能力不强。

（6）综合能源系统在物理上的高度异质性、多时间尺度所导致的量测时延等会导致 IES - MDSE 在数学上的高度异构性。与单纯的 PS - MDSE 相比，IES - MDSE 模型在数学上往往更为病态，进而影响到 IES - MDSE 模型的数值稳定性、估计精度和计算效率等。已有 IES - SE 研究在数值稳定性、抗差性能、估计精度和计算效率方面还需要进一步改进和提高[13]。

以上深入分析了在综合能源系统中 MDSE 面临的“六大挑战”。这“六大挑战”影响了 MDSE 的性能，使得 MDSE 难以快速、精准地估计出系统的状态向量。以上“六大挑战”源于 MDSE 自身的特点，而根本原因在于 MDSE 忽视了大量存在的历史数据，故难以通过简单的模型改进而从根本上予以解决。

6.1.3　基于数据驱动的状态估计

随着现代产业和传感、通信、计算等技术的快速发展，数据资源成为越来越重要的生成要素[22]。以体量（volume）大、增长（velocity）迅速、类别（variety）多、价值（value）密度稀为特征的大数据成为热点，大数据被认为是继物联网、云计算、IT 行业之后又一次颠覆性的技术变革[22-24]。大数据整体蕴藏了丰富的价值，可转化为巨大的经济社会效益，被誉为“未来的新石油”。大数据资源正在和土地、劳动力、资本等生产要素一样，成为促进经济增长和社会发展的基本要素。事实上，大数据研究（数据密集型研究）已成为继实验发现、理论预测和计算机模拟之后的第四大科研范式[26]。而随着大能源体系/能源互联网的发展，电力系统运行与控制中对数据的量测、传输与存储的技术和手段也不断发展，获得的数据既包括来自 SCADA、EMS、WAMS、AMI 及电气信息采集系统（CIS）等电网内部数据，也包括来自气象信息系统、地理信息系统（GIS）等电网外部数据[27]。电力系统在能源领域的特殊地位，使得其天然拥有收集海量数据的能力。据统计，目前国家电网数据总量达到 5PB 级别，这些数据呈现出典型的大数据特征，被称为电力大数据[28]。电力大数据中蕴藏着丰富的价值，传统基于模型驱动的电力系统分析理论与方法已无法有效挖掘电力大数据中蕴藏的丰富价值和关联关系，因此迫切需要发展针对电力系统的大数据分析与挖掘方法。一般来说，大数据分析与挖掘方法并不局限于传统的基于因果关系的逻辑推理研究，还常通过搜索、分类、回归、比较、聚类、关联、特征学习等手段，以挖掘出大数据内部隐藏的相关性、函数映射、数学变换等。这种通过对大数据进行分析和处理，从数据到数据或从数据到模型的思想和技术被称为数据驱动（data driven，DD）的思想和技术[11]，它能够综合利用大数据中蕴藏的丰富价值和关联关系，为解决包括 MDSE“六大挑战”在内的电力系统优化与分析问题提供了新的思路。在这种背景下，基于数据驱动的状态估计（data driven state estimation，DDSE）方法成为研究热点[11,18]。

目前，面向电力系统的 DDSE 已有不少研究[18,29-34]，如 Huang Manyun 等提出了一种基于数据驱动和模型驱动的混成 SE 方法[29]，其中 DDSE 基于 SCADA 量测来估计系统的状态，而 MDSE 以较低的时间尺度对 AMI 量测和 SCADA 量测进行滤波以得到抗差估计结果。Yu Jiafan 等[30]提出了基于数据驱动的参数和拓扑交替估计方法。Yuan Yuxuan 等[31]运用递推贝叶斯方法和支路电流估计法来估计没有安装智能电能表的用户日负荷，在此基础上提出了状态估计的多时段数据驱动方法。Dehghanpour 等[32]采用基于博弈论的相关向量机来训练量测数据，进而构建了基于支路电流的 DDSE 模型。陈艳波等[33]通过构建状态变量与注入功率之间的线性映射关系，从而得到一种基于数据驱动的快速潮流算法。陈艳波等[34]通过引进辅助变量，得到了状态变量与量测变量之间的线性映射关系，进而提出一种抗差回归方法来精确计算这种线性映射关系，得到一种具有抗差能力的 DDSE 方法。以上研究均属于基于数据驱动的静态状态估计方法。也有学者研究了基于数据驱动的状态追踪方法。如 Netto 等[35]提出了一种基于库普曼算子的鲁棒广义最大似然卡尔曼滤波算法，用以估算同步发电机的转子角速度和功角，缺点是没有考虑共线性对模型的影响。

目前面向 IES 的 DDSE 报道的还较少。本章介绍一种面向电—热 IES 的 DDSE 方法，此法包括离线学习阶段和在线匹配阶段。离线学习阶段，基于所构造的线性回归矩阵，通过学习得到每一种拓扑结构对应的逆向映射矩阵；在线匹配阶段，快速地找到与当前断面具有相同拓扑结构的样本集，即可快速获得对应的逆向映射矩阵，进而通过泛化得到当前断面的状态变量估计值。

6.2 单一拓扑时基于数据驱动的电—热综合能源系统状态估计模型

正如前面的章节所提到的，传统的基于模型驱动的 IES - SE 模型高度依赖于对网络拓扑结构和系统参数的掌握，但这些信息在实际的 IES 中是很难获取的，在无法获取这些信息的情况下，无法进行基于模型驱动的 IES - SE。但基于数据驱动的 IES - SE 方法

可以在不掌握网络拓扑结构和系统参数的情况下，进行具有高计算精度和高计算效率的状态估计。

本章首先从数据驱动的视角下，重新看待 IES - SE 问题，然后提出线性化的 IES 量测方程，并讨论其适用性和回归面临的困难，最后，给出基于数据驱动的综合能源系统状态估计方法的框架。

6.2.1　正向映射与逆向映射

DDSE 方法通常需要构造学习模型以找到量测变量与状态变量之间的映射关系（mapping relationship between the measurements and the state variables，MRBMS）。这种映射一般包括正向映射和逆向映射，分别表示为：

$$\boldsymbol{z} = f(\boldsymbol{x}) \tag{6-1}$$

$$\boldsymbol{x} = g(\boldsymbol{z}) \tag{6-2}$$

式中：$\boldsymbol{z}$ 和 $\boldsymbol{x}$ 分别为量测变量和状态变量，它们通常都是向量；f 和 g 分别为正向映射函数和逆向映射函数，它们一般通过学习模型离线学习得到。

显然，正向映射直接取决于网络拓扑结构和网络参数，通过学习模型得到正向映射之后，即可进一步得到网络拓扑结构和网络参数[30]，因此正向映射是基于数据驱动思想进行拓扑估计和参数估计的基础。值得指出的是，虽然在形式上正向映射与状态估计的量测方程类似，但前者是通过学习模型的离线学习得到（数据驱动思想），而后者则直接通过物理建模和电路基本定律得到（模型驱动思想）。逆向映射基于数据驱动思想，通过离线学习得到，因此逆向映射是基于数据驱动思想进行状态估计的基础。从形式上看，逆向映射类似于状态估计量测函数的“反函数”，显然，一旦通过离线学习得到了逆向映射，则在在线匹配阶段，只需要找到与当前断面具有相同映射的历史断面集，即可得获得当前断面的“g”，然后就可快速进行状态估计计算以获得状态变量的估计值。

为了构造正向映射的学习模型，可以把状态变量 $\boldsymbol{x}$ 作为训练器的输入，而把量测变量 $\boldsymbol{z}$ 作为训练器的输出，此时正向映射函数 f 是未知的输入和输出之间的依赖关系（即 f 是待学习的函数），即可得到正向映射的学习模型，如图 6 - 1 所示。同理，为了构造逆向映射的学习模型，可以把量测变量 $\boldsymbol{z}$ 作为训练器的输入，而把状态变量 $\boldsymbol{x}$ 作为训练器的输出，此时逆向映射函数 g 是未知的输入和输出之间的依赖关系（即 g 是待学习的函数），即可得到逆向映射的学习模型，如图 6 - 2 所示。

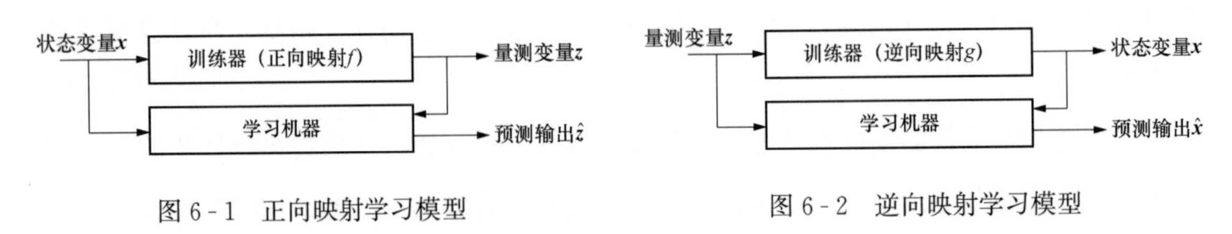

图 6-1　正向映射学习模型　　图 6-2　逆向映射学习模型

正向映射的学习模型可概括为：通过对 l_P 个独立同分布的样本｛$(\boldsymbol{x}_i,\ \boldsymbol{z}_i)i=1,\ 2,\ \cdots,\ l_P$｝的学习以获得样本输入和输出之间的函数依赖关系（即正向映射函数 f），使得预测输出（即量测估计值）$\hat{\boldsymbol{z}}$ 可以较好地逼近量测变量 $\boldsymbol{z}$。其中，l_P 为正向映射学习模型所用的样本数目；$\boldsymbol{x}_i$ 和 $\boldsymbol{z}_i$ 分别为第 i 个样本的输入和输出；正向映射函数 f 是未知的函数关系；$\hat{f}$ 为通过学习获得的正向映射函数 f 的逼近（估计值）。

逆向映射的学习模型可概括为：通过对 l_{IN} 个独立同分布的样本｛$(\boldsymbol{z}_i,\ \boldsymbol{x}_i)i=1,\ 2,\ \cdots,\ l_{IN}$｝的学习以获得样本输入和输出之间的函数依赖关系（即逆向映射函数 g），使得预测输出 $\hat{\boldsymbol{x}}$ 可以较好地逼近状态变量 $\boldsymbol{x}$。其中，l_{IN} 为逆向映射学习模型所用的样本数目；$\boldsymbol{z}_i$ 和 $\boldsymbol{x}_i$ 分别为第 i 个样本的输入和输出；逆向映射函数 g 是未知的函数关系；$\hat{g}$ 为通过学习获得的逆向映射函数 g 的逼近（估计值）。

对于 DDSE 来说，只需要基于逆向映射学习模型（见图 6-2），采用一定的机器学习方法即可获得逆向映射。进一步的分析可以发现，与 MDSE 方法相比，DDSE 方法具有以下特点[34]。

（1）电网调控中心状态估计的历史数据库中存储了大量历史数据，这些数据包括量测量和历史 MDSE 方法给出的对应状态向量估计值。DDSE 方法通过利用大量的历史数据来克服 MDSE 方法的缺点；当历史数据缺失时，可采用仿真数据来代替历史数据。

（2）DDSE 方法不需要像 MDSE 方法一样必须知道当前断面的量测方程，也不需要像 MDSE 方法需要通过建立最优估计模型以获得当前断面状态变量的估计值。

（3）DDSE 一般包括离线学习阶段和在线匹配阶段。离线学习阶段，DDSE 方法通常需要使用大量的历史数据或仿真数据作为样本数据，并构造学习模型（例如回归模型等）以找到逆向映射；而在线匹配阶段，DDSE 通过找到当前断面对应的映射，即可基于映射和当前断面的量测变量快速得到当前断面的状态变量估计值。

6.2.2　线性回归方程

从理论上讲，可使用任何一种机器学习方法来学习逆向映射，从而得到相应的 DDSE 方法，但若直接使用式（3-25）描述的电—热 IES 非线性量测方程来构造学习模

型，容易存在过学习问题，并且学习效率也不高[36,37]。显然，产生这一问题的根本原因在于式（3-25）描述的电—热 IES 量测方程的非线性，若能采用某种方法将电—热 IES 量测方程转化为线性量测方程，则有望解决过学习问题，并大大提高计算效率。

本书在 3.4 节通过引进辅助状态变量和辅助量测变量，得到了如式（3-33）描述的电—热 IES 线性化量测方程和耦合方程。本章接下来将基于式（3-33）来构造 DDSE 的离线学习模型。

如图 6-2 所示，为了构建 DDSE 学习模型，需要使用存储在状态估计历史数据库中的大量历史或仿真数据作为样本数据。这些历史数据或仿真数据包括历史量测变量（是一个向量）和历史 MDSE 给出的相应历史状态变量的估计值（是一个向量），其中历史量测变量为样本输入，历史状态变量的估计值为样本输出。

根据式（3-33）可知，电—热 IES 量测方程中的常数雅可比矩阵会随着随拓扑结构的变化而变化。因此，样本数据应该按照其对应的拓扑结构进行聚类，具有相同拓扑结构的历史数据应聚为一类，并具有相同的映射；不同的拓扑结构对应的映射不同。本节首先分析具有相同拓扑结构时样本数据的处理方法，关于不同拓扑结构的处理方法将在 6.3 节中给出。

假设经过聚类后，有 s 个样本具有相同的拓扑结构，可将这 s 个样本对应的辅助量测变量和辅助状态变量聚合为以下两个矩阵：

$$\boldsymbol{Z} = [\boldsymbol{z}_{\mathrm{a},1} \quad \boldsymbol{z}_{\mathrm{a},2} \quad \cdots \quad \boldsymbol{z}_{\mathrm{a},s}] \in R^{m\times s} \tag{6-3}$$

$$\boldsymbol{X} = [\boldsymbol{x}_{\mathrm{a},1} \quad \boldsymbol{x}_{\mathrm{a},2} \quad \cdots \quad \boldsymbol{x}_{\mathrm{a},s}] \in R^{n\times s} \tag{6-4}$$

式中：$\boldsymbol{z}_{\mathrm{a},i}(i=1, 2, \cdots, s)$ 为第 i 个样本对应的辅助量测变量（向量），它是根据式（3-33）中辅助量测变量的定义，由第 i 个样本对应的原始量测变量计算得到；$\boldsymbol{x}_{\mathrm{a},i}(i=1, 2, \cdots, s)$ 为第 i 个样本对应的辅助状态变量（向量），它是根据式（3-33）中辅助状态变量的定义，由第 i 个样本对应的原始状态变量计算得到；$\boldsymbol{Z}$ 为 s 个样本聚合形成的辅助量测矩阵；$\boldsymbol{X}$ 为 s 个样本聚合形成的辅助状态变量矩阵。

根据式（3-33），辅助状态变量也必然是辅助量测变量的线性函数，即：

$$\boldsymbol{x}_{\mathrm{a}} = \boldsymbol{J}\boldsymbol{z}_{\mathrm{a}} + \boldsymbol{\omega} \tag{6-5}$$

式中：$\boldsymbol{J}\in R^{n\times m}$ 为常数映射矩阵；$\boldsymbol{\omega}\in R^{n}$ 为量测噪声向量，满足 $E(\boldsymbol{\omega})=0$。

根据式（6-5），辅助状态变量矩阵与辅助量测矩阵之间存在如下线性关系：

$$\boldsymbol{X} = \boldsymbol{J}\boldsymbol{Z} + \boldsymbol{\Omega} \tag{6-6}$$

式中：$\boldsymbol{\Omega}\in R^{n\times s}$ 为量测噪声矩阵，无不良样本时，满足 $E(\boldsymbol{\Omega})=0$。

DDSE 中离线学习的主要任务就是通过构建学习模型获得式（6-6）中的常数映射矩阵 $\boldsymbol{J}$。

6.2.3 基于偏最小绝对值的映射矩阵估计方法

由于式（6-6）是线性方程，最直接的方法是直接采用 WLS 来得到常数映射矩阵 $\boldsymbol{J}$ 的估计值，但这样做无法解决样本数据中存在的共线性问题及可能存在的不良数据。事实上，存在于状态变量中的共线性现象是不可避免的，因为不同节点上的状态变量因为负荷的涨落而具有相似的涨落模式。这种现象会导致回归过程中出现病态问题，进而影响 WLS 的数值稳定性。此外，在现实的量测系统中，所采集到的数据中会不可避免会出现不良数据，历史 MDSE 不一定将全部不良数据成功辨识出来，且历史数据在存储的过程中可能也会受到干扰而产生不良数据，从而影响 WLS 的估计精度（因为 WLS 本身没有任何抗差性）。

由上述分析可知，在基于式（6-6）得到映射矩阵 $\boldsymbol{J}$ 的估计值的过程中，首先必须克服数据的共线性问题，在相关领域，普遍使用偏最小二乘法（partial least square，PLS）来解决此问题[38]，但 PLS 算法没有抗差性，故若使用 PLS 算法来估计映射矩阵 $\boldsymbol{J}$，并不能保证估计精度。为了同时解决数据的共线性问题及抗差性问题，本节采用偏最小绝对值算法（partial least absolute deviation，PLAD）来估计映射矩阵 $\boldsymbol{J}$。PLAD 最早在 2004 年由 Dodge 等人[39]提出，该算法是在 PLS 算法的基础上，结合了主成分分析（principal component analysis，PCA）、最小绝对值算法（least absolute deviation，LAD）算法以及典型相关分析法（canonical correlation analysis，CCA）的特征，既保留了 PLS 算法的优点，又保证了算法整体的抗差性[40]，并可解决样本数据中可能存在的共线性问题。

基于式（6-6），PLAD 将矩阵 $\boldsymbol{X}$ 和 $\boldsymbol{Z}$ 分解成 p 个主成分：

$$\begin{cases}\boldsymbol{Z}=\boldsymbol{D}\boldsymbol{V}^{\mathrm{T}}+\boldsymbol{E}\\ \boldsymbol{X}=\boldsymbol{R}\boldsymbol{U}^{\mathrm{T}}+\boldsymbol{F}\end{cases} \tag{6-7}$$

式中：$\boldsymbol{V}$ 和 $\boldsymbol{U}$ 为由 p 个被提取的主成分组成的 $s\times p$ 的矩阵；$\boldsymbol{D}$ 和 $\boldsymbol{R}$ 为 $m\times p$ 和 $n\times p$ 维的矩阵；$\boldsymbol{E}$ 和 $\boldsymbol{F}$ 为 $m\times s$ 和 $n\times s$ 维的残差矩阵。

数据集 $\boldsymbol{X}$ 和 $\boldsymbol{Z}$ 中的行向量具有相似的起伏模式，对应着电网数据中的共线性现象。PLAD 算法通过对式（6-6）提取主成分，将 $\boldsymbol{Z}$ 和 $\boldsymbol{X}$ 和投射到了维数更低的矩阵 $\boldsymbol{V}$ 和 $\boldsymbol{U}$ 上。矩阵 $\boldsymbol{V}$ 和 $\boldsymbol{U}$ 中的列向量 $\boldsymbol{v}_j(j=1, 2, \cdots, p)$ 和 $\boldsymbol{u}_j(j=1, 2, \cdots, p)$ 分别为所提取

的得分向量，它们与矩阵 $\boldsymbol{X}$ 和 $\boldsymbol{Z}$ 的关系如下：

$$\begin{cases}\boldsymbol{v}_j=\boldsymbol{Z}^{\mathrm{T}}\boldsymbol{p}_j,(j=1,2,\cdots,p)\\ \boldsymbol{u}_j=\boldsymbol{X}^{\mathrm{T}}\boldsymbol{q}_j,(j=1,2,\cdots,p)\end{cases}\tag{6-8}$$

式中：$\boldsymbol{v}_j(j=1,2,\cdots,p)\in R^s$；$\boldsymbol{u}_j(j=1,2,\cdots,p)\in R^s$；$\boldsymbol{p}_j\in R^m$ 和 $\boldsymbol{q}_j\in R^n$ 为权重向量。

在提取了得分向量 $\boldsymbol{v}_j(j=1,2,\cdots,p)$ 后，对行向量 $\boldsymbol{x}_i(i=1,2,\cdots,n)\in R^{1\times s}$（行向量 $\boldsymbol{x}_i$ 为矩阵 $\boldsymbol{X}$ 的第 i 行）和主成分矩阵 $\mathbf{V}$ 使用 LAD 算法进行回归，可得到如下线性回归方程：

$$\boldsymbol{x}_i^{\mathrm{T}}=\mathbf{V}\boldsymbol{b}_i+\boldsymbol{e}_i\tag{6-9}$$

式中：$\boldsymbol{x}_i^{\mathrm{T}}(i=1,2,\cdots,n)\in R^s$ 为行向量 $\boldsymbol{x}_i$ 的转置；$\boldsymbol{b}_i(i=1,2,\cdots,n)\in R^p$ 为待求的向量；$\boldsymbol{e}_i\in R^s$ 为误差向量，满足 $E(\boldsymbol{e}_i)=0$。

为求得回归向量 $\boldsymbol{b}_i$，LAD 算法需求解以下模型：

$$\begin{aligned}&\min\ |\boldsymbol{e}_i|\\ &\text{s. t. } \boldsymbol{e}_i=\mathbf{V}\boldsymbol{b}_i-\boldsymbol{x}_i^{\mathrm{T}}\end{aligned}\tag{6-10}$$

式中：$|\boldsymbol{e}_i|$ 为向量 $\boldsymbol{e}_i$ 的 1—范数运算。

式（6-10）的目标函数在 0 处不可导，无法直接用基于梯度的方法求解。为此，引入新的变量 $\boldsymbol{s}_i\in R^s$ 和 $\boldsymbol{t}_i\in R^s$，令：

$$\begin{cases}\boldsymbol{s}_i=(|\boldsymbol{e}_i|-\boldsymbol{e}_i)/2\geqslant\mathbf{0}\\ \boldsymbol{t}_i=(|\boldsymbol{e}_i|+\boldsymbol{e}_i)/2\geqslant\mathbf{0}\end{cases}\tag{6-11}$$

由式（6-11），可得：

$$\begin{cases}|\boldsymbol{e}_i|=\boldsymbol{s}_i+\boldsymbol{t}_i\\ \boldsymbol{e}_i=\boldsymbol{t}_i-\boldsymbol{s}_i\end{cases}\tag{6-12}$$

将式（6-12）代入式（6-10），可得：

$$\begin{aligned}&\min\quad \boldsymbol{s}_i+\boldsymbol{t}_i\\ &\text{s. t. }\begin{cases}\mathbf{V}\boldsymbol{b}_i-\boldsymbol{x}_i^{\mathrm{T}}+\boldsymbol{s}_i-\boldsymbol{t}_i=\mathbf{0}\\ \boldsymbol{s}_i\geqslant\mathbf{0},\boldsymbol{t}_i\geqslant\mathbf{0}\end{cases}\end{aligned}\tag{6-13}$$

由状态估计的基本理论可知[12]，式（6-13）的模型具有抗差性，对样本数据中可能存在的不良数据具有很好的抑制能力。由于式（6-13）是一个标准的线性规划问题，可用 CPLEX 求解。在求解式（6-13）之后，可得到向量 $\boldsymbol{b}_i$ 的估计值，用 $\hat{\boldsymbol{b}}_i$ 来表示，则从 $\mathbf{V}$ 到 $\boldsymbol{x}_i^{\mathrm{T}}$ 的回归已完成；接着将式（6-8）代入式（6-9）中，可得从矩阵 $\boldsymbol{Z}$ 到向量

$\boldsymbol{x}_i^{\mathrm{T}}$ 的映射：

$$\begin{aligned}\boldsymbol{x}_i^{\mathrm{T}} = \boldsymbol{V}\hat{\boldsymbol{b}}_i &= [\boldsymbol{v}_1,\boldsymbol{v}_2,\cdots,\boldsymbol{v}_p]\hat{\boldsymbol{b}}_i \\ &= [\boldsymbol{Z}^{\mathrm{T}}\boldsymbol{p}_1,\boldsymbol{Z}^{\mathrm{T}}\boldsymbol{p}_2,\cdots,\boldsymbol{Z}^{\mathrm{T}}\boldsymbol{p}_p]\hat{\boldsymbol{b}}_i \\ &= \boldsymbol{Z}^{\mathrm{T}}[\boldsymbol{p}_1,\boldsymbol{p}_2,\cdots,\boldsymbol{p}_p]\hat{\boldsymbol{b}}_i \\ &= \boldsymbol{Z}^{\mathrm{T}}\boldsymbol{P}\hat{\boldsymbol{b}}_i\end{aligned} \tag{6-14}$$

式中：$\boldsymbol{P}=[\boldsymbol{p}_1, \boldsymbol{p}_2, \cdots, \boldsymbol{p}_p]\in R^{m\times p}$为权重矩阵。

按照式（6-14），求得所有的 $\boldsymbol{x}_i^{\mathrm{T}}(i=1, 2, \cdots, n)$ ［即需要求解式 6-13）n 次］，即可得到从 $\boldsymbol{Z}$ 到 $\boldsymbol{X}$ 的映射：

$$\boldsymbol{X}^{\mathrm{T}} = \boldsymbol{Z}^{\mathrm{T}}\hat{\boldsymbol{J}}^{\mathrm{T}} \text{ 或 } \boldsymbol{X} = \hat{\boldsymbol{J}}\boldsymbol{Z} \tag{6-15}$$

式中：$\hat{\boldsymbol{J}}^{\mathrm{T}}$ 为矩阵 $\boldsymbol{J}^{\mathrm{T}}$ 的估计值；$\hat{\boldsymbol{J}}^{\mathrm{T}}=\boldsymbol{PB}$；$\boldsymbol{B}=[\hat{\boldsymbol{b}}_1, \hat{\boldsymbol{b}}_2, \cdots, \hat{\boldsymbol{b}}_n]\in R^{p\times n}$。

通过以上过程，即可完成 DDSE 的离线学习。在线匹配时，将当前断面对应的辅助量测变量 $\boldsymbol{z}_{\mathrm{a,current}}$代入式（6-5）即可得到当前断面的辅助状态变量，进而利用 3.4.1 节的方法即可得到当前断面的原始状态变量估计值。

6.3 拓扑变化时基于数据驱动的电—热综合能源系统状态估计模型

6.3.1 拓扑变化对基于数据驱动的电—热 IES-SE 的影响

6.2 节所介绍的基于数据驱动的电—热 IES-SE 方法隐含地假设样本数据对应的网络拓扑结构与当前量测向量 $\boldsymbol{z}_{\mathrm{current}}$对应的拓扑结构一致。而在现实的电—热 IES 中，出于生产安全等方面的需要，经常要对电力系统线路或热力系统管道进行检修。也就是说，在实际工程中，电—热 IES 的拓扑结构会发生变化，有时甚至会频繁发生变化。因此，基于数据驱动的电—热 IES-SE 方法必须考虑拓扑结构的变化才能符合实际情况，才具有实用价值。

由于不同拓扑结构对应的逆向映射矩阵不同，因此在离线学习阶段，应该构建每一种拓扑结构对应的学习模型，并通过 6.2 节的方法来获取每一种拓扑结构对应的逆向映射矩阵；而在线匹配阶段，应该将当前断面的量测向量 $\boldsymbol{z}_{\mathrm{current}}$与样本集进行匹配，找到与当面断面拓扑结构相同的样本集，并获得对应的逆向映射矩阵，进而进行泛化得到当前断面电—热 IES 中的状态变量估计值。

显然，如果当前断面的拓扑结构已知，则考虑拓扑变化时基于数据驱动的电—热 IES-SE 方法并不存在太大困难。遗憾的是，在实际的电—热 IES 中，拓扑结构经常是

未知的，能够获取的仅仅是量测变量，因此此时需要解决的问题是如何依据当前断面的量测变量（是一个向量）来找到与其拓扑结构相同的历史断面集，从而获得对应的逆向映射矩阵。为解决此问题，可以采用文献［33，34］里面用到的相关系数法，但相关系数法的精度受门槛值的影响，为此本节介绍一种基于支持向量机（support vector machine，SVM）的拓扑辨识方法，此法将量测向量与拓扑之间的关系建模为量测向量为输入、以拓扑结构标签为输出的分类模型，具有很好的精度。

综上所述，拓扑变化时基于数据驱动的电—热 IES - SE 的拓扑结构如图 6 - 3 所示。

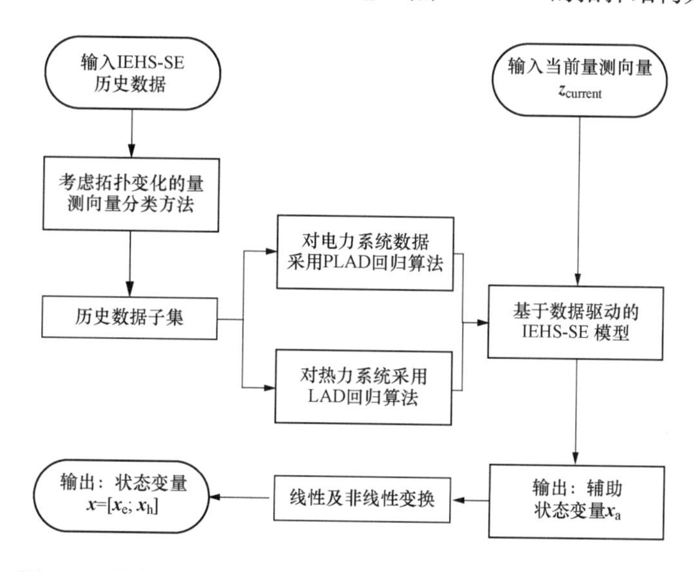

图 6 - 3　拓扑变化时基于数据驱动的电—热 IES - SE 的拓扑结构

6.3.2　基于 SVM 的拓扑辨识方法

1. 基于 SVM 的拓扑辨识方法概述

基于 SVM 的拓扑辨识方法就是要解决哪些历史断面的量测向量对应的拓扑结构与 $z_{current}$ 对应的拓扑结构相同的问题。为了解决此问题，可将样本数据中的量测向量集与对应拓扑结构的关系转化成为一个多类别分类问题（multiclass classification），并使用 SVM 对该问题进行学习，从而得到一个以量测向量为输入、以拓扑结构标签为输出的分类模型。以上学习过程应在离线学习阶段完成。

在线匹配阶段，将 $z_{current}$ 作为模型输入，输入到经过离线学习阶段得到的拓扑辨识学习模型中，将得到 $z_{current}$ 对应的拓扑结构标签，并获得对应的逆向映射矩阵，进而可计算得到的当前断面的状态变量估计值。值得指出的是，在该过程中，并不需要掌握当前断面的网络拓扑结构。

2. 基于 SVM 的拓扑辨识方法的具体实现

SVM 旨在拟合出一个最优超平面，实现对不同类别数据的正确划分。该超平面由分布在分类边界上的样本，即支持向量（support vector）唯一表示。SVM 最初是被设计用于解决二元分类问题，也可以应用于多分类问题中。根据一对所有（one - versus - all）或所有对所有（all - versus - all）的原则，可以将多分类问题分解为多个利用二元 SVM 求解的二分类问题[41]。

将样本数据集中的量测向量按式（6 - 16）的形式整理成 SVM 学习模型的输入：

$$\left[\overbrace{\boldsymbol{z}_1\cdots\boldsymbol{z}_1}^{S_1},\overbrace{\boldsymbol{z}_2\cdots\boldsymbol{z}_2}^{S_2}\cdots\overbrace{\boldsymbol{z}_n\cdots\boldsymbol{z}_n}^{S_n}\right] \tag{6 - 16}$$

式中：$\boldsymbol{z}_i(i=1,2,\cdots,n)$ 为样本数据集中的量测向量，下标相同的 $\boldsymbol{z}_i(i=1,2,\cdots,n)$ 具有相同的拓扑结构并且具有相同的维度，下标不同的 $\boldsymbol{z}_i(i=1,2,\cdots,n)$ 具有不同的拓扑结构；$S_i(i=1,2,\cdots,n)$ 为 $\boldsymbol{z}_i$ 对应样本子集中量测向量的个数。

SVM 学习模型的输出为对应不同拓扑结构的标签。为方便表示，将 SVM 学习模型的输出标签整理成下式：

$$\left[\overbrace{1\cdots1}^{S_1},\overbrace{2\cdots2}^{S_2}\cdots\overbrace{n\cdots n}^{S_n}\right] \tag{6 - 17}$$

式中：$i(i=1,2,\cdots,n)$ 为 $\boldsymbol{z}_i(i=1,2,\cdots,n)$ 对应的拓扑结构的标签；拓扑结构标签为 $i(i=1,2,\cdots,n)$ 的样本个数为 S_i。

若将式（6 - 16）和式（6 - 17）所列数据分别作为机器学习的输入和输出，该学习模型的结构如图 6 - 4 所示，显然这是一个典型的多类别分类问题，可采用 SVM 予以解决，具体过程简略。

6.3.3 算例分析

本节采用修改后的 IEEE 14 节点电力系统与巴厘岛 32 节点热力系统[42]耦合的电—热综合能源系统作为仿真对象。程序平台采用 MATLAB2019b，其中 PLAD 与 LAD 相关回归算法使用 CPLEX 求解。CPU 为 Intel（R）Core（TM）i7 - 7700 HQ，主频为 2.81GHz，内存为 16GB。

1. 算例说明

本章采用的电—热综合能源系统采用孤岛运行方式。其中，修改后的 IEEE 14 节点电力系统中的松弛节点 1 与巴厘岛 32 节点热力系统中的热源节点 31 通过一台燃气轮机相联系，比例系数 $c_{m1}=1.3$；电力系统中的 PV 节点 8 与热力系统中的松弛节点 1 通过一台汽

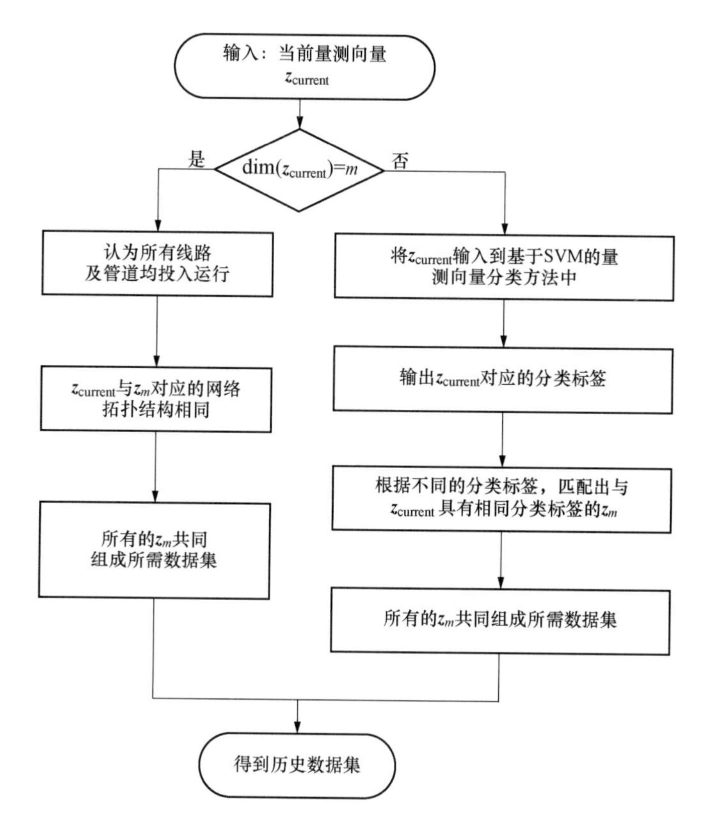

图 6-4　基于 SVM 的拓扑辨识分类模型

轮机相联系，其中 $Z=8.1$，$P_{con}=0.2$（标幺值）；电力系统中的 PV 节点 6 与热力系统中的热源节点 32 通过一台内燃机相联系，比例系数 $c_{m2}=1.266$。电—热 IES 拓扑结构如图 6-5 所示，耦合元件的布置见表 6-1，热力系统的具体参数参考文献 [42]。

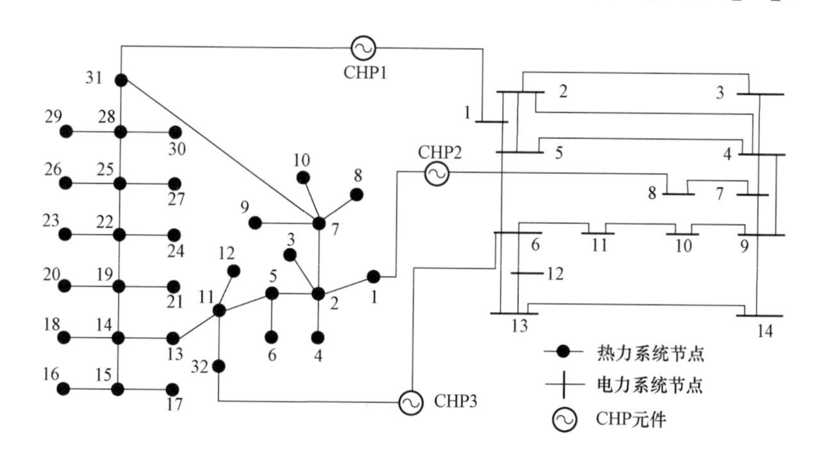

图 6-5　电—热 IES 拓扑结构图

表 6-1　　电—热综合能源系统的耦合元件

序号	CHP 机组类型	电网联系节点	热网联系节点
1	燃气轮机	1（松弛节点）	31
2	汽轮机	8	1（松弛节点）
3	内燃机	6	32

2. 历史数据仿真

为了得到数据驱动算法所需的电—热 IES - SE 历史数据，对电—热 IES 进行了蒙特卡洛仿真，用以模拟历史状态估计数据。本节中的电—热 IES 的正常情况下的量测值是在潮流真值的基础上添加高斯噪声构成，电力系统的量测噪声标准差均设置为 10^{-3}，热力系统的量测噪声标准差均设置为 10^{-4}，其中，电—热 IES 的潮流真值采用文献［42］中的解耦式电—热耦合系统潮流计算法求得。对每一个系统运行断面，都采用基于 WLAV 的电—热 IES - SE 算法来获取该运行断面的状态估计数据。通过调整电网和热网的注入功率和节点负荷，形成不同的系统运行断面，其中，电力系统中的节点有功功率负荷由一个预设的有功功率负荷乘上一个满足［0.8，1.2］的均匀分布系数得到，无功功率负荷由一个预设的无功功率负荷乘上一个满足［0.15，0.25］的均匀分的系数得到；热力系统的节点热功率负荷由一个预设的热功率负荷乘上一个满足［0.8，1.2］的均匀分布系数得到。

将所生成的样本数据集分为两部分：训练集和测试集。训练集数据的数据量设为 500 组历史数据，测试集的数据量设为 300 组历史数据。首先利用训练集进行学习，以得到对应的逆向映射矩阵；之后利用测试集来验收逆向映射矩阵的准确性。

为方便表达，首先假设历史数据所对应的电—热 IES 网络拓扑结构不发生改变，即当前量测断面的网络拓扑结构与历史数据所对应的网络拓扑结构相同。对于历史数据所对应的网络拓扑结构不相同的情况，将在本节的最后进行讨论。

3. 正常量测下的状态估计精度

为测试本章介绍的基于数据驱动的电—热 IES - SE 模型（用 DDSE 表示）的性能，进行 300 次蒙特卡洛仿真实验，并与本书 3.4 节介绍的电—热 IES 双线性抗差状态估计模型（用 BRSE 表示）进行对比。选取式（3 - 54）定义的状态变量相对平均估计误差和状态变量的相对最大估计误差作为对比的指标。

表 6 - 2 给出了以上两种状态估计方法得到的最大估计误差 $S_{\max}$。由表 6 - 2 可见，对于电力系统的状态变量 $\boldsymbol{U}$ 和 $\boldsymbol{\theta}$，BRSE 的估计结果更为精确；而对于热力系统的状态变量 $\boldsymbol{p}$、$\boldsymbol{T}_{\mathrm{r}}$ 和 $\boldsymbol{T}_{\mathrm{s}}$ 来说，DDSE 的估计结果更为精确。

表 6-2　　两种状态估计方法得到的状态变量最大估计误差

状态估计方法	状态变量的最大估计误差				
	x_e		x_h		
	U	θ	p	T_r	T_s
BRSE	2.64×10^{-4}	4.21×10^{-3}	1.42×10^{-4}	2.38×10^{-5}	2.38×10^{-5}
DDSE	6.32×10^{-4}	1.88×10^{-2}	1.05×10^{-4}	1.35×10^{-5}	2.30×10^{-4}

表 6-3 给出了以上两种状态估计方法得到的电—热 IES 中电力系统部分的状态变量估计结果。表 6-4 则给出了单次、300 次及 1000 次试验中以上两种状态估计的计算耗时，其中 DDSE 的计算耗时指的是其在泛化阶段的耗时。由表 6-3 和表 6-4 可以得出以下结论：① DDSE 和 BRSE 对电力系统状态变量 $\boldsymbol{U}$ 和 $\boldsymbol{\theta}$ 都具有较高的估计精度；②DDSE的计算效率高于 BRSE。

表 6-3　　电—热综合能源系统的状态变量估计结果

节点编号	$\boldsymbol{U}$(标幺值)			$\boldsymbol{\theta}$(rad)		
	潮流真值	BRSE	DDSE	潮流真值	BRSE	DDSE
2	1.045	1.045	1.045	−0.067	−0.067	−0.067
3	1.010	1.010	1.010	−0.189	−0.189	−0.190
4	1.024	1.024	1.024	−0.138	−0.138	−0.138
5	1.027	1.026	1.026	−0.114	−0.114	−0.114
6	1.070	1.070	1.070	−0.156	−0.156	−0.155
7	1.064	1.064	1.064	−0.157	−0.157	−0.158
8	1.090	1.090	1.090	−0.129	−0.129	−0.128
9	1.057	1.057	1.057	−0.186	−0.186	−0.187
10	1.052	1.051	1.052	−0.185	−0.185	−0.186
11	1.057	1.057	1.057	−0.173	−0.173	−0.174
12	1.055	1.055	1.055	−0.172	−0.172	−0.171
13	1.050	1.050	1.050	−0.175	−0.174	−0.174
14	1.036	1.036	1.036	−0.198	−0.199	−0.200

表 6-4　　两种状态估计方法的计算时间对比

试验次数	状态估计试验计算时间（s）	
	BRSE	DDSE
1	0.008901	0.000564
300	1.366332	0.056197
1000	4.321461	0.148234

图 6-6 和图 6-7 分别给出了以上两种状态估计方法得到的电力系统电压幅值和相角的估计误差平均值。由图 6-6 可见，两种状态估计方法得到的节点电压幅值估计误差平均值较为相近；由图 6-7 可见，BRSE 得到的节点电压相角估计误差平均值均小于 DDSE 得到的节点电压相角估计误差平均值，但后者的估计精度可以接受。

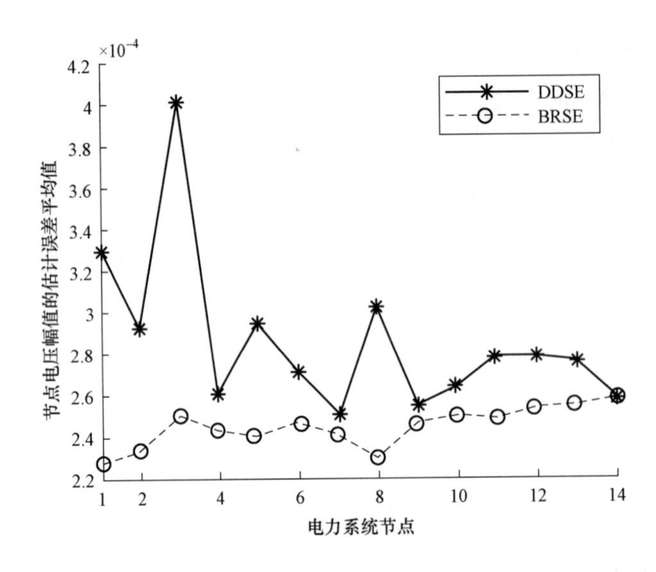

图 6-6　两种状态估计方法得到的节点电压幅值的估计误差平均值

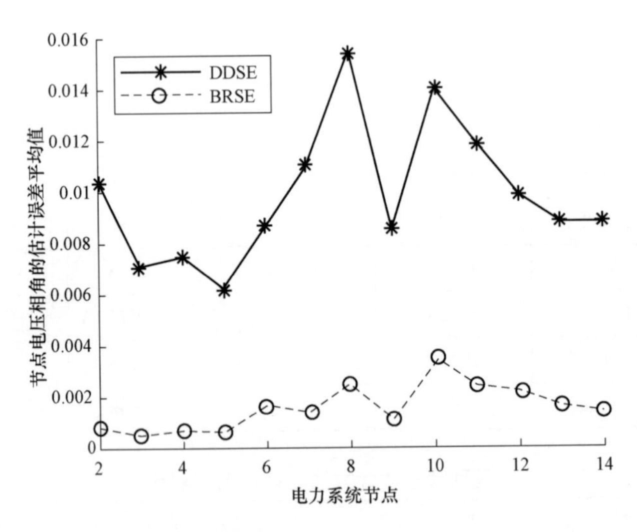

图 6-7　两种状态估计方法得到的节点电压相角的估计误差平均值

图 6-8～图 6-10 分别给出了以上两种状态估计方法得到的热力系统节点压强、节点供热温度及节点回热温度的估计误差平均值。由图 6-8～图 6-10 可以得到以下结论：①对于电—热 IES 中的热力系统状态变量而言，DDSE 和 BRSE 的估计精度差别不大，

前者的整体表现更优；②对于节点压强和供热温度而言，DDSE 的估计精度高于 BRSE；③对于回热温度而言，BRSE 的估计精度高于 DDSE。

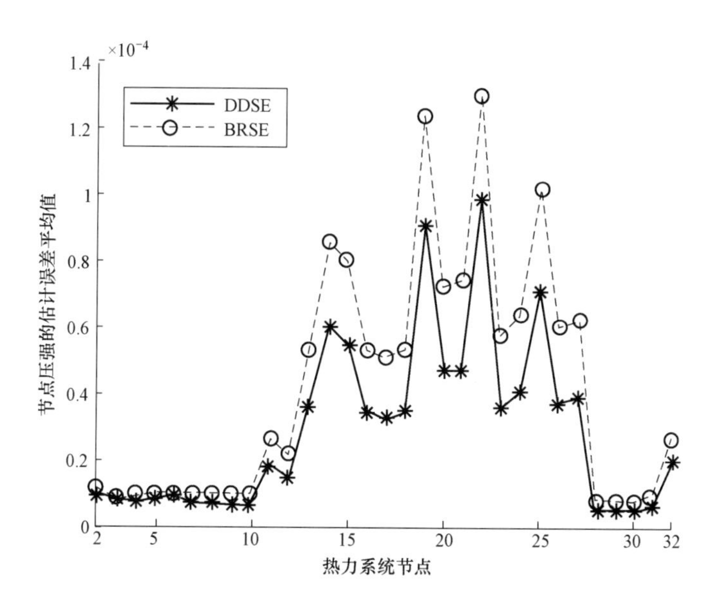

图 6 - 8　两种状态估计方法得到的热力系统的节点压强的估计误差平均值

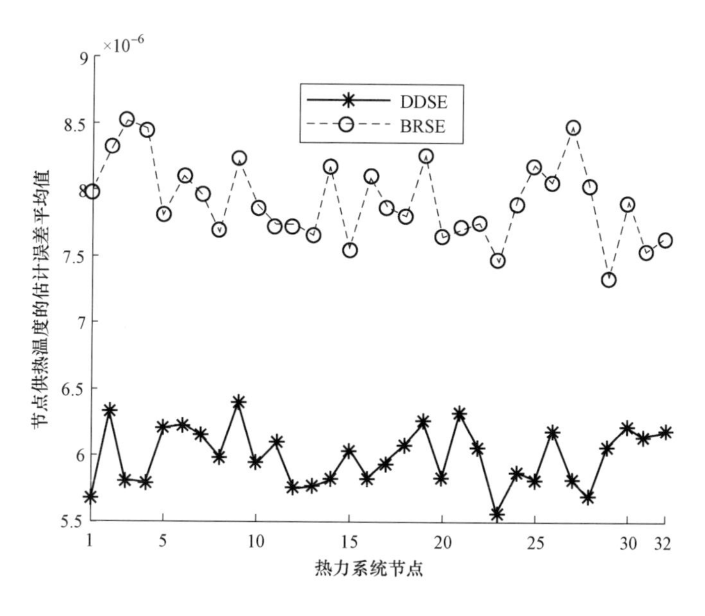

图 6 - 9　两种状态估计方法得到的热力系统的节点供热温度的估计误差平均值

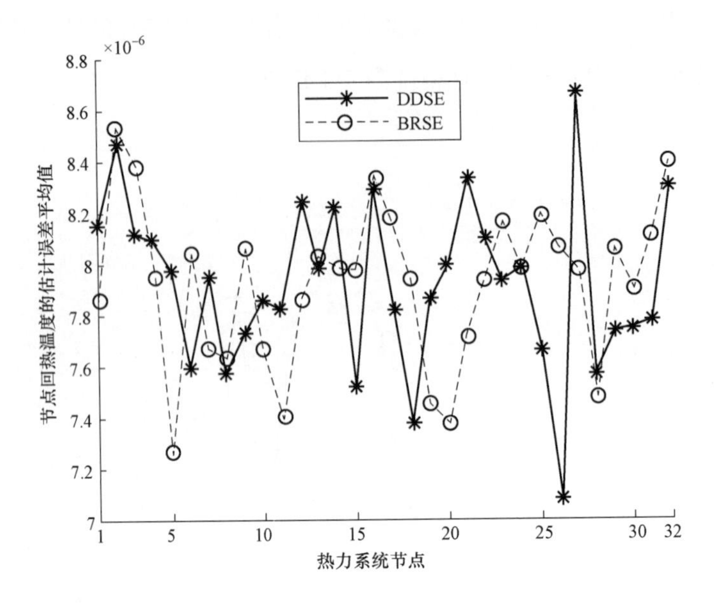

图 6-10　两种状态估计方法得到的热力系统的节点回热温度的估计误差平均值

为了进一步测试本章所介绍 DDSE 方法的性能，采用式（3-55）定义的状态变量的平均偏差作为分析指标。针对电—热 IES 的 5 个状态变量 $\boldsymbol{U}$、$\boldsymbol{p}$、$\boldsymbol{\theta}$、$\boldsymbol{T}_s$、$\boldsymbol{T}_r$，分别考察电压幅值平均偏差、电压相角平均偏差、节点压强平均偏差、节点供热温度平均偏差及节点回热温度平均偏差，图 6-11～图 6-15 分别给出了 1000 次蒙特卡洛试验下以上 5 个指标的分布情况。

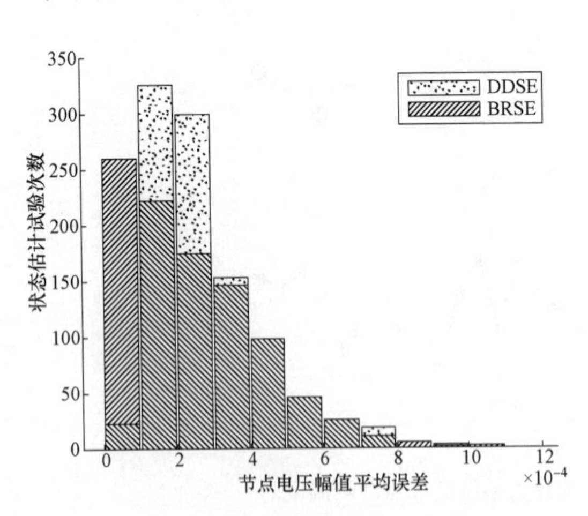

图 6-11　电网节点电压幅值平均误差的分布直方图

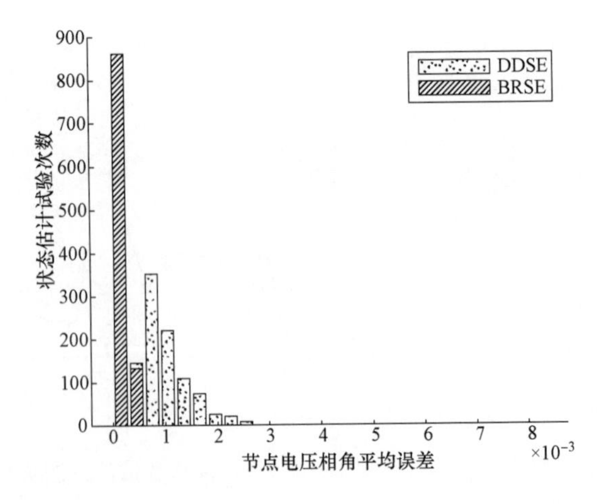

图 6-12　电网节点电压相角平均误差的分布直方图

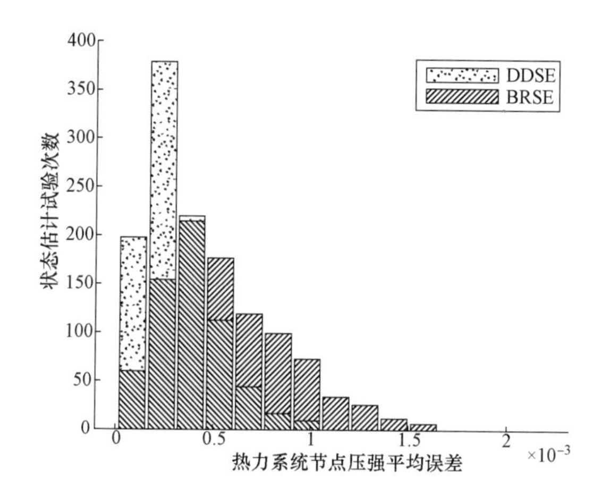

图6-13　热力系统节点压强平均误差的分布直方图

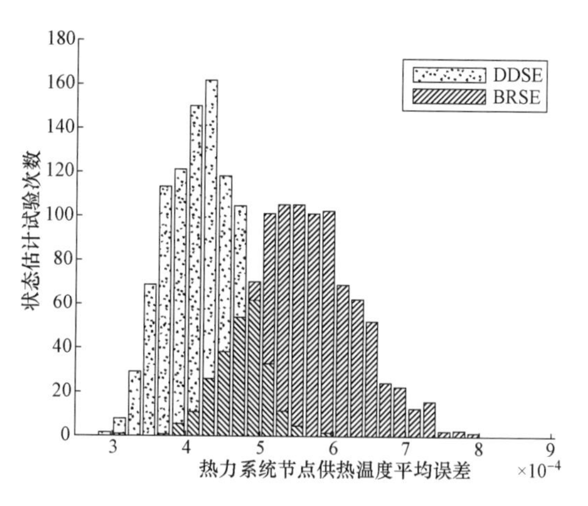

图6-14　热力系统节点供热温度平均误差的分布直方图

图6-11和图6-12分别给出了电力系统状态变量$\boldsymbol{U}$和$\boldsymbol{\theta}$对应的平均偏差的分布。由图6-11和图6-12可见，由DDSE和BRSE分别得到的电压幅值平均偏差分布范围较为接近，而DDSE得到的电压相角平均偏差分布范围宽于BRSE得到的电压相角平均偏差分布范围。总之，对于电—热IES的电网部分状态变量而言，DDSE与BRSE的估计精度接近。

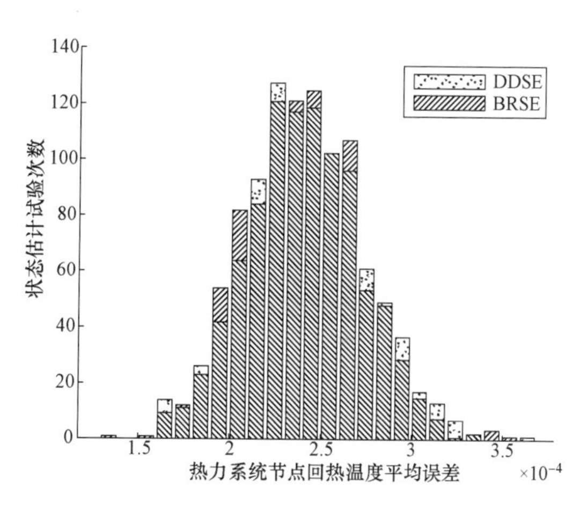

图6-15　热力系统节点回热温度平均误差的分布直方图

图6-13～图6-15分别给出了热力系统状态变量$\boldsymbol{p}$、$\boldsymbol{T}_{s}$和$\boldsymbol{T}_{r}$对应的平均绝对偏差的分布。由图6-13～图6-15可见，DDSE得到的热力系统状态变量的平均绝对偏差分布范围窄于BRSE得到的热力系统状态变量的平均绝对偏差分布范围。总之，对于电—热IES的热网部分状态变量而言，DDSE的估计精度高于BRSE。

4. 耦合约束校验

由电—热IES-SE求得的状态变量必须满足3.2节所述的耦合元件约束，故是否满足耦合元件约束是衡量电—热IES-SE精度的一个重要指标。

表6-5给出了在不同规模的蒙特卡洛实验下，对本章所介绍的DDSE结果进行耦

合元件约束精度校验的结果。由表 6-5 可见，即便本章介绍的 DDSE 中电力系统部分和热力系统部分的逆向映射矩阵分别由 PLAD 和 LAD 算法进行回归得到，但 DDSE 所得的估计结果依然能精准地满足耦合元件约束，从而验证了 DDSE 具有较高的估计精度。

表 6-5　　耦合元件约束精度平均值

状态估计试验次数	三个耦合元件约束精度平均值		
	CHP1	CHP2	CHP3
1	0.611×10^{-3}	1.613×10^{-4}	3.905×10^{-5}
300	1.365×10^{-3}	4.825×10^{-4}	5.006×10^{-5}
1000	1.355×10^{-3}	4.753×10^{-4}	5.141×10^{-5}

5. 训练集规模大小的选择

对于所有基于数据驱动的方法来说，如何选择合适的训练集规模（即样本容量大小）是非常重要的问题。图 6-16 给出了在不同的训练集规模大小时，由 DDSE 得到的电力系统节点电压相角最大估计偏差与热力系统节点气压的最大估计偏差的变化情况。

由图 6-16 可知，训练集规模越大，估计精度越高。但训练集的规模不可能无限制地增长，因为训练集规模越大，所需训练时间越长。找到估计精度与计算效率之间的平衡是解决此问题的关键。大量仿真实验表明，对于电—热 IES 来说，在训练集的规模超过 500 之后，节点电压相角和节点压强的最大估计误差都开始趋于稳定，故合适的训练集可选为 500，此时可以保证计算效率和计算精度之间的平衡。

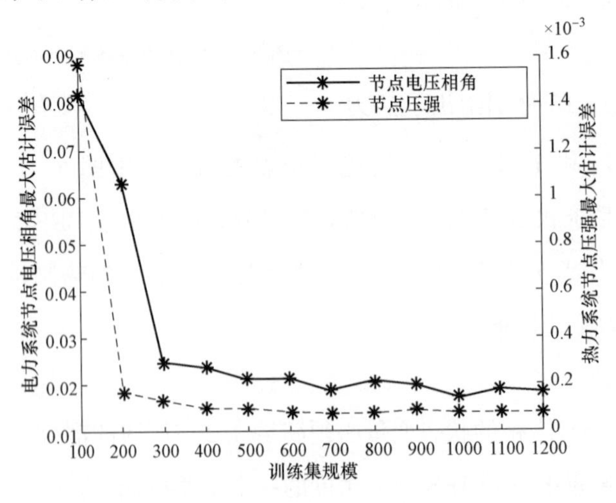

图 6-16　不同训练集规模下节点电压相角以及节点压强最大误差变化情况

6. 基于 SVM 的拓扑辨识方法

为测试拓扑结构变化对本章所介绍的 DDSE 方法的影响，将图 6-5 所示的电—热 IES 进行修改，得到四种不同的电—热 IES 拓扑结构，分别是：①断开电网支路 6-13；②断开电网支路 5-6；③断开电网支路 4-9；④断开电网支路 2-5。在测试中，不同拓扑结构对应的量测向量具有相同的维度。

针对以上四种拓扑结构，采用与前文相同的历史数据仿真设置方法，生成对应的历史数据集，每种拓扑结构均产生 30 个历史量测断面，总共量测断面的个数为 120。完成历史数据集的生成后，还需要生成与四种拓扑结构相对应的标签集。对四种网络拓扑结构分别赋予｛1，2，3，4｝的标签。将历史数据集作为 SVM 的输入，标签集作为 SVM 的输出。从数据集中随机抽取 100 组作为训练集，进行 SVM 分类模型的训练，剩下 20 组作为测试集，测试所得分类模型的准确性。基于 SVM 的拓扑辨识方法的分类结果如图 6-17 所示。

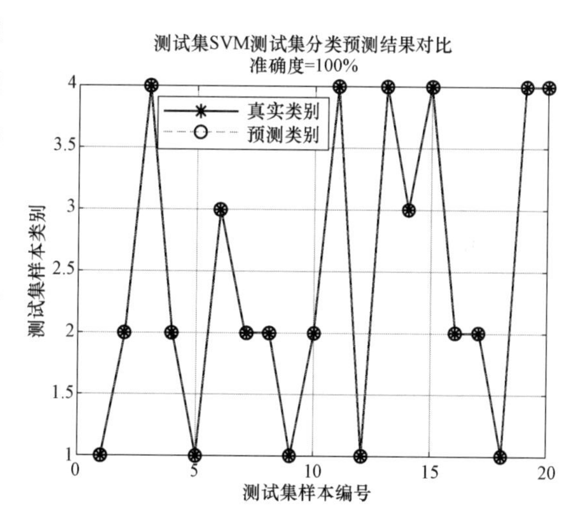

图 6-17　基于 SVM 的拓扑辨识方法的分类结果

由图 6-17 可知，在所有的情况下，基于 SVM 的拓扑辨识方法均辨识正确，从而保证了拓扑结构变化时 DDSE 的估计精度。

参考文献

[1] 董今妮，孙宏斌，郭庆来，等．热电联合网络状态估计［J］．电网技术，2016，40（6）：1635-1641.

[2] 董今妮，孙宏斌，郭庆来，等．面向能源互联网的电—气耦合网络状态估计技术［J］．电网技术，2018，42（02）：400-408.

[3] 陈艳波，郑顺林，杨宁，等．基于加权最小绝对值的电—气综合能源系统抗差状态估计［J］．电力系统自动化，2019，43（13）：61-70.

[4] 郑顺林，刘进，陈艳波，等．基于加权最小绝对值的电—气综合能源系统双线性抗差状态估计［J］．电网技术，2019，43（10）：3733-3742.

[5] Chen Y B，Yao Y，Zhang Y. A robust state estimation method based on SOCP for integrated electricity-heat system［J］．IEEE Transactions on Smart Grid，2021，12（1）：810-820.

[6] 陈艳波，姚远，杨晓楠，等．面向电—热综合能源系统的双线性抗差状态估计方法［J］．电力自动

化设备，2019，39（08）：47-54.

[7] 姚远．综合能源系统集中式状态估计若干问题研究［D］．北京：华北电力大学，2021.

[8] Du Y，Zhang W，Zhang T. ADMM based distributed state estimation for integrated energy system［J］. CSEE Journal of Power and Energy Systems，2019，5（2）：275-283.

[9] Yang J，Zhang N，Kang C，et al. Effect of natural gas flow dynamics in robust generation scheduling under wind uncertainty［J］. IEEE Transactions on Power Systems，2018，33（2）：2087-2097.

[10] Chen Y，Yao Y，Lin Y，et al. Dynamic state estimation for integrated electricity-gas systems based on kalman filter［J］. CSEE Journal of Power and Energy Systems，2020，doi：10.17775/CSEEJPES.2020.02050.

[11] 刘羽霄，张宁，康重庆．数据驱动的电力网络分析与优化研究综述［J］．电力系统自动化，2018，42（6）：157-167.

[12] 陈艳波，于尔铿．电力系统状态估计［M］．北京：科学出版社，2021.

[13] 陈艳波，高瑜珑，赵俊博，等．综合能源系统状态估计研究综述［J］．高电压技术，2021，47（7）：2281-2292.

[14] 陈艳波．基于统计学习理论的电力系统状态估计研究［D］．北京，清华大学，2013.

[15] 陈艳波，谢瀚阳，王金丽，等．基于不确定测度的电力系统抗差状态估计（一）：理论基础［J］．电力系统自动化，2018，42（1）：8-15.

[16] 张宇帆，艾芊，郝然，等．基于机会约束规划的楼宇综合能源系统经济调度［J］．电网技术，2019，43（1）：108-116.

[17] 郭尊，李庚银，周明，等．考虑网络约束和源荷不确定性的区域综合能源系统两阶段鲁棒优化调度［J］．电网技术，2019，43（9）：3090-3100.

[18] Weng Y，Negi R，Faloutsos C，et al. Robust data-driven state estimation for smart grid［J］. IEEE Transactions on Smart Grid，2017，8（4）：1956-1967.

[19] 卫志农，颜全椿，孙国强，等．考虑参数不确定性的电力系统区间线性状态估计［J］．电网技术，2015，39（10）：2862-2868.

[20] Carvalho R，Buzna L，Bono F，et al. Resilience of natural gas networks during conflicts，crises and disruptions［J］. PLoS One，2014，9（3）：1-9.

[21] Manshadi S，Khodayar M. Resilient operations of multiple energy carrier microgrids［J］. IEEE Transactions on Smart Grid，2015，6（5）：2283-2292.

[22] 薛禹胜，赖业宁．大能源思维与大数据思维的融合（一）：大数据与电力大数据［J］．电力系统自动化，2016，40（1）：1-8.

[23] Nature. Big data［EB/OL］. 2008-09-03. Http：//www.nature.com/news/specials/bigdata/index.html.

[24] Staff S S. Dealing with data [J] . Science，2008，331：639 - 806.

[25] 国务院关于印发促进大数据发展行动纲要的通知 [EB/OL] . 2015 - 08 - 31. Http：//www. gov. cn/zhengce/cotent/2015 - 09/05/content _ 10137. htm.

[26] 李国杰，程学旗 . 大数据研究：未来科技及经济社会发展的重大战略领域—大数据的研究现状与科学思考 [J] . 中国科学院院刊，2012，27 (6)：647 - 657.

[27] 黄天恩，孙宏斌，郭庆来，等 . 基于电网运行大数据的在线分布式安全特征选择 [J] . 电力系统自动化，2016，40 (4)：32 - 40.

[28] 中国电机工程学会信息化专委会 . 中国电力大数据发展白皮书 [S] . 2013.

[29] Huang M，Wei Z，Sun G，et al. Hybrid state estimation for distribution systems with AMI and SCADA measurements [J] . IEEE Access，2019 (7)：120350 - 120359.

[30] Yu J，Weng Y，Rajagopal R. PaToPaEM：A data - driven parameter and topology joint estimation framework for time - varying system in distribution grids [J] . IEEE Transaction on Power Systems，2019，34 (3)：1682 - 1692.

[31] Yuan Y，Dehghanpour K，Bu F，et al. A multi - timescale data - driven approach to enhance distribution system observability [J] . IEEE Transaction on Power Systems，2019，34 (4)：3168 - 3177.

[32] Dehghanpour K，Yuan Y，Wang Z，et al. A game - theoretic data - driven approach for pseudo - measurement generation in distribution system state estimation [J] . IEEE Transaction on Smart Grid，2019，10 (6)：5942 - 5951.

[33] Chen Y，Wu C，Qi J. Data - driven power flow method based on exact linear regression equations [J]. Journal of Modern Power System and Clean Energy，DOI：10. 35833/MPCE. 2020. 000738. 2021.

[34] Chen Y，Chen H，Jiao Y，et al. Data - driven robust state estimation through off - line learning and on - line matching [J] . Journal of Modern Power System and Clean Energy，2021，9 (4)：897 - 909.

[35] Netto M，Milli L. A robust data - driven Koopman Kalman filter for power systems dynamic state estimation [J] . IEEE Transaction on Power Systems，2018，33 (6)：7228 - 7237.

[36] Vapnik V. Statistical Learning Theory [M] . New York：John Wiley & Sons Inc，1998.

[37] 许建华，张学工 . 统计学习理论 [M] . 北京：电子工业出版社，2009.

[38] CC Yu，Wang J，AD Domínguez - García，et al. Measurement - Based Estimation of the Power Flow Jacobian Matrix [J] . IEEE Transactions on Smart Grid，2016，7 (5)：1 - 9.

[39] Dodge Y，Kondylis A，Whittaker J. Extending PLS1 to PLAD regression and the use of the Lsb 1 norm in soft modelling. [J] . Compstat - proceedings in Computational Statistics，2004：935 - 942.

[40] Mathew T，NordstrM K. Least squares and least absolute deviation procedures in approximately linear models [J] . Statistics & Probability Letters，1993，16 (2)：153 - 158.

[41] Mathur A，Foody G M. Multiclass and Binary SVM Classification：Implications for Training and

Classification Users [J] . IEEE Geoscience and Remote Sensing Letters, 2008, 5 (2): 241-245.

[42] Liu X, Wu J, Jenkins N, et al. Combined analysis of electricity and heat networks [J] . Applied Energy, 2016, 162: 1238-1250.